马铃薯生产技术

主编 原霁虹 韩黎明 尹彩云

武汉大学出版社

图书在版编目(CIP)数据

马铃薯生产技术/原霁虹,韩黎明,尹彩云主编 . 一武汉:武汉大学出版社,
2015.8
马铃薯科学与技术丛书
ISBN 978-7-307-16500-7

Ⅰ.马…　Ⅱ.①原…　②韩…　③尹…　Ⅲ.马铃薯—栽培技术
Ⅳ.S532

中国版本图书馆 CIP 数据核字(2015)第 186962 号

责任编辑:钱　静　　责任校对:汪欣怡　　版式设计:马　佳

出版发行:**武汉大学出版社**　　(430072　武昌　珞珈山)
(电子邮件:cbs22@ whu. edu. cn 网址:www. wdp. com. cn)
印刷:湖北民政印刷厂
开本:787×1092　　1/16　　印张:13.75　　字数:335 千字　　插页:1
版次:2015 年 8 月第 1 版　　2015 年 8 月第 1 次印刷
ISBN 978-7-307-16500-7　　定价:29.00 元

总　序

　　马铃薯是全球仅次于小麦、水稻和玉米的第四大主要粮食作物。它的人工栽培历史最早可追溯到公元前 8 世纪到 5 世纪的南美地区。大约在 17 世纪中期引入我国，到 19 世纪已在我国很多地方落地生根，目前全国种植面积约 500 万 hm^2，总产量 9000 万 t，中国已成为世界上最大的马铃薯生产国之一。中国人民对马铃薯具有深厚的感情，在漫长的传统农耕时代，马铃薯作为赖以果腹的主要粮食作物，使无数中国人受益。而今，马铃薯又以其丰富的营养价值，成为中国饮食烹饪文化不可或缺的部分。马铃薯产业已是当今世界最具发展前景的朝阳产业之一。

　　在中国，一个以"苦瘠甲于天下"的地方与马铃薯结下了无法割舍的机缘，它就是地处黄土高原腹地的甘肃定西。定西市是中国农学会命名的"中国马铃薯之乡"，得天独厚的地理环境和自然条件使其成为中国乃至世界马铃薯最佳适种区，马铃薯产量和质量在全国均处于一流水平。20 世纪 90 年代，当地政府调整农业产业结构，大力实施"洋芋工程"，扩大马铃薯种植面积，不仅解决了群众温饱，而且增加了农民收入。进入 21 世纪以来，实施打造"中国薯都"战略，加快产业升级，马铃薯产业成为带动经济增长、推动富民强市、影响辐射全国、迈向世界的新兴产业。马铃薯是定西市享誉全国的一张亮丽名片。目前，定西市是全国马铃薯三大主产区之一，建成了全国最大的脱毒种薯繁育基地、全国重要的商品薯生产基地和薯制品加工基地。自 1996 年以来，定西市马铃薯产业已经跨越了自给自足，走过了规模扩张和产业培育两大阶段，目前正在加速向"中国薯都"新阶段迈进。近 20 年来，定西马铃薯种植面积由 100 万亩发展到 300 多万亩，总产量由不足 100 万 t 提高到 500 万 t 以上；发展过程由"洋芋工程"提升为"产业开发"；地域品牌由"中国马铃薯之乡"正向"中国薯都"嬗变；功能效用由解决农民基本温饱跃升为繁荣城乡经济的特色支柱产业。

　　2011 年，我受组织委派，有幸来到定西师范高等专科学校任职。定西师范高等专科学校作为一所师范类专科院校，适逢国家提出师范教育由二级（专科、本科）向一级（本科）过渡，这种专科层次的师范学校必将退出历史舞台，学校面临调整转型、谋求生存的巨大挑战。我们在谋划学校未来发展蓝图和方略时清醒地认识到，作为一所地方高校，必须以瞄准当地支柱产业为切入点，从服务区域经济发展的高度科学定位自身的办学方向，为地方社会经济发展积极培养合格人才，主动为地方经济建设服务。学校通过认真研究论证，认为马铃薯作为定西市第一大支柱产业，在产量和数量方面已经奠定了在全国范围内的"薯都"地位，但是科技含量的不足与精深加工的落后必然影响到产业链的升级。而实现马铃薯产业从规模扩张向质量效益提升的转变，从初级加工向精深加工、循环利用转变，必须依赖于科技和人才的支持。基于学校现有的教学资源、师资力量、实验设施和管理水平等优势，不仅在打造"中国薯都"上应该有所作为，而且一定会大有作为。

因此提出了在我校创办"马铃薯生产加工"专业的设想，并获申办成功，在全国高校尚属首创。我校自 2011 年申办成功"马铃薯生产加工"专业以来，已经实现了连续 3 届招生，担任教学任务的教师下田地，进企业，查资料，自编教材、讲义，开展了比较系统的良种繁育、规模化种植、配方施肥、病虫害综合防治、全程机械化作业、精深加工等方面的教学，积累了比较丰富的教学经验，第一届学生已经完成学业走向社会，我校"马铃薯生产加工"专业建设已经趋于完善和成熟。

这套"马铃薯科学与技术丛书"就是我们在开展"马铃薯生产加工"专业建设和教学过程中结出的丰硕成果，它凝聚了老师们四年来的辛勤探索和超群智慧。丛书系统阐述了马铃薯从种植到加工、从产品到产业的基本原理和技术，全面介绍了马铃薯的起源与栽培历史、生物学特性、优良品种和脱毒种薯繁育、栽培育种、病虫害防治、资源化利用、质量检测、仓储运销技术，既有实践经验和实用技术的推广，又有文化传承和理论上的创新。在编写过程中，一是突出实用性，在理论指导的前提下，尽量针对生产需要选择内容，传递信息，讲解方法，突出实用技术的传授；二是突出引导性，尽量选择来自生产第一线的成功经验和鲜活案例，引导读者和学生在阅读、分析的过程中获得启迪与发现；三是突出文化传承，将马铃薯文化资源通过应用技术的嫁接和科学方法的渗透为马铃薯产业创新服务，力图以文化的凝聚力、渗透力和辐射力增强马铃薯产业的人文影响力和核心竞争力，以期实现马铃薯产业发展与马铃薯产业文化的良性互动。

本套丛书在编写过程中得到了甘肃农业大学毕阳教授、甘肃省农科院王一航研究员、甘肃省定西市科技局高占彪研究员、甘肃省定西市农科院杨俊丰研究员等农业专家的指导和帮助，并对最终定稿进行了认真评审论证。定西市安定区马铃薯经销协会、定西农夫薯园马铃薯脱毒快繁有限公司对丛书编写出版给予了大力支持。在丛书付梓出版之际，对他们的鼎力支持和辛勤付出表示衷心感谢。本套丛书的出版，将有助于大专院校、科研单位、生产企业和农业管理部门从事马铃薯研究、生产、开发、推广人员加深对马铃薯科学的认识，提高马铃薯生产加工的技术技能。丛书可作为高职高专院校、中等职业学校相关专业的系列教材，同时也可作为马铃薯生产企业、种植农户、生产职工和农民的培训教材或参考用书。

是为序。

2015 年 3 月于定西

前　言

马铃薯自古有之，支撑人类生存数千载。它以其生长适应性广，综合加工利用产业链长，廉价高产，营养丰富，粮菜兼备等诸多优势，跃升为全球仅次于小麦、水稻和玉米之后的第四大重要粮食作物，成为世界各国饮食和烹饪文化不可或缺的部分。作为现代农业诸产业中的一员，马铃薯产业优势明显，特色突出，潜力巨大，是当今世界最有发展前景的产业之一。

马铃薯大约在 17 世纪中期引入我国进行栽培，到 19 世纪已在很多地方种植。经过炎黄子孙世代培育繁衍，目前，全国种植面积约 500 万 hm^2，总产量 8000 万 t，均占全世界的 20% 以上，我国成为世界最大的马铃薯生产国。

作为现代农业范畴的马铃薯产业，与世界马铃薯生产发达国家相比，我国仍面临单产低，品种混杂，退化严重，加工专用品种紧缺，贮运水平和加工能力不高等问题。我国马铃薯产业的发展离不开科技和教育的支撑，马铃薯产业的发展途径和经营模式，极大地开拓了马铃薯研究的发展空间。科研院所、高等院校应主动承担起马铃薯良种培育、集成创新、技术成果产业化、示范辐射、文化传承和科普教育的功能。凝炼和创新马铃薯产业化理论，为促进马铃薯产业化发展提供理论支持和政策建议，是马铃薯科技工作者和教育工作者的职业理想和追求。

在参阅大量优秀著作、论文等文献资料和网络信息资料，借鉴众多专家学者研究成果的精华，荟萃各地的成熟技术和成功经验，总结工作实践和当地马铃薯产业化发展经验的基础上，经过三年多辛苦工作，《马铃薯生产技术》编写完成并付样出版。

本书的编写是新的尝试，追求以下目标：一是学术性与实用性并重，二是宏观与微观并重，三是传承与创新并重。全书以作物栽培理论、现代农业理论为指导，系统介绍了马铃薯的生物学特性、马铃薯优良品种、脱毒种薯繁育技术、栽培技术、病虫害防治技术、贮运技术。让读者掌握在一定的生态条件下，充分利用当地光、热、水、土壤等自然资源和所投入的生产资料，获取马铃薯最优品质、最佳产量和最高效益的栽培理论与技术，并熟练掌握马铃薯生产上推广应用的新技术。适合大专院校、科研单位、生产企业、农业管理部门从事马铃薯研究、生产、开发、推广人员阅读参考，也可作为大专院校相关专业师生的教学用书。

本书是"马铃薯科学与技术丛书"之一，由定西师范高等专科学校教师原霁虹、韩黎明和甘肃凉州区种子产业办科研人员尹彩云合作编写完成。定西师范高等专科学校杨声教授担任本丛书总主编并撰写了序言。编写过程中参阅了大量文献资料，谨向各位学者专家表示诚挚谢意！本书的出版得到了定西师范高等专科学校、定西市科技局、定西市农科院、定西农夫薯园马铃薯脱毒快繁有限公司领导、同事和朋友的大力支持和帮助，得到了武汉大学出版社的关心和指导，在此一并致谢！

　　由于作者知识水平和能力的局限，难免有错漏不妥之处，敬请同行专家和广大读者批评指正。

作　者

2015 年 5 月

目　　录

第 1 章　马铃薯发展概述

☞ **提要：**

中国马铃薯产业的发展策略。

马铃薯因其生产上的丰产性、生态上的适应性、经济上的高效益、营养上的丰富价值而受到全世界的关注，是重要的宜粮、宜菜、宜饲和宜做工业原料等具有多种用途的粮食和经济作物，在世界粮食生产中仅次于小麦、水稻、玉米而跃居第四位。我国幅员辽阔，大江南北一年四季均有种植，品种繁多，种植面积占世界总面积的 25%，总产占世界的20%，是世界马铃薯种植第一大国。

1.1　国外马铃薯主要生产国的经验与借鉴

根据有关统计数据，世界马铃薯单产排名前十位的国家依次是：新西兰、美国、荷兰、英国、法国、比利时、德国、爱尔兰、丹麦、澳大利亚。下面介绍其中一些国家在马铃薯生产方面的成功经验，为我国马铃薯生产提供参考与借鉴。

1.1.1　主要国家马铃薯生产经验

1.1.1.1　美国

美国 50 个州都种植马铃薯，但主产区有科罗拉多、爱达荷、华盛顿和威斯康星等中西部的 11 个州。因为那里有理想的栽种温度、肥沃的土壤、完善的科研体系、现代化的机械设备以及代代相承的专业经验，使美国马铃薯产品出类拔萃。美国的马铃薯种植，根据各州不同的气候和土壤条件，选择种植不同用途的马铃薯。如科罗拉多州，因为主要产地在圣路易斯山谷，环境与外界隔绝，病虫害少，因此主要种植种薯和鲜食薯。而爱达荷州则以生产加工商业薯为主。

1. 强制检测，标准严格

美国对产品有法律监督并对业界有着严格的标准。1939 年，美国出台了《市场推广法案》，这个法案的主旨就是要保证市场供给满足需求，制定分级标准，消除不平等竞争，维持采购能力等。根据这个法案，美国成立了国家马铃薯委员会，主要进行贸易立法和国内外贸易纠纷的解决。几个马铃薯产量大的州成立了马铃薯管理委员会，它们的职责是对种薯育种、疫病预防、营养、储存、促销、推广和消费进行研究，根据客户需求提供服务，并为政府相关部门关于马铃薯立案提供相关建议。当然，也同时负责监督技术标准的执行和检查。

美国对马铃薯的标准有几百项，从种薯到鲜薯，从储存到加工，都要经过检测和认证。所有操作均以美国食品药品管理局（FDA）及美国农业部的规定为依据。每个工序须通过美国农业部的检查，而所有厂房皆符合 HACCP 操作规范，以确保食物安全水平。美国农业部对马铃薯主产地的检验是强制性的，从装运前开始，就要经过一系列的生理、生化检测。美国农业部在每个州都有检测机构和农产品组织，检测人员都要经过美国农业部严格培训，符合要求的检验人员才能上岗。对检验人员的健康和卫生情况也要评估。所有相同产品的检测标准和检测步骤都是统一的，以确保质量的一致。只有检验合格的产品才能进入市场。检测过程和检测结果都要存档，客户可随时查询。在美国农业部的网站上还可查到全面检验达标公司名称。美国农业部有一套对公司全面评估的标准。合格公司的名单根据检查情况随时更新。

正是这些法规和严格的检测标准，为美国马铃薯的发展夯实了基础，确保整个马铃薯产业发展的规范和平稳。

2. 雄厚的科研力量和高度机械化

美国的马铃薯育种主要由国家进行，在 11 个马铃薯主产州和 2 个农业部试验站都建立了育种站。一般种薯需要研究培育 16~18 年，最快的也要 6~8 年，经过 5~6 代的育种，才能商业化，这样强有力地保障了种薯的质量。其中，不少研究所除了培育优质马铃薯新品种外，还担负着土壤适宜肥量及减少土壤污染的研究和测定，针对不同品种找出不同的管理方法，并将研究结果迅速向种植者推广。美国的马铃薯种植者从种植到收获储存都是机械化操作，效率非常高。

雄厚的科研力量和高度机械化，成为美国马铃薯发展的坚强后盾。

3. 马铃薯协会是消费宣传推广的先锋，促进了生产的发展

美国马铃薯协会（USPB）成立于 1972 年，总部位于科罗拉多州丹佛市，最初是由一些马铃薯种植者为宣传推广马铃薯的食用益处而发起的。美国马铃薯协会代表全美 6000 多家马铃薯种植者和经营者的利益。协会实行公司化运作，每年选出一名董事会主席，104 名董事，监督协会总裁工作。协会的经费主要由马铃薯种植者根据销售比例交纳，每 1 磅交 2.5 美分。而在做培训、开研讨会或推广等活动时，可以向美国农业部申请，由政府资助。

美国马铃薯协会在全球设有 25 个办事处，是最早开发商品营养价值表并获得美国农业部和美国食品药品监督局批准的组织机构之一。一直以来，美国马铃薯协会通过培育消费者公共关系，进行营养教育，举办零售点活动，实行餐饮服务营销和出口计划，致力于向消费者、零售商、烹饪专业人士宣传马铃薯的益处、营养和多种用途。美国马铃薯协会的目标就是通过公关，建立马铃薯的健康形象，介绍其营养价值，提供菜谱，鼓励人们多食用，并向零售商推销。此外，还要通过创新，扩大马铃薯产品的应用范围。

1.1.1.2　荷兰

荷兰国土面积仅 4.15 万 km^2，其中 48% 是沙地，可耕地约占 50%，但其农业现代化发展水平令世界瞩目。荷兰的马铃薯单产水平处于世界前列，马铃薯产品在欧洲乃至世界上都有重要地位。荷兰马铃薯平均单产世界最高，为 $50t/hm^2$，即使马铃薯种薯，单产也达 $30~35t/hm^2$，而商品薯单产高达 $60~65t/hm^2$。荷兰发达的马铃薯产业不仅得益于本国适宜的气候条件和几乎完美的土壤条件，还与有高水平的马铃薯专家和完善的马铃薯种薯检测、认证体系密切相关。

1. 种薯生产体系完整，种薯质量控制和认证严格

荷兰是世界上重要的种薯生产与出口国家，有完整的种薯生产体系、严格的质量控制和认证体系，以及良好的服务体系。荷兰根据国际市场的需求，每年约有 250 个马铃薯品种的优质种薯出口到世界 80 多个国家。荷兰马铃薯生产是从核心种薯繁育、种薯生产、质量检测、病害防治、认证到仓储、运输的一系列完善、严格的标准化模式，各个环节都有几乎统一的方法和要求，而且，这些方法和规定已经得到所有马铃薯生产者的认可和拥护，因此，在荷兰，马铃薯生产的标准化程度非常高。荷兰马铃薯标准化生产的实施，一方面取决于其非常平坦、开阔的耕地环境，便于机械化作业，确保了栽培措施、病害防治、生产管理等进行标准化操作；另一方面取决于在荷兰近百年的马铃薯产业发展中所起重要作用的质量检验，其日臻完善的检测体系和检测方法，巩固了荷兰种薯质量世界第一的地位；更重要的一点是，荷兰有严格的、运行正常的相关法律、法规来约束马铃薯种薯生产，使标准化生产与质量监控与市场规范有机地融为一体。

在荷兰的马铃薯生产中，承担种薯检测和认证工作的是"荷兰农业种子和马铃薯种薯检测服务公司"（NAK）。NAK 建立于 1932 年，荷兰农业部指定 NAK 为荷兰农业种子和马铃薯种薯检测及定级的唯一权威组织。NAK 检测以荷兰农业部的马铃薯种薯材料和标准为基础，在荷兰生产经营马铃薯种薯和申请种薯合格证，必须得到 NAK 的批准，生产者和经销商必须服从 NAK 现行委员会为其制定的检测规则和标准。该体系规定了荷兰NAK 的质量标准应能符合任何国家的最严格的质量要求。

欧盟规定，所有植物材料在欧盟内交易必须提供合格证。荷兰每批出售的种薯的所有相关信息均被列在 NAK 合格证上。合格证有规定的尺寸，用不同颜色标明是基础种薯还是合格种薯。马铃薯种薯分 S、SE、E 和 A 级、C 级。NAK 使用白色带紫色斜线的标签作为原种合格证，白色合格证用于基础种薯（SE 级和 E 级），蓝色合格证用于合格种薯（A级和 C 级）。合格证上还列出种植者在 NAK 注册的代码、种薯规格、品种名称、繁育地点和符合欧盟检疫标准标志。合格证被缝在包装袋外面，包装袋上必须印有 NAK 公章。对于所有检测都符合相应标准的合格种薯，NAK 发给质量合格证，每个合格证都是唯一的，有唯一的编码，NAK 合格证是种薯唯一的质量证明。

2. 马铃薯生产实现现代化、标准化、机械化

荷兰的马铃薯产业从产前的良种、肥料等生产资料的选择，到产中栽培、管理和产后的分级、储藏、加工、包装等环节都实施标准化、专业化。其生产过程的选种及种薯处理、选地、耕整地、施肥、播种、田间管理及收获等各个环节都有严格而具体的技术规定，种薯检验制度和种薯质量标准十分完善。依据品种的特性，实行区域化栽培，并有完整规范的栽培管理措施。对种植的每个品种，均有相配套的高产栽培技术和优良种薯生产体系，有效地延长了优良品种在生产上的使用年限，保证了良种相对稳定、持续高产的性能，从种薯处理、定植、栽培、施肥、灌溉、收获全过程基本采用机械作业，劳动生产效率高。生产者普遍具有先进的储藏保鲜设施和分级管理办法，先进的储藏保鲜设施，使马铃薯的储减损失率降低到了 5% 以下。

3. 马铃薯加工转化增值幅度大

荷兰具有高度发达、门类齐全的农产品加工业，马铃薯精淀粉、变性淀粉及食品等加工技术处于世界领先地位。荷兰马铃薯总产量中，加工转化占 49%，食用占 26%，饲用

占12%，种用占10%，其他占3%。荷兰马铃薯加工产品类型较多，主要有薯片、薯条、薯块、全粉、淀粉、罐头、去皮薯、薯粒、薯酥、沙拉及化工产品如乙醇、卡茄碱、乳酸、柠檬酸等，并在发展过程中逐步形成了一批以马铃薯加工业为主体的集团企业。其农产品加工企业年销售额达到数十亿美元。

4. 马铃薯市场营销体系健全

荷兰已形成了健全的国际化市场体系和规范有序的市场经营体系，其产品瞄准欧洲和国际市场，发挥自己的地理位置优势，利用阿姆斯特丹、鹿特丹港口的海运优势和阿姆斯特丹附近的斯基辅机场及发达的道路系统和公共运输网络，促使其产品大量出口，使荷兰成为欧洲大陆马铃薯产品的分销中心。荷兰马铃薯的销售已形成一个完整的体系，集卖市场在这个体系中扮演了提供商品生产信息及产品质量标准，调节市场供需，控制市场进程的重要角色。规范化的市场体系为荷兰的马铃薯产品快速进入消费领域提供了优质的服务和保障。

5. 马铃薯专业合作组织高度发达

荷兰农业以家庭式农场经营为主，农业合作经济组织类型较多，大体上可分为信用、供应、农产品加工、销售、服务等。这些合作组织（农民协会）均有完善的组织结构、强有力的市场规范能力和服务、技术推广、检验检测、信贷、市场、信息体系等系统的全程服务机制，能够为农场主提供优质的产前、产中、产后全程服务，包括采购生产资料、出售产品、加工和筹募资金等。同时，马铃薯合作组织还在产业发展中积极涉足农业科普工作，扮演着政府和农民"中间人"的重要角色。荷兰农民收入中，至少60%是通过合作社取得的，其马铃薯合作社现已垄断了全荷兰的马铃薯生产与加工。农业所需的大约90%的银行信贷来自于信贷合作社。

6. 政府给予农业优惠政策，促进了马铃薯产业的发展

荷兰根据本国国情制定相应政策，总体精神是价格支持体系和进出口贸易保护，以保持农业持续稳定增长和稳定农户收入，保障国内外市场的需求。目前这些措施已扩大到整个欧共体范围。欧共体以每种产品在生产条件最好、成本最低地区的市场价格作为干预价格（或收购价格），以生产条件最差、成本最高地区的市场价格为目标价格（或指导价、基础价），在此范围之间，允许价格浮动进行竞争。另外，与其他欧盟国家一样，荷兰从20世纪60年代末开始设"农业指导和保证基金"，其中2/3用于价格支持体系，1/3用于科技指导和结构调整。其资金来源主要是农产品进口税、海关税以及增值税的1% ~ 1.6%。农业政策的专项资金来源，是农业政策较为顺利实施的重要保证。政府对农业的优惠政策，保护了马铃薯生产者的利益，有力地促进了马铃薯产业的发展。

1.1.1.3 新西兰

新西兰是一个南太平洋岛国，本土人口少，市场容量小，但新西兰人充分利用优越的气候条件、生态条件和南北半球相反的季节变化，面向人口集中的北半球市场需求，突出优势作物，生产优质产品。马铃薯在新西兰的全国各地皆有种植，主要种植区在布加高贺（位于新西兰最大的城市奥克兰的南部）、玛纳瓦（位于北部岛屿中心）和位于南部岛屿的南坎特伯雷。近两年来，新西兰马铃薯单产一直处于世界第一位。究其原因，新西兰马铃薯高产得益于其得天独厚的自然资源和规范的生产管理。

1. 马铃薯生产的专业化和机械化程度较高

新西兰在马铃薯生产技术上十分重视专业化,病虫害防治方面从种苗、栽培环节入手,选用抗性强的品种,实行轮作换茬,肥水施用定时定量,而且依据测定的数据进行配方。新西兰一般农场主种植马铃薯的规模达 $41km^2$,而劳动力稀少且成本较高,为了降低成本,提高马铃薯产品的国际竞争力,其马铃薯生产农业机械普及率较高。从马铃薯的播种、浇水、施肥、除草、病虫防治、收获、分级、精选、包装、储运等全都是机械化操作。政府采取了相关的税收优惠政策来鼓励生产者采用机械化操作。

2. 马铃薯生产注重环保,保证了马铃薯产品的质量

新西兰具有病虫害极少的天然优势,同时政府提倡生态有机环保概念,马铃薯生产的全过程体现绿色、环保。采用抗性强的马铃薯品种,并实行轮作换茬、轮歇,保持地力,抑制病虫。大力推行有机农业,实行秸秆还田,提倡使用有机肥。植物保护实行综合防治,严格控制农药和氮肥使用,农民喷药及施氮肥须经批准。切实加强马铃薯生产的监管,生产者必须建立并提交翔实的生产技术档案,包括品种名称、生育期、成熟度,施肥和打药的时间、种类、用量、方法等,均须作详细记录,没有这些记录的产品不能作为商品销售。有机蔬菜产品的认证和年度审核对生产过程的质量控制更严格。生产者为了维护自己的信誉和长远利益,都很自觉地按照产品质量要求的技术规程进行生产,认真建立生产技术档案,确保产品质量。

3. 马铃薯协会促进了马铃薯产业的发展

新西兰蔬菜种植者联合会下设有专门的马铃薯协会。该协会除了充当农民利益的代言人外,服务主要集中在为农民提供各种生产经营技术,帮助农民进行会计核算、了解马铃薯产销市场行情、与农民签订购销合同等方面,农民都是在马铃薯协会的组织引导下发展生产,政府对马铃薯产销过程不进行任何管理和干预,协会和农民是利益共同体,农民按一定比例向协会缴纳管理费和研发基金,具体的产业技术研发由协会与研究机构或大学签订合作协议,按协议组织实施。马铃薯产品的生产技术标准也由协会制定,产品的出口由协会组织会员投票决定并经政府认可委托某一出口商独家代理经营。这主要是因为多家代理出口业务,会出现货源紧缺时竞相抬价、货源充足时竞相压价收购出口产品的现象,影响出口产品的稳定发展。

新西兰的马铃薯协会在促进马铃薯产业发展、维护马铃薯生产者和企业利益方面已经成为一个主导力量,深受生产者和企业的信赖和拥护。生产者和企业心甘情愿地付出资金和人力来协助协会的有效运转,真心实意支持协会的各项工作,协会也以生产者和企业的利益为根本,竭尽全力地促进马铃薯产业的发展,成为连接生产者和企业与市场之间的重要桥梁和纽带。

4. 政府宏观调控给马铃薯行业发展创造了广阔的空间

1984 年,新西兰进行经济改革,其目标为"取消所有政府给某些行业和个人的特权,建立一个公平的竞争环境"。在经济改革的推动下,新西兰逐步取消了政府对农业的所有补贴,降低了政府对农业的支持率,目前政府对农业财政支持率在 OECD 国家中降到最低。取消了各种农业扶持后,新西兰农业既没有市场保护,也没有贸易壁垒,政府通过政策指导鼓励和推动新西兰农业以低于世界市场平均价格的成本发展。1990 年,新西兰政府颁布了《商品征税法》,该法规定:如果某行业有60%的从业者要求开展益于该行业发展的活动,该行业可以自行对商品征收额外税款用于促进该行业发展的活动。行业组织所

征收税款的相当大一部分经费用于行业发展所需要的技术研发和推广项目，有效地提高了农业劳动生产率。马铃薯协会正是政府宏观调控政策的产物，它是促成新西兰马铃薯产业快速发展的重要实施机构。

1.1.1.4　比利时

比利时马铃薯单产水平处于世界先进行列，目前排在世界第六位。比利时马铃薯总量的 2/3 用于加工，80% 的马铃薯加工产品用于出口。自 20 世纪 80 年代以来，随着马铃薯加工业的发展，比利时马铃薯年生产面积基本稳定在 20 万 km² 左右，年际间面积变化不大，产区主要集中在西北部、西部和东南部。埃诺省是比利时最大的农业省，同时也是比利时最大的马铃薯生产省。比利时在马铃薯品种管理、种薯管理和马铃薯晚疫病预警系统方面为中国提供了很好的借鉴作用。

1. 马铃薯品种管理

在比利时，马铃薯品种必须通过试验、注册程序，才能推广。育种单位（公司）提出申请，由农业部指定的单位（如农业技术研究应用中心）统一组织、安排品种试验工作，试验包括三个方面的内容：区域试验、晚疫病抗性试验和 DUS 测试，在同一生态区的区域试验设 3 个点，重复 3~6 次，一般为 4 次，试验年限为 2 年，在区域试验的同时，另设 2 个试验点进行晚疫病抗性鉴定（晚疫病为比利时主要病害之一），并在欧盟确定的 DUS 测试单位设置 1 个点进行 DUS 测试。完成试验程序的品种即可申请注册，注册通过的品种不仅可在比利时推广，而且也可在欧盟其他国家推广，目前，欧盟成员国均采用这一品种管理体系。品种试验、注册实行有偿服务制，参试品种均需交纳试验费，比利时品种 5000 欧元/2 年，国外品种 60000 欧元/2 年，收取的费用补贴到各试验承担单位，每个试验点补助的费用为 20000 欧元/2 年，经费不足部分由政府资助。

2. 马铃薯种薯管理

比利时 1966 年起就开始实行马铃薯种薯质量认证，目前只有认证的种薯才能在比利时销售，占种薯市场份额的 97%~98%，其余 2%~3% 的种薯为农民自留种。种薯根据块茎尺寸分为三级：25~28mm、28~35mm、35~45mm。种薯生产实行 4 年轮作制，选择土壤没有线虫且与商品薯生产田隔离的田块种植。生长期间，具备种薯质量认证资格机构组织专业技术人员进行 3 次田间检测，以确定是否能生产出相应级别的合格种薯，种薯收获后在实验室采取 ELISA、PCR、气相色谱和电泳等技术和方法对块茎样品进行检测，主要检测晚疫病、环腐病、青枯病以及 PSTV、PVY 等，并出具具备法律效力的检测报告，根据检测结果确定种薯是否达到相应级别，达不到质量标准的种薯则作报废处理。

3. 马铃薯晚疫病预警系统

比利时的土壤和气候条件适宜马铃薯生长，但因濒临北海，马铃薯生产季节降雨多，湿度大，存在晚疫病发生的危害，加之主要栽培品种——宾杰不抗病，所以难以很好地控制该病的流行危害。为了解决晚疫病防治中不能及时施药和杜绝滥用农药的问题，埃诺省农业应用研究中心 CARAH（Centre for Applied Research Agriculture Hainaut）于 20 年前开始进行晚疫病预警系统的研究，成功开发了 CARAH 马铃薯晚疫病预测预报模型。此模型在比利时应用 20 年来，几乎从未出现失误，在指导薯农及时、科学施药，减少农药用量，有效控制晚疫病危害方面发挥了重要作用，在比利时薯农中享有很高的声誉，在国际上也有一定影响。

CARAH 马铃薯晚疫病预测预报模型是一个基于气象观察数据（降雨、相对湿度和温度）和晚疫病菌侵染规律进行预测预报的模型，也需要一些田间观察以确保模型的准确性。据此可以根据气象资源预测病害可能发生的严重程度和发生时间，指导药剂防治。目前，比利时已全部采用自动气象观察站记录每小时降雨、温度和湿度，全国有 11 个气象站，每个气象站可以覆盖 30km 的预报范围，各气象站每天取一次数据，通过网络传输到数据处理中心，每周进行 3 次模拟预测。CARAH 模型是一个较好的马铃薯晚疫病预测预报模型，其间经过不断修改，日臻完善，在当地应用准确率很高。

1.1.1.5　日本

日本马铃薯生产水平比较高，2006 年单产为 29.9t/hm^2，产量水平在亚洲居领先地位。日本马铃薯的主产区在北海道，属于马铃薯一季作栽培区，栽培面积占全日本马铃薯栽培面积的 65%左右，总产量占全国的 77%。马铃薯是这里农作物轮作体系中的骨干作物，栽培面积仅次于水稻、小麦和甜菜。长崎县和鹿儿岛，马铃薯栽培面积分别占总栽培面积的 5%和 4%，为二季作生产，在淡季作为蔬菜上市。其他地方如茨城县、青森县、千叶县、长野县也有少量马铃薯栽培。日本马铃薯生产经过了栽培面积大幅度减少、单产显著增加的过程。

1. 马铃薯生产技术体系和质量监督体系完善

日本马铃薯生产水平较高的重要原因是建立了比较完善的马铃薯种薯生产技术体系和质量检测监督体系。该体系规定：种薯的基础——原原种在种苗管理中心生产，原种和良种则在国家指定的道或县的监督下，委托当地农业团体生产，并依托植物防疫所的检查，作为无病种薯的质量保证。生产原原种的种苗管理中心是国有制单位，每年根据各地生产计划和需要，有计划地生产提供一定数量和种类的原原种，然后再由地方农业团体生产原种和良种，保证了生产上使用的种薯全部是脱毒薯。新品种一般由国有育种单位提供。

种苗管理中心一般不通过生产原原种而获取经济利益，提供的原原种也只是收取部分的成本费。原种和良种的生产、分配以及价格也由地方农业协会或专门的马铃薯生产协会统一协调。因此，到农户手中的种薯不会有太高的价格，真正做到了保护农户的利益，也有利于脱毒种薯的普及，提高生产水平。

2. 农协对马铃薯生产管理和市场销售发挥了重要作用

日本的农业合作组织全称为"农业协同组织"（以下简称"农协"），它以"筹划增进农业生产力和提高农民的经济和社会地位，努力发展国民经济"为最终目标。农协的任务主要是指导农民生产和经营，帮助农民采购生产资料、生活资料和共同销售农产品，办理存款、资金借贷等信用业务，配置农民生产和生活所必需的共同利用的设施，保护农民健康的医疗福利业务等各项业务。日本农协是以为合作成员（组合员）提供最大的服务为宗旨，农协所实施的业务不能以盈利为目的。

农协的经营管理等业务基本上是依照企业（公司）经营的法律规范来进行的。农协采取参加者投资入股的方式集资，由股东投票产生董事会，再由董事会选择合适的人经营具体业务。协同组织的职员由经理招聘，并领取工资。而且，农协拥有自己的生产加工设备、储藏设施、运输、销售系统及其他有关设备、设施。它通过自己的经营活动来为组合员提供服务。农协作为一个经济实体，它还是农民团体和合作社。它不仅代表农民的利益向政府提出意见和建议，而且对农民从多方面进行指导，介入农业生产和生活全过程。从马铃薯生产管理到最终市场销售，都是由农协在合理组织，农协对于促进日本马铃薯产业的发展发挥了重要作用。

3. 政府采取了一系列农业支持政策

日本各级政府坚持以经济手段调整农业，很少使用行政命令进行干预。制定的农业政策、税收及金融政策等以促进农业规模化经营，使农民得到实惠为根本出发点和落脚点。一是财政支持政策，即加大财政预算中农业支出的比例，主要用于农业基础设施建设和农产品价格补贴。二是信贷支持政策，以国家承担风险的方式鼓励各金融机构投资农业，政府也直接发放低息的财政资金贷款用于农业基本建设以及救灾、土地开垦等项目。三是农产品价格补贴政策，日本 70% 以上的农产品享受政府不同程度的价格补贴。如政府在新品种推广、稳定马铃薯生产等方面都是通过制定相应的补贴政策来完成的，不仅使政府的计划得以实现，也保证农民得到实惠。

1.1.2　各国经验对中国马铃薯生产的借鉴

总结国外主要国家马铃薯生产的经验，美国以法律为依托强制检测，并依靠科技，利用马铃薯协会的作用使其马铃薯生产水平走在世界前列。荷兰种薯生产体系完整，种薯质量控制和认证严格，生产实现现代化、标准化、机械化，马铃薯加工转化增值幅度大，市场营销体系健全，马铃薯专业合作组织高度发达，政府给予农业优惠政策，促进了马铃薯产业的发展。新西兰马铃薯生产的专业化和机械化程度较高，生产注重环保，保证了马铃薯产品的质量，马铃薯协会发挥了巨大作用，政府宏观调控给马铃薯行业发展创造了广阔的空间。在比利时，马铃薯品种必须通过试验、注册程序，才能推广，种薯须经认证后才能销售，其 CARAH 马铃薯晚疫病预测预报模型指导薯农及时、科学施药，减少农药用量，在有效控制晚疫病危害方面发挥了重要作用。日本有完善的马铃薯生产技术体系和质量监督体系，农协对马铃薯生产管理和市场销售发挥了重要作用，政府采取了一系列农业支持政策来促进马铃薯产业的发展。

这些国家马铃薯生产的经验给我国马铃薯生产提供了以下借鉴：第一，各国都十分重视马铃薯种薯生产，制定了严格的种薯认证和检测制度；第二，各国都有完善的马铃薯育种体制；第三，各国重视马铃薯生产技术的发展；第四，各国政府对马铃薯生产的管理宏观、有力、到位；第五，各国马铃薯协会都发挥了巨大作用。我们可以针对我国马铃薯生产中存在的不足之处，借鉴以上各国发展马铃薯生产的经验，采取相应的措施，解决马铃薯生产环节存在的问题，促进我国马铃薯生产健康发展。

1.2　中国马铃薯产业发展策略

我国马铃薯面积产量稳定增加，种植面积达 500 多万 hm^2，总产量达 8000 万 t 以上。良种良法快速推广，近年来我国优良品种选育和脱毒种薯应用步伐加快，全国已育成拥有自主知识产权的新品种 110 多个，目前生产中大面积推广的品种有 50 多个。脱毒种薯推广面积占马铃薯总种植面积的 25%。各地探索出许多适合当地自然、气候、土壤和经济条件的耕作模式和栽培技术，如北方地区机械化高产配套栽培技术，以及地膜覆盖结合优质种薯、种薯处理、平衡施肥、病虫害综合防治、膜下滴灌等旱作高产栽培技术面积逐年扩大；中原地区推广早熟马铃薯与粮、棉、瓜、菜、果等作物间套种和早春地膜覆盖、小拱棚、大棚栽培等技术；西南地区改中稻、玉米或马铃薯一年一熟，为中稻-稻草覆盖秋马铃薯/免耕油菜、春马铃薯/玉米、马铃薯/玉米/甘薯等间套复种，大力推广免耕栽培等节本增效技术；南方地区利用冬闲田，在中、晚稻等作物收获后增种一季冬马铃薯，形成中、晚稻（菜、再生稻）—冬马铃薯等种植模式，大力推广稻草覆盖免耕、稻草包芯栽培等轻简栽培技术。

随着我国马铃薯生产规模逐年扩大，加工业迅速发展，储藏运销能力和生产、加工、销售的组织化水平不断提高。目前，我国马铃薯加工企业约 5000 家，其中规模化深加工企业近 140 家。全国精淀粉年加工能力 200 万 t 左右，加工能力在 1 万 t 以上的企业 70 余家，主要分布在北方的黑龙江、内蒙古、宁夏、甘肃和西南的云南、贵州等 14 个省（区）；全粉年加工能力 10 万 t 左右，加工企业近 10 家，主要分布在内蒙古、甘肃和山西等地；薯片薯条年加工能力 25 万 t，加工企业近 40 家，主要分布在北京、哈尔滨、上海、广东、江苏等东部沿海地区和城市；粉丝粉皮年加工能力 8 万 t 以上，加工企业零散分布在东北、华北、西南等地区。为保障市场供应，提高储藏质量，内蒙古、黑龙江、河北、甘肃等马铃薯主产区建成了一批种薯储藏库，总储藏能力达 200 万 t 以上；北方鲜食马铃薯储藏库兴建开始起步，各类储藏总量占鲜食马铃薯的 50% 以上；大型加工原料薯储藏库主要由企业建立，总储藏能力在 100 万 t 左右。

近年来，各马铃薯主产区大力发展专业合作经济组织，走"公司+合作组织+农户"的路子，对农民进行培训，提供产销信息，实行订单生产，促进了马铃薯产加销的有效衔接。全国马铃薯专业合作经济组织达 300 多个，订单生产面积超过 100 万 hm^2。

1.2.1 产业优势

1. 资源优势明显，增产潜力大

我国地域辽阔，气候类型多样，马铃薯具有生育期短、适应性广、耐旱耐瘠薄等特点，从南到北一年四季均有种植。北方通过调整种植结构、南方开发冬闲田、西南发展间作套种、中原扩大早春栽培，马铃薯种植面积增加潜力在 350 万 hm^2 以上。同时，我国马铃薯单产长期徘徊在 15000kg/hm^2，低于世界平均水平 16740kg/hm^2，与发达国家相比差距较大，通过良种良法等配套技术措施，单产水平可以提高到 18750kg/hm^2 以上。

2. 比较效益突出，增收潜力大

我国马铃薯亩纯收益和收益率均高于稻谷、小麦、玉米、大豆等作物，尤其是中原、华南及西南地区早熟马铃薯上市时间正值蔬菜供应淡季，价格优势明显。同时，我国马铃薯产品生产成本和价格均低于国际市场价格，具有明显的成本、价格和效益优势。

3. 区位优势显著，出口潜力大

由于受可耕种面积和气候等条件的限制，我国周边的日本、韩国和东南亚国家，一直都是马铃薯种薯、食用鲜薯和马铃薯加工制品的进口国。据不完全统计，仅越南、泰国每年需进口种薯 3 万 t，日本每年需进口薯条 27 万 t。这些地区都是我国马铃薯出口的潜在市场，与西欧、北美等主要马铃薯输出国相比，我国具有明显的区位优势和地理优势。

1.2.2　主要制约因素

1. 自然因素

我国现有马铃薯主产区多为土地贫瘠、水资源缺乏、农业生产条件差的地区，60%以上马铃薯种植在无灌溉条件的山区和干旱、半干旱地区，抗御自然灾害能力弱是造成单产水平长期低而不稳的重要原因，同时限制了农业机械的普及应用。

2. 技术因素

脱毒种薯应用面积小，全国脱毒种薯应用面积仅为马铃薯种植面积的 25% 左右，发达国家多在 90% 以上。栽培管理水平落后，我国北方马铃薯产区耕作方式粗放，在应用现代栽培、管理技术方面与其他作物相比差距较大。优质专用品种短缺，我国马铃薯以鲜食为主，专用薯比例仅为 6.5% 左右，而发达国家多在 50% 以上。储藏技术和方法落后，储藏损失超过 15%。

3. 社会因素

由于长期以来马铃薯被视为"小杂粮"，重视程度明显不足，科技支撑体系薄弱，成果转化和技术普及率较低。传统的"小、散、弱、低"生产局面，严重制约了马铃薯产业化发展，组织化程度低，种植规模小，生产效率不高。种薯质量监控体系不健全，未形成标准化生产、产业化经营和合格证制度。

1.2.3　发展策略

我国马铃薯产业发展的基本策略是：以市场为导向、科技为支撑、龙头企业为带动，坚持种薯先行、区域发展、科技兴薯、产业拉动的战略方向，推进种植结构调整，突出优势区域，构建布局合理、特点鲜明、效益显著的马铃薯优势产区。加快技术创新和品种选育，优化脱毒种薯、加工专用薯和鲜食商品薯的产业布局，扩大面积，主攻单产，提高品质，提升生产、储藏、加工、流通水平，构建完善的马铃薯现代化产业体系，促进农民增收，保障粮食安全。

1. 加快优良品种选育和推广

建立新型马铃薯优良品种推广体系，引进、选育和推广马铃薯高产优质多抗专用新品种，加快优良品种选育和推广速度。东北区重点选育和推广抗晚疫病的淀粉加工型和鲜食型品种；华北和西北区重点选育和推广抗旱、抗病毒病、抗疮痂病的淀粉加工型、食品加工型和鲜食型品种；西南区重点选育和推广抗晚疫病、抗青枯病、抗病毒病的鲜食型和食品加工型、淀粉加工型品种；南方区重点推广抗晚疫病、抗病毒病的早中熟、鲜食和鲜薯出口型品种。

2. 加强脱毒种薯质量控制

建立和完善种薯标准化生产体系和质量监控体系，增加合格种薯生产能力，加大种薯市场监管力度，提高种薯质量，加快脱毒种薯繁育和推广。加强高效低成本种薯生产技术和质量控制技术研究，建立种薯生产者登记制度和质量监测、认证制度，提高脱毒种薯质量，根据生产需要设立各级脱毒种薯生产基地，完善合格种薯生产体系及种薯质量控制技术体系，提高集约化供种水平。东北、华北和西北区除满足当地需求外，增加种薯外销量；西南混作区满足自身需求，并适当增加出口；南方区建立北繁和就地繁种相结合的供种体系。

3. 加快节本高效栽培技术集成推广

加强新技术试验示范，组装集成推广脱毒专用品种、少（免）耕栽培、覆膜栽培、节水灌溉、测土配方施肥、病虫害综合防治、机械化生产等关键技术，总结完善区域化高产高效栽培技术体系。东北区以机械化种植技术为关键，集成示范推广保温促苗、科学合理轮作降低除草剂危害、大垄机械化高产栽培和晚疫病综合防治技术；华北和西北区以覆膜栽培技术为关键，集成示范推广旱作节水保墒丰产优质栽培技术和优质丰产加工专用薯栽培技术；西南区以晚疫病、青枯病综合防治技术为关键，集成示范推广间套作栽培技术、大垄双行栽培技术、少（免）耕栽培技术和小型机械耕作栽培技术；南方区以稻草覆盖少（免）耕、水旱轮作、保温早发、高垄增密、适时种植和收获等栽培技术为关键，集成示范推广高产高效栽培技术。

4. 改善市场流通条件

在交通便利的马铃薯主产区，建设一批商品薯、种薯和加工产品的交易批发市场，建立和完善马铃薯产销信息服务平台，通过广播、电视、网络、报刊等媒体，发布产业发展动态、供求信息等，搞好市场分析和预测，推进网上交易和期货交易，促进产销衔接和市场流通，构建全国马铃薯现代物流体系。针对各区域种薯、商品薯和加工原料薯储藏中存在的问题，研究开发、示范推广适合不同生态区设施的储藏保鲜和管理技术、农户储藏保鲜和管理技术，增强储藏能力，减少储藏损失，提高商品质量。

5. 提升产业化水平

积极发展产业化经营，引导企业和薯农组建马铃薯专业化合作组织，搞好产前、产中、产后服务，通过"公司+中介组织+基地+农户"等形式，建立企业与薯农之间利益共享、风险共担的利益共同体。加大马铃薯产业化龙头企业扶持力度，充分发挥龙头企业带动作用，实施标准化、规模化生产，提高马铃薯生产质量安全水平，培育名牌产品。

◎ **本章小结：**

马铃薯在世界粮食生产中仅次于小麦、水稻、玉米而居第四位，可见，马铃薯在世界农业生产中具有极其重要的地位。本章对国外马铃薯主要生产国的生产经验进行了介绍，提出了我国马铃薯产业发展的基本策略。

第2章 马铃薯的生物学特性

☞ **提要**：

　　1. 马铃薯的营养价值及用途。

　　2. 马铃薯的根、茎、叶、花、果实、种子的形态结构特征及马铃薯的生长发育过程和特性。

　　3. 环境因素对马铃薯生长发育的影响。

　　4. 马铃薯产量的形成与品质的鉴定。

　　普通马铃薯是茄科茄属多年生草本植物，但作一年生或一年两季栽培。生产应用的品种都属于茄属马铃薯亚属能形成地下块茎的种，染色体数 $2n = 2x = 48$。地下块茎呈圆、卵、椭圆等形，有芽眼，皮红、黄、白或紫色，可食用。

2.1 马铃薯的营养价值和用途

　　马铃薯是一种分布广泛，适应性强，产量高，营养价值丰富的宜粮、宜菜、宜饲、宜做工业原料等多种用途的粮食作物和经济作物。

2.1.1 马铃薯的营养价值

　　马铃薯是宝贵的营养食品，营养成分丰富齐全。马铃薯薯块中76%~85%是水分，干物质含量为15%~24%，它的营养物质都在干物质中。马铃薯块茎中含有人体所不可缺少的六大营养物质：蛋白质、脂肪、糖类、粗纤维、矿物质和各种维生素，其中淀粉及糖类占13%~22%，蛋白质占1.6%~2.1%，除脂肪含量较低外，淀粉、蛋白质、维生素 C、维生素 B_1、维生素 B_2 以及 Fe 等微量元素的含量最为丰富，显著高于其他作物（见表2-1）。

表2-1　　　　　　　　**马铃薯、干马铃薯与其他食物的营养成分**

（每100g 可食部分）

食　物	能量（千焦）	水分（g）	粗蛋白（g）	脂肪（g）	碳水化合物（g）	可食纤维（g）	钙（mg）	磷（mg）	铁（mg）	维生素 B_1（mg）	维生素 B_2（mg）	维生素 PP（mg）	维生素 C（mg）
马　铃　薯	334.72	78.0	2.1	0.1	18.5	2.18	9	50	0.8	0.1	0.04	1.5	20
干马铃薯	1343.06	11.7	8.4	0.4	74.3	4.0	36	201	3.2	0.4	0.16	6.0	80
玉米（干）	1497.87	11.5	9.5	4.4	73.2	9.3	12	251	3.4	0.35	0.11	1.9	微量
大　　米	1522.98	12.0	6.8	0.5	80.0	2.4	20	115	1.1	0.08	0.04	1.8	0
小　　麦	1389.09	12.3	13.3	2.0	70.0	12.1	44	359	3.9	0.52	0.12	4．4	0
高　　粱	1430.93	10.9	10.1	3.4	73.2	9.0	32	290	4.9	0.39	0.15	3.8	0

　　注：摘自1987年国际马铃薯中心资料：《人类食物中的马铃薯》

马铃薯蛋白质营养价值很高，且拥有人体所必需的 6 种氨基酸，特别是富含谷类缺少的赖氨酸，因而马铃薯与谷类混合食用可提高蛋白质利用率。马铃薯鲜块茎中一般含蛋白质 1.6%~2.1%，高者可达 2.7% 以上，薯干中蛋白质含量为 8%~9%，其质量与动物蛋白相近，可与鸡蛋媲美，属于完全蛋白质，易消化吸收，优于其他作物的蛋白质。蛋白质中含有 18 种氨基酸，包括人体不能合成的各种必需氨基酸，如赖氨酸、色氨酸、组氨酸、精氨酸、苯丙氨酸、缬氨酸、亮氨酸、异亮氨酸等。

1. 脂肪

马铃薯脂肪含量较低，占鲜块茎的 0.1% 左右，相当于粮食作物的 1/2~1/5。茎叶中的脂肪含量高于块茎，约为 0.7%~1.0%。

2. 糖类

马铃薯块茎的含糖量较高，一般为 13.9%~21.9%，其中 85% 左右是淀粉。块茎中淀粉含量一般为 11%~22%，一般早熟品种淀粉含量为 11%~14%，中晚熟品种淀粉含量为 14%~20%，高淀粉品种块茎可达 25% 以上。马铃薯淀粉中支链淀粉占 72%~82%，直链淀粉占 18%~28%，淀粉粒体积大，较禾谷类作物的淀粉易于吸收。

3. 粗纤维

马铃薯鲜块茎中粗纤维含量为 0.6%~0.8%，低于莜面和玉米面，比小米、大米和面粉高 2~12 倍。

4. 矿质元素

马铃薯还是一个矿物质宝库，各种矿物质是苹果的几倍至几十倍不等，500 克马铃薯的营养价值大约相当于 1750 克的苹果。美国新泽西州立大学汉斯·费希尔博士和德国一些医科大学及医学院权威人士进行的一系列研究证明，如果人们每天只吃马铃薯，即使不补充其他任何食品，身体也能摄取 10 倍于传统食品中含有的维生素和 1.5 倍的铁。马铃薯块茎含有钾、钙、磷、铁、镁、硫、氯、硅、钠、硼、锰、锌、铜等人体生长发育和健康必不可少的无机元素，矿质元素的总量占其干物质的 2.12%~7.48%，平均为 4.36%。马铃薯的矿物质多呈强碱性，为一般蔬菜所不及，对平衡食物的酸碱度与保持人体血液的中和具有显著的效果。

表 2-2 　　　　　　　　　　　**每 100g 马铃薯可食部分矿物质含量**

矿质元素	钙	铁	磷	钾	钠	铜	镁	锌（μg）	硒（μg）
含量（mg）	47	0.5	64	302	0.7	0.12	23	0.18	0.78

5. 维生素

马铃薯含有多种维生素，种类之多为许多作物所不及。它含有维生素 A（胡萝卜素）、维生素 B_1（硫胺素）、维生素 B_2（核黄素）、维生素 B_5（泛酸）、维生素 PP（尼克酸亦称烟酸）、维生素 B_6（吡哆醇）、维生素 C（抗坏血酸）、维生素 H（生物素）、维生素 K（凝血维生素）、及维生素 M（叶酸）等。其中以维生素 C 含量最丰富，在鲜块茎中占 0.02%~0.04%，比去皮苹果高 50%。一个成年人每天食用 0.5kg 马铃薯，即可满足体内对维生素 C 的全部需要量。因此，马铃薯是所有粮食作物中维生素含量最全的，其含量相当于胡萝卜的 2 倍、大白菜的 3 倍、番茄的 4 倍，B 族维生素更是苹果的 4 倍。特别是马铃薯中含有禾谷类粮食所没有的胡萝卜素和维生素 C，其所含的维生素 C 是苹果的 10 倍，且耐加热。有营养学家做过实验：0.25kg 的新鲜马铃薯便够一个人一昼夜消耗所需要的维生素。

表 2-3　　　　　　　　　　　　　马铃薯块茎中的维生素含量（占干重 mg/100g）

维生素种类	含　　量（mg/100g）
A（胡萝卜素）	0.028~0.060
B_1（硫胺素）	0.024~0.20
B_2（核黄素）	0.075~0.20
B_6（吡哆醇）	0.009~0.25
C（抗坏血酸）	5~50
PP（烟酸或称尼克酸）	0.0008~0.001
H（生物素）	1.7~1.9
K（凝血维生素）	0.0016~0.002
P（柠檬酸）	25~40

总之，若以 5kg 马铃薯折合 1kg 粮食，马铃薯的营养成分大大超过大米、面粉。由于马铃薯的营养丰富和养分平衡，益于健康，已被许多国家所重视，欧美一些国家把马铃薯当做保健食品。法国人称马铃薯为"地下苹果"，俄罗斯称马铃薯为"第二面包"，认为"马铃薯的营养价值与烹饪的多样化是任何一种农产品不可与之相比的"。美国农业部高度评价马铃薯的营养价值，指出，"每餐只吃全脂奶粉和马铃薯，便可以得到人体所需的一切营养元素"，并指出"马铃薯将是世界粮食市场上的一种主要食品"。

需要指出的是，马铃薯储存时如果暴露在光线下，会变绿，同时有毒物质会增加。马铃薯的致毒成分为茄碱（$C_{45}H_{73}O_{15}N$），又称马铃薯毒素，是一种弱碱性的甙生物碱，又名龙葵甙，可溶于水，遇醋酸极易分解，高热、煮透亦能解毒。龙葵素具有腐蚀性、溶血性、并对运动中枢及呼吸中枢有麻痹作用。每 100g 马铃薯含龙葵甙仅 5mg~10mg，而未成熟、青紫皮的马铃薯或发芽马铃薯含龙葵甙增至 25mg~60mg，甚至高达 430mg，所以食用时麻口，大量食用未成熟或发芽马铃薯可引起急性中毒（在 100g 鲜块茎中龙葵素含量超过 20mg，人食后就会中毒）。食用发芽马铃薯中毒时会出现恶心、呕吐、腹痛、腹泻、水及电解质紊乱、血压下降、昏迷、呼吸中枢麻痹等现象。发芽马铃薯芽眼部分变紫也会使有毒物质积累，食用时要注意。马铃薯块茎在发芽或表皮变绿时会增加龙葵素的含量，或有的品种龙葵素含量高，因此在块茎发芽或表皮变绿时一定要把芽和芽眼挖掉，削去绿皮才能食用，凡麻口的块茎或马铃薯制品，一定不要食用，以防中毒。

2.1.2　马铃薯的用途

马铃薯具有多种用途，它既是粮又是菜，也是发展畜牧业的良好饲料，还是轻工业、食品工业、医药制造业的重要加工原料。

1. 马铃薯是粮菜兼用作物

作为粮食作物，马铃薯具有发热量高的特点，块茎单位重量干物质所提供的食物热量高于所有的禾谷类作物。因此，马铃薯在当今人类食物中占有重要地位。

作为蔬菜，它具有耐储藏和维生素C含量高的特点，是北方地区主要冬贮蔬菜品种之一。而且马铃薯也创造了"超级蔬菜"的神话。马铃薯既可煎、炒、烹、炸，又可烧、煮、炖、扒，烹调出几十种美味菜肴，还可"强化"和"膨化"。20世纪50年代以来，马铃薯快餐食品风靡全球，美味可口的薯片、薯条受到男女老幼的喜爱。目前，世界上有不少国家已把马铃薯列为主食，还用它来制作点心等小食品。

2. 工业原料

马铃薯是轻工业、食品工业、医药制造业的重要加工原料。以马铃薯为原料，可以制造出淀粉、酒精、葡萄糖、合成橡胶、人造丝等几十种工业产品。以马铃薯淀粉为原料经过进一步深加工可以得到葡萄糖、果糖、麦芽糖、糊精、柠檬酸以及氧化淀粉、酯化淀粉、醚化淀粉、阳离子淀粉、交联淀粉、接枝共聚淀粉等2000多种具有不同用途的产品，广泛应用于食品工业、纺织工业、印刷业、医药制造业、铸造工业、造纸工业、化学工业、建材业、农业等许多部门。

表2-4　　　　　　　　　　　**马铃薯淀粉发酵产品**

种　类	发　酵　产　品
有机酸	柠檬酸　乳酸　葡萄糖酸及衍生物　醋酸　衣康酸　苹果酸等
氨基酸	赖氨酸　味精　苏氨酸　天冬氨酸　精氨酸　丙氨酸　丝氨酸等
酶制剂	α-淀粉酶　β-淀粉酶　异淀粉酶　蛋白酶等
其他产品	乙醇　丙酮-丁醇　酵母　甘油　维生素C　D-异抗坏血酸钠　普鲁蓝　黄胶原　格瓦斯饮料等

注：摘自汤祐德、刘耀宗、阎世民：《马铃薯大全》，海洋出版社1992年版。

3. 饲料

作为饲料作物，马铃薯单位面积上可获得的饲料单位和粗蛋白高于燕麦、黑麦、大麦、玉米和饲料甜菜。马铃薯的鲜茎叶和块茎均可做青贮饲料。

表2-5　　　**几种作物每hm² 产的饲料单位和可消化的蛋白质数量（单位：kg）**

作　物	马铃薯	燕　麦	大　麦	冬黑麦	玉　米	饲料甜菜	箭舌豌豆
饲料单位	2 764.4	1 214.0	1 327.7	1 302.6	2 362.3	1 715.6	1 181.1
可消化蛋白质	91.7	75.6	63.3	76.8	82.3	61.8	173.2

注：摘自Н.Я契莫拉、阿尔纳乌多夫：《马铃薯》（上册）．王敬立等译，财政经济出版社1955年版。

4. 绿肥

马铃薯是很好的绿肥作物。一般情况下，马铃薯每亩可产鲜茎叶 2000kg，可折合化肥 20kg。马铃薯为喜钾作物，从土壤中吸收的氮磷肥较少，茎叶含氮、磷、钾高于紫云英，因此是很好的绿肥作物，很受农民欢迎。

表 2-6　　　　　　　　　　马铃薯茎叶氮、磷、钾含量与紫云英含量的比较

作　　物	N（%）	P_2O_5（%）	K_2O（%）
紫云英	0.48	0.09	0.37
马铃薯	0.49	0.13	0.42

注：根据湖北恩施南方马铃薯中心的分析资料

另外，马铃薯在作物轮作制中是肥茬，宜做多种作物的前茬。种过马铃薯的地，地肥草少，土壤疏松，通透性好，成为作物轮作制中良好的前茬作物。

5. 马铃薯的药用价值

中医认为马铃薯"性平味甘无毒，能健脾和胃，益气调中，缓急止痛，通利大便。对脾胃虚弱、消化不良、肠胃不和、脘腹作痛、大便不畅的患者效果显著"。现代研究证明，马铃薯对调解消化不良有特效，是胃病和心脏病患者的良药及优质保健品。马铃薯淀粉在人体内吸收速度慢，是糖尿病患者的理想食疗蔬菜；马铃薯中含有大量的优质纤维素，在肠道内可以供给肠道微生物大量营养，促进肠道微生物生长发育；同时还可以促进肠道蠕动，保持肠道水分，有预防便秘和防治癌症等作用；马铃薯中钾的含量极高，每周吃五六个马铃薯，可降低中风的几率，对调解消化不良又有特效；它还有防治神经性脱发的作用，用新鲜马铃薯片反复涂擦脱发的部位，对促进头发再生有显著的效果。

马铃薯生育期短，播种期伸缩性大，一般只要能保证它生育日数的需要，则可随时播种，因此当其他作物在生育期间遭受严重的自然灾害而无法继续种植时，马铃薯又是很好的补救作物。

马铃薯还是理想的间、套、复种作物，可与粮、棉、烟、菜、药等作物间套复种，有效地提高了土地与光能利用率，增加了单位面积作物总产量。

2.1.3　发展马铃薯产业的意义

1. 我国马铃薯产业在世界上占有重要地位

全世界共有 150 多个国家和地区种植马铃薯，马铃薯种植面积约为 2000 万 hm^2，总产量约 3.3 亿 t。其中我国的种植面积达 500 多万 hm^2，大体占世界的 25%，亚洲的 60%；总产量达 7000 多万 t，大体占世界的 20% 和亚洲的 70%，在世界均居领先地位。

2. 发展马铃薯产业可以有效增强我国粮食安全保障

近年来，全球气候变暖趋势日趋明显，已经对粮食生产产生重要影响。联合国有关机构发布的报告说，如果全球气温升高 3.6℃，到 2050 年，中国的稻米将减产 5%~12%，全球将会有 1.32 亿人挨饿。在全球粮食增产受到气候变暖威胁的同时，全球耕地面积的增加很有限，并制约着粮食产量的增加。

在过去几年里，由于农业种植业结构的调整，我国三大主要粮食作物的种植面积和总产量有所下降，且三大粮食作物的平均单产已高于世界平均水平，大幅度增产难度较大，只有马铃薯可以通过科技进步大幅度提高产量和品质。并且，马铃薯是冬作农业发展中潜力巨大的作物。据初步统计，目前全国耕地面积的近2/3，计8000万 hm² 处于冬闲状态。可以利用南方冬作区和中原二季作区的冬闲田发展马铃薯生产，提高耕地复种指数，有效地扩大农作物种植面积，起到缓解人地矛盾的作用。

3. 发展马铃薯产业可以有效增加贫困地区农民收入

据有关专家介绍，如果采用新品种、新工艺，我国马铃薯的单产水平可以提高一倍以上，这就意味着可以在总播种面积不变的情况下增加产量1亿t以上，仅此一项就可增加农民收入1000亿元以上，经济效益非常可观。

我国贫困人口集中在西部地区，西北和西南10个省、市、自治区（甘肃、内蒙古、山西、陕西、青海、宁夏、云南、贵州、四川、重庆）马铃薯种植面积达到了370多万 hm²，占全国的77%。在一些不适于种植其他作物的农业边际地区，马铃薯在进一步提高产量和生产力方面具有较大的潜力。按种植面积计算，马铃薯排在水稻、小麦、玉米、大豆之后，但按单产计算，马铃薯却是水稻的2倍、玉米的3倍、小麦、大豆的4~5倍。而按生产者实现的产值计算，马铃薯分别比其他主要农作物高2.5~4倍。并且，我国现有的耕地面积中有60%以上的耕地为旱地。研究表明，在干旱、半干旱地区，春谷子、荞麦、春小麦、马铃薯等主要粮食作物，如以丰水年产量为100%，各种作物在干旱年份的产量分别为：谷子55%，荞麦57%，春小麦58%，马铃薯76%。马铃薯的生育期较短，再生能力强，对风、雹等自然灾害有一定的抵抗力，又是很好的救灾作物。

4. 发展马铃薯产业可以部分缓解生物能源原料匮乏问题

生物能源产业的兴起，加剧了粮食市场供需矛盾。"十一五"期间，我国已明确提出，发展燃料乙醇应重点推进不与粮食争地的非粮食作物如薯类、甜高粱、甘蔗及植物纤维的原料替代。由于薯类的增产潜力较大，单位面积上乙醇产量增加的潜力也很可观，这样就可以做到在不减少粮食供给或不增加耕地的基础上，提供更多的生物能源原料。

5. 马铃薯产业具有较高的产业关联度

马铃薯变性淀粉广泛用于食品、造纸、纺织、制革、涂料、工业废水净化、农业、园艺、纺织、铸造、医疗、造纸、石油钻探及环卫等多个领域。马铃薯产品的加工具有较长的增值链条，是朝阳产业和贫困地区脱贫致富的支柱产业。

6. 马铃薯加工行业具有良好成长性

马铃薯贸易具有良好的发展前景。近年来，国际市场上的马铃薯淀粉供应趋紧，2006年因全球马铃薯淀粉供需矛盾突出，导致淀粉价格在不到一个月时间每t上涨1000多元。我国各类马铃薯产品的出口额均呈现增长势头，随着我国企业加工技术和能力的提高，马铃薯加工品的出口比重将有望进一步提高。

7. 马铃薯产业是我国具有国际竞争力的农业产业之一

我国是马铃薯淀粉应用大国，目前人均应用量仅为每年5kg/人左右，与发达国家30~40kg/人的水平相比差距较大。随着人民生活水平和工业发展水平的不断提高，高品质的马铃薯淀粉的生产应用量还将大幅度提高。随着各发达国家农产品出口补贴的取消，遵循市场公平竞争原则并依托雄厚资源优势的中国马铃薯加工业，将会进军欧美等国际市场，形成具有国际竞争力的、不可多得的优势产业。我国马铃薯产业具有原料资源、成本价格、市场容量等多方面的优势，发展前景广阔。

2.2　马铃薯形态特征及其生长

马铃薯是双子叶种子植物，植株由地上和地下两部分组成，按形态结构可分为根、茎、叶、花、果实和种子等几部分。作为产品器官的薯块是马铃薯地下茎膨大形成的结果。一般生产上均采用块茎进行无性繁殖。

地上部分包括茎、叶、花、果实和种子，茎叶生长旺盛是马铃薯高产所必需的。

地下部分包括根、地下茎、匍匐茎和块茎。

2.2.1　根系及其生长

马铃薯的根是吸收营养和水分的器官，同时还有固定植株的作用。

2.2.1.1　根的形态结构特征

马铃薯不同繁殖材料所长出的根不一样。用薯块进行无性繁殖生的根，呈须根状态，称为须根系；而用种子进行有性繁殖生长的根，有主根和侧根的分别，称为直根系。生产上一般用薯块种植，下文主要讨论须根系。

根据根系发生的时期、部位、分布状况及功能的不同，须根分为两类：芽眼根和匍匐根。

图 2-1　马铃薯芽眼根

1. 芽眼根

马铃薯初生芽的基部靠近种薯处密缩在一起的 3~4 节上的中柱鞘发生的不定根，称为芽眼根或节根。芽眼根是马铃薯在发芽早期发生的根系，分枝能力强，入土深而广，是马铃薯的主体根系（见图 2-1）。

2. 匍匐根

随着芽条的生长，在地下茎的上部各节上陆续发生的不定根，称为匍匐根。一般每节上发生 3~6 条，多数在出苗前均已发生，有的在出苗前可伸长达 10cm 以上。匍匐根分枝能力较弱，长度较短，一般为 10~20cm，分布在表土层。匍匐根对磷素有很强的吸收能力，吸收的磷素能在短时间内迅速转移到地上部茎叶中去。

马铃薯根的横切面为圆形，除保护组织外，区分为外皮层、内皮层、中柱韧皮部等部分（见图2-2）。

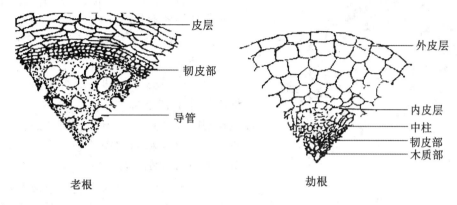

图2-2 马铃薯根的横切面①

2.2.1.2 根系的生长

马铃薯的根系一般为白色，只有少数品种是有色的。大部分根系分布在土壤表层30~70cm处，个别可深达1m以上。它们最初与地面倾斜向下生长，达30cm左右后，再垂直向下生长。

马铃薯根系的生长表现为：块茎萌动时，首先形成幼芽，当幼芽伸长到0.5~1cm时，在幼芽的基部出现根原基，之后很快形成幼根，并以比幼芽快得多的速度生长，在出苗前就已形成了较强大的根群。从4叶期开始至块茎形成末期，根生长迅速，在地上部茎叶达到生长高峰值前2~3周，已经达到了最大生长量，到块茎增长期根系便停止生长。开花初期至地上部茎叶生长量达到高峰期间，根系的总干重、茎叶总干重与块茎产量之间存在着显著的正相关关系。因此，强大的根系是地上部茎叶生长繁茂，最后获得较高块茎产量的保证。

根系的数量、分枝的多少、入土深度和分布的幅度因品种而异，并受栽培条件影响。一般中、晚熟的根入土深，分布广；早熟品种根系不发达，生长较弱，入土较浅，根量和分布范围都不及晚熟品种。马铃薯根系发育的强弱与品种的抗旱性密切相关，凡抗旱性强的品种，根系的垂直和水平分布都深而广，根系拉力和根鲜重也随抗旱性的加强而提高。在干旱条件下，根系入土深，分枝多，总根量多，抗旱能力强；在水分充足的条件下，根系入土浅，分枝少，总根量亦少。；因此，马铃薯生育前期降水量大或灌水多，土壤含水量高，后期发生干旱时，则抗旱能力降低，对产量影响较大。土层深厚、结构良好、水分适宜、富含有机养分的土壤环境，都有利于根系的发育，抗旱和抗涝能力均强。及时中耕培土，增加培土厚度，增施磷肥等措施，都可以促进根系的发育，特别是有利于匍匐根的形成和发育。

---

① 门福义，刘梦芸. 马铃薯栽培生理［M］. 北京：中国农业出版社，1995：9.

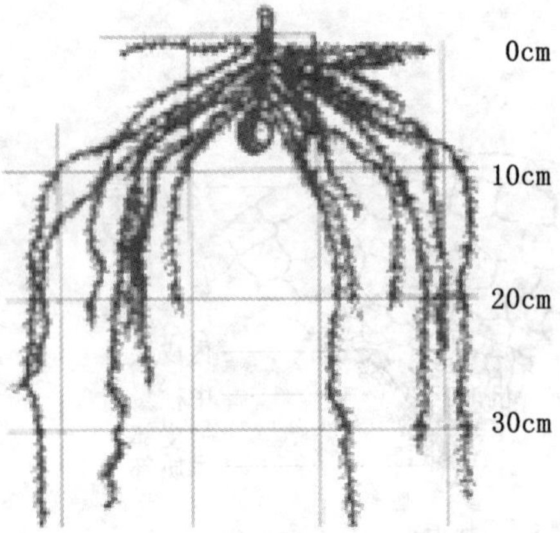
0cm
10cm
20cm
30cm

图 2-3　根系的分布①

2.2.2　茎的形态与生长

马铃薯的茎包括地上茎、地下茎、匍匐茎和块茎形态和功能各不相同。

2.2.2.1　地上茎

1. 地上茎形态结构特征

块茎芽眼萌发的幼芽或种子的胚茎发育形成的地上枝条称地上茎，简称茎。栽培种生长初期大多直立生长，后期因品种不同呈直立、半直立和匍匐等状态。茎的横切面在节处为圆形，节间部分为三棱、四棱或多棱；在茎的棱上由于组织的增生而形成突起的翼（或翅），沿棱作直线着生的，称为直翼，沿棱作波状起伏着生的，称为波状翼。茎翼的形态是识别品种的重要特征之一。

马铃薯的茎多汁，成年植株的茎，节部坚实而节间中空，但有些品种和实生苗的茎部节间始终为髓所充满，而只有基部是中空的。茎呈绿色，也有紫色或其他颜色的品种。

马铃薯实生苗幼茎的横切面为圆形（见图 2-4），节间部分无棱和翼。成年植株的茎分枝多而细，多数直立，也有呈半匍匐状的，其他形态特征与块茎繁殖的相同。

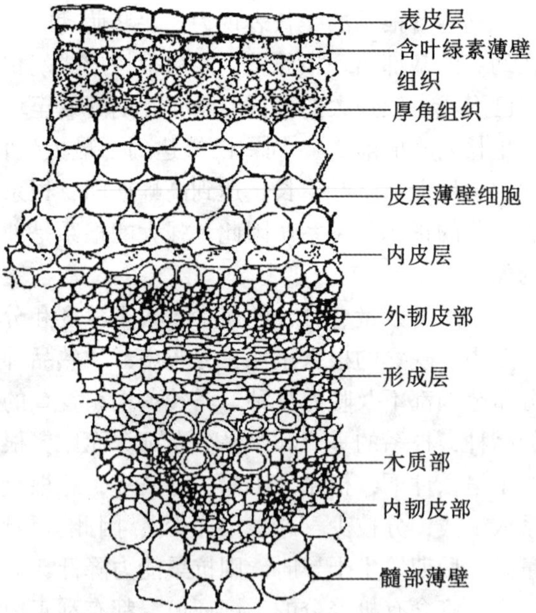
表皮层
含叶绿素薄壁
组织
厚角组织
皮层薄壁细胞
内皮层
外韧皮部
形成层
木质部
内韧皮部
髓部薄壁

图 2-4　马铃薯幼茎横切面

2. 地上茎的生长

马铃薯由于种薯内含有丰富的营养物质和水分，在出苗前便形成了具有多数胚叶的幼茎。每块种薯可形成 1 至数条茎秆，通常整薯比切块薯形成的茎秆多。马铃薯茎的高度和株丛繁茂程度因品种而异，并受栽培条件影响。一般茎高 30～100cm，早熟品种较矮，晚熟品种较高。在田间密度过大，肥水过多时，茎长得高而细弱，节间显著伸长，有时株高可达 2m 以上，生育后期造成植株倒伏，严重影响叶片的光合作用，甚至造成茎秆基部腐烂，全株死亡。

马铃薯的茎具有分枝的特性，分枝形

① 门福义，刘梦芸．马铃薯栽培生理［M］．北京：中国农业出版社，1995：9.

成的早晚、多少、部位和形态因品种而异。一般早熟品种茎秆较矮，分枝发生晚，分枝数少，多为上部分枝；中晚熟品种茎秆粗壮，分枝发生早而多，并以基部分枝为主。马铃薯茎的分枝多少，与种薯大小有密切关系，一般每株分枝4~8个，种薯大则分枝多，整薯播种比切块播种分枝多。

马铃薯茎的再生能力很强，在适宜的条件下，每一茎节都可发生不定根，每节的腋芽都能形成一棵新的植株。在生产和科研实践中，利用茎再生能力强这一特点，采用单节切段、剪枝扦插、育芽掰苗、压蔓等措施来增加繁殖系数，特别是在茎尖脱毒进行脱毒种薯生产时，利用茎再生能力强这一特点，采用茎切段的方法，可加速脱毒苗的繁殖。

马铃薯出苗后，叶片数量和叶面积生长迅速，但茎秆伸长缓慢，节间缩短，植株平伏地表，侧枝开始发生。进入块茎形成期，主茎节间急剧伸长，同时侧枝开始伸长。进入块茎增长期，地上部生长量达到最大值，株高达到最大高度，分枝也迅速伸长。因此，应在此期之前采取水肥措施，促进茎叶生长，使之迅速形成强大的同化系统；并通过深中耕、高培土等措施，达到控上促下，促进生长中心由茎叶迅速向块茎转移。

2.2.2.2 地下茎

马铃薯的地下茎，即主茎的地下结薯部位。其表皮为木栓化的周皮所代替，皮孔大而稀，无色素层，横切面近圆形。由地表向下至母薯，由粗逐渐变细。

地下茎的长度因品种、播种深度和生育期培土高度而异，一般10cm左右。当播种深度和培土高度增加时，长度随之增加。地下茎的节数一般比较固定，大多数品种节数为8节，个别品种也有6或9节的。在播种深度和培土高度增加时，地下茎节数可略有增加。每节的叶腋间通常发生匍匐茎1~3个；在发生匍匐茎前，每个节上已长出放射状匍匐根3~6条。

2.2.2.3 匍匐茎

1. 匍匐茎的形态结构特征

马铃薯的匍匐茎是地下茎节上的腋芽水平生长的侧枝，其顶端膨大形成块茎。匍匐茎一般为白色，因品种不同也有呈紫红色的。匍匐茎形态结构见下图。

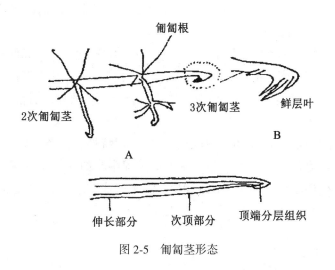

图 2-5　匍匐茎形态

2. 匍匐茎的生长

匍匐茎发生后，略呈水平方向生长，其顶端呈钥匙形的弯曲状，茎尖生长点向着弯曲的内侧，在匍匐茎伸长时，对生长点起保护作用。匍匐茎一般有 12~14 个节间。匍匐茎数目的多少因品种而异，一般每个地下茎节上发生 4~8 条，每株（穴）可形成 20~30 条，多者可达 50 条以上。匍匐茎愈多形成的块茎也愈多，但不是所有的匍匐茎都能形成块茎。在正常情况下匍匐茎的成薯率为 50%~70%。不形成块茎的匍匐茎，到生育后期便自行死亡。

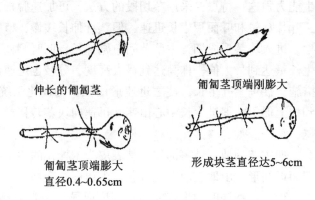

伸长的匍匐茎　　　　　匍匐茎顶端刚膨大

匍匐茎顶端膨大　　　　形成块茎直径达5~6cm
直径0.4~0.65cm

图 2-6　匍匐茎顶端膨大形成块

匍匐茎的形成受体内激素平衡所控制。赤霉素（GA）和吲哚乙酸（IAA）对诱导匍匐茎的发生具有明显作用。长日照条件有利于体内赤霉素含量的增加，匍匐茎形成数量显著多于短日照条件。

用块茎繁殖的植株，其匍匐茎一般在出苗后 7~10 天发生。但因品种、播期和种薯状况不同而有很大差异；早熟品种比晚熟品种发生早，一般 5~7 叶发生匍匐茎，晚熟品种则在 8~10 叶时才发生。在北方一作区提早播种的情况下，往往因为低温不能很快出苗，常在出苗前即形成匍匐茎；芽栽和种薯经过催芽处理，都能促进匍匐茎早形成。匍匐茎发生后 10~15 天即停止伸长，顶端开始膨大形成块茎。

匍匐茎具有向地性和背光性，略呈水平方向生长，入土不深，大部分集中在地表 0~10cm 土层内；匍匐茎长度一般为 3cm~10cm，短者不足 1cm，长者可达 30cm 以上，野生种可长达 1m~3m。匍匐茎过长是一种不良性状，会造成结薯极度分散，不便于田间管理和收获。

匍匐茎比地上茎细弱得多，但具有地上茎的一切特性，担负着输送营养和水分的功能；在其节上还能形成 2~3 次匍匐茎。在生育过程中，如遇高温多湿和过量施用氮肥，特别是气温超过 29℃时，块茎不能形成和生长，常造成茎叶徒长和大量匍匐茎穿出地面而形成地上茎，严重影响结薯和产量。

2.2.2.4　块茎

1. 块茎形态结构特征

马铃薯块茎是一缩短而肥大的变态茎，既是经济产品器官，又是繁殖器官。匍匐茎顶端停止极性生长后，由于皮层、髓部及韧皮部薄壁细胞的分生和扩大，并积累大量淀粉，从而使匍匐茎顶端膨大形成块茎。

块茎具有地上茎的各种特征。块茎生长初期，其表面各节上都有鳞片状退化小叶，呈黄白或白色，块茎稍大后，鳞片状退化小叶凋萎脱落，残留的叶痕呈新月状，称为芽眉。芽眉内侧表面向内凹陷成为芽眼。芽眼有色或无色，有深、浅、凸之分，芽眼的深浅，因品种和栽培条件而异，芽眼过深是一种不良性状。每个芽眼内有 3个或 3 个以上未伸长的芽，中央较突出的为主芽，其余的为侧芽（或副芽）。块茎发芽时主芽先萌发，侧芽一般呈休眠状态。只有当主芽受伤或主芽所

图 2-7　块茎外观形态

生的幼茎因不良条件折断、死亡时，各侧芽才同时萌发生长。

芽眼在块茎上呈螺旋状排列，其排列顺序与叶片在茎上的排列顺序相同。顶部芽眼分布较密，基部芽眼分布较稀。块茎最顶端的一个芽眼较大，内含芽较多，称为顶芽。块茎萌芽时，顶芽最先萌发，而且幼芽生长快而健壮，从顶芽向下的各芽眼依次萌发，其发芽势逐渐减弱，这种现象称为块茎的顶端优势。块茎顶端优势的强弱因品种、种薯生理年龄、种薯感病程度而异。幼龄种薯和脱毒种薯，顶端优势较强。

块茎与匍匐茎连接的一端称为脐部或基部。

块茎的大小依品种和生长条件而异，一般每块重 50g～250g，大块可达 1500g 以上。块茎的形状也因品种而异，但栽培环境和气候条件使块茎形状产生一定变异。一般可分为圆形、长圆形、椭圆形这三种主要类型，其余形状都是它们的变形而已。在正常条件下，每一品种的成熟块茎都具有固定的形状，是鉴别品种的重要依据之一。

马铃薯块茎皮色有白、黄、红、紫、淡红、深红、淡蓝等色。块茎肉色有白、黄、红、紫、蓝及色素分布不均匀等，食用品种以黄肉、淡黄肉和白肉者为多。通常黄肉块茎富含蛋白质和维生素。块茎的皮肉色是鉴别品种的重要依据之一。

表 2-7　　　　　　　　　　　　　　马铃薯块茎的形状鉴别

基本型	形　状	标　准	举　例
圆　形	圆球形 扁圆形	长＝宽＝厚 长＝宽＞厚	红纹白、乌盟 601 男爵、多子白

续表

基本型	形　状	标　准	举　例
椭圆形	椭圆形	长>宽=厚	荷兰薯、西北果
	扁椭圆形	长>宽>厚	七百万、朝鲜白
长　形	长棒形	长≥宽≥厚	五月后（May fucen）
梨　形	梨　形	长>宽≥厚 顶部稍粗脐部稍细	北京小黄山药 小叶子

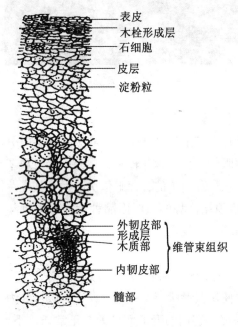

图 2-8　块茎剖面细胞组织①

马铃薯块茎表皮光滑、粗糙或有网纹。块茎表面有许多小斑点，称为皮孔（或称皮目），是块茎与外界进行气体交换和蒸散水分的重要通道。皮孔的大小和多少因品种和栽培条件而异，在土壤黏重通透性差的情况下，皮孔周围的细胞大量增生而裸露，使皮孔张开，在块茎的表面形成了许多突起的小疙瘩，既影响商品价值，又易使病菌侵入，这种块茎耐贮性极差。

马铃薯块茎的解剖结构自外向里包括薯皮和薯肉两部分。薯皮即周皮，薯肉包括皮层、维管束环、外髓和内髓等部分（见图 2-8）。

周皮的主要功能是保护块茎，避免水分散失和不良环境的影响，防止各种微生物的入侵。

皮层由大的薄壁细胞和筛管组成。依靠薄壁细胞本身的分裂和增大使皮层扩大。皮层薄壁细胞中充满淀粉粒。

维管束环是马铃薯的输导系统，与匍匐茎维管束相连，并通向各个芽眼，是输导养分和水分的主要场所。

块茎髓部由含水分较多呈半透明星芒状的内髓和接近维管束环不甚明显的外髓组成。在幼小块茎中，髓与皮层比较，髓所占的比率较小，而在成熟的块茎中，髓所占的比率却很大。

2. 块茎的形成过程

马铃薯块茎的形成始于匍匐茎顶端开始膨大。匍匐茎顶端膨大时，最先是从顶端以下弯钩处的一个节间开始膨大，接着是稍后的第二个节间也进入块茎的发育中。由于这两个

---

① 门福义，刘梦芸．马铃薯栽培生理［M］．北京：中国农业出版社，1995：10.

节间的膨大，钩状的顶端变直，此时匍匐茎的顶部有鳞片状小叶。当匍匐茎膨大成球状，剖面直径达 0.5cm 左右时，在块茎上已有 4~8 个芽眼明显可见，呈螺旋形排列，并可看到 4~5 个顶芽密集在一起；当块茎直径达 1.2cm 左右时，鳞片状小叶消失，表明块茎的雏形已建成，此后块茎在外部形态上，除了体积的增大，再没有明显的变化。

目前研究表明，块茎形成是在外界温度、光照、营养、水分等因素的影响下，体内多种激素共同参与与综合调控的结果。赤霉素（GA）推迟或阻碍块茎的形成，只有当匍匐茎顶端赤霉素减少到某一临界值时，才有块茎发生，而赤霉素的减少速度可因短日照、低温或使用某种生长抑制剂而加快。脱落酸（ABA）、细胞分裂素（CTK）、生长素（IAA）、乙烯、矮壮素（CCC）等则可促进块茎的发生。

3. 块茎的生长、膨大和增重过程

块茎的生长是一种向顶生长运动。最先膨大的节间位于块茎的基部，最后膨大的节间位于块茎的顶部。当顶端停止生长时，整个块茎也就停止生长。所以就一个块茎来看，顶芽最年轻，基部最年老。一个块茎从开始形成到停止生长约经历 80~90 天，就一个植株块茎生长来看，要到地上部茎叶全部衰亡后才停止。可见一株上的块茎成熟程度是很不一致的。

块茎的膨大依靠细胞的分裂和细胞体积的增大，块茎增大速率与细胞数量和细胞增大速率呈直线相关。块茎发育初期（块茎直径<0.5cm）以皮层细胞的分裂和扩大为主，之后以髓部细胞的分裂活动为主。块茎的大小与块茎的生长速率和生长时间有密切关系，但生长速率是影响块茎大小的主要因素。块茎的体积与块茎绝对生长率的加权平均数呈极显著的直线正相关。

马铃薯块茎重量的增加，主要取决于光合产物在块茎中的积累及流向块茎的量，一切影响光合产物积累及其运转分配的因素，都会影响块茎增大增重。在生产实际当中，如土壤氮肥过多，造成植株地上部分贪青晚熟，使茎叶鲜重和块茎鲜重平衡期推迟出现，或者因土壤干湿交替，使生育后期地上部重新恢复生长，都会造成营养物质在块茎中的分配减少，甚至使已经分配在块茎中的物质又重新转入茎叶，从而影响块茎的增大增重。相反由于土壤贫瘠造成茎叶生长量不足，鲜重平衡期提早出现，或植株过早衰亡等，也会影响块茎的增大增重，降低产量和品质。

4. 块茎的二次生长

马铃薯生育期间由于气候反常，高温干燥交替出现，常使块茎发生二次生长，形成畸形块茎。常见的畸形块茎有（见图2-9）：

①块茎不规则延长，形成长形或葫芦形，对产量和品质影响较小。

②块茎顶芽萌发出匍匐茎，其顶端膨大形成次生薯，有时次生薯顶芽再萌发形成三次或四次生长，最后形成链状薯，这种类型对产量和品质影响较大。

③块茎顶芽萌发形成枝条穿出地面，这种类型对产量和品质影响最大。

④芽眼部位发生不规则突起形成瘤状块茎，这种类型对产量和品质影响较小。

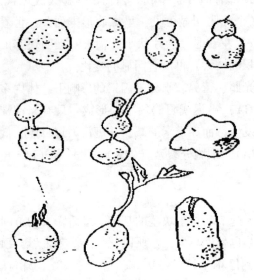

图 2-9　块茎次生生长①

⑤皮层或周皮发生龟裂，这种类型的块茎淀粉含量不降低，有时还略有增高。

马铃薯二次生长产生的原因，主要是土壤的高温干旱所致。在马铃薯块茎迅速增长期间，遇到高温干燥，使块茎停止生长，皮层组织产生不同程度的木栓化，在降雨或浇水后天气转凉，植株恢复生长，叶片制造的有机养料继续向块茎中输送，但是木栓化的周皮组织限制了块茎的继续增长，只有块茎的顶芽或尚幼嫩的部分皮层组织仍然可以继续生长，于是便形成了各种类型的畸形块茎，降低了马铃薯的产量和品质。在高温干旱和湿润低温反复交替变化的情况下，更加剧了二次生长现象的发生。

二次生长多发生在中熟或中晚熟品种上，排水不良和黏重土壤上也容易发生二次生长。防止二次生长的办法是：注意增施肥料，增强土壤的保水保肥能力；适当深耕，加强中耕培土；合理密植，株行距配置要均匀一致；注意选用不易发生二次生长的品种。

2.2.3　叶的形态特征及其生长

1. 叶的形态结构特征

马铃薯无论用种子或块茎繁殖，最初发生的几片叶均为单叶，以后逐渐长出奇数羽状复叶。

用种子繁殖时，在发芽时首先生出两片对生的子叶，然后陆续出现 3~6 片互生的单叶或不完全复叶（从第 4 片真叶开始出现不完全复叶），此时子叶便失去作用而枯萎脱落。从第 6~9 片真叶开始出现该品种的正常复叶。

用块茎繁殖时，马铃薯的叶第一片为单叶，全缘；第 2~5 片皆为不完全复叶；一般从第 5 或第 6 片叶开始即为该品种固有的奇数羽状复叶。

每个复叶由顶生小叶和 3~7 对侧生小叶、侧生小叶之间的小裂叶、侧生小叶叶柄上的小细叶和复叶叶柄基部的托叶构成。顶生小叶通常较侧生小叶略大，某些品种的顶生小叶与其下的第 1 对侧生小叶连生。顶小叶形状和侧生小叶的对数等性状通常比较稳定，是鉴别品种的特征之一。着生于中肋上的侧生小叶，由于其着生的疏密不同，形成了疏散型和紧密型两种复叶。疏散型复叶，其各对侧生小叶、小裂叶和小细叶之间不互相接触，彼此间有一定的空隙。紧密型复叶，其侧生小叶、小裂叶和小细叶之间着生紧密，彼此间几乎无空隙，甚至有部分叶片互相重叠。马铃薯的复叶互生，在茎上呈螺旋形排列，叶序为 2/5、3/8 或 5/13 型。叶片在空间的位置接近水平排列，有

---

① 门福义，刘梦芸 . 马铃薯栽培生理 ［M］. 北京：中国农业出版社，1995：10.

些品种的叶片略竖起或稍向下垂。

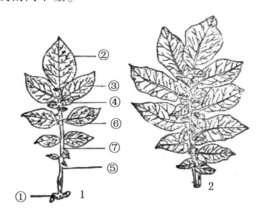

1. 疏散型　2. 紧密型
①托叶　②顶小叶　③侧小叶　④小梨叶　⑤复叶小柄　⑥小细叶　⑦众肋
图 2-10　马铃薯叶的类型

2. 叶的生长

以马铃薯中晚熟品种晋薯 2 号（主茎叶片 13~17 片）为例，其叶片的生长规律是：马铃薯幼苗出土后，经过 3~5 天主茎上即有 4~5 片叶展开，以后每隔 2~3 天展开一片。植株顶端现蕾时，主茎叶片全部展开，至开花期主茎叶面积达最大值。主茎叶片从开始展开到全部枯死约 60 天。主茎叶面积占全株最高叶面积的 20% 左右。

当主茎出现 7~8 片叶时，侧枝开始伸长。当植株现蕾主茎叶全部展开时，侧枝便迅速伸长且叶面积显著增大。到开花盛期，主茎叶片已基本枯黄，侧枝叶面积达到最大值，是主茎叶面积的 2.2 倍，约占全株总叶面积的 58%~80%。马铃薯产量的 80% 以上是在开花后形成的，此时的光合叶片主要是侧枝叶片，可见侧枝叶在马铃薯产量形成上是极其重要的。马铃薯植株的顶端分枝是从开花期迅速生长的，其叶面积约占全株总叶面积的 20%~40%。由于马铃薯顶端分枝属于假轴分枝，所以分枝不断产生，植株高度越来越高，但最后形成分枝的枝条一般只有 3~4 个。

马铃薯一生中叶面积的消长可分为上升期、稳定期和衰落期。上升期一般从出苗至进入块茎增长期后 10~15 天，其中出苗至块茎形成期，叶面积增长大体上是呈指数规律变化。从块茎形成至进入块茎增长期后 10~15 天是马铃薯叶面积直线增长期，大约是在 7 月上旬~8 月初。此阶段是马铃薯叶面积增长最迅速的时期。在适宜的条件下，平均每株每天增长约 $150cm^2$。稳定期是指叶面积达到最大值之后，在一段时期内保持不下降或下降很少的时期。此阶段块茎增长极为迅速，是块茎体积和重量增长的重要时期，这段时期维持时间越长，越有利于干物质积累。在栽培上保证充足的养分和水分供应，加强晚疫病的防治，尽量延长叶面积稳定期，是获得高产优质的关键。衰落期是指叶片开始衰落至枯死的时期。这个时期由于部分叶片衰落，叶面积系数减小，田间透光条件得到改善，个体和群体的矛盾得以缓和，再加上该期气候凉爽，昼夜温差大，有利于有机物质的合成和积累，是马铃薯块茎产量形成的重要阶段。因此，该期防止叶片过早过快衰落，尽可能延长绿叶功能期，对夺取块茎高产具有重要意义。

2.2.4　花序

1. 花的形态结构特征

马铃薯为双子叶显花植物，雌雄同株同花，花器大。花序为聚伞花序。花柄细长，着生在叶腋或叶枝上。每个花序有 2~5 个分枝，每个分枝上有 4~8 朵花。在花柄的中上部有一突起的离层环，称为花柄节。落花落果都是由这里产生离层后脱落的。花冠合瓣，基部合生成管状，顶端五裂，并有星形色轮。花冠有白、浅红、紫红及蓝色等，雄蕊 5 枚，抱合中央的雌蕊。雄蕊由花丝和花药组成，花药成熟时顶端裂开小孔散出花粉。花药有淡绿、褐、灰黄及橙黄等色。其中淡绿和灰黄色花药的花粉多为无效花粉，不能天然结实。雌蕊一枚，着生在花的中央，由花柱、柱头和子房组成。柱头呈头状或棒状，二裂或三裂，成熟时有油状分泌物。子房上位，由两个连生的心皮构成，中轴胎座，胚珠多枚。子房梨形和椭圆形，横剖面中心部的颜色与块茎的皮色和花冠基部的颜色相一致。

花冠及雄蕊的颜色、雌蕊花柱的长短及姿态（直立或弯曲）、柱头的形状等，皆为品种的特征。

2. 花的开放

马铃薯从出苗至开花所需时间因品种而异，也受栽培条件影响。一般早熟品种从出苗至开花需 30~40 天，中晚熟品种需 40~55 天。

马铃薯开花有明显的昼夜周期性，白天开放，夜间闭合，上午 5~7 时开放，下午 4~6 时闭合，第二天继续开放。开花后雌蕊即成熟。雄蕊一般在开花后 1~2 天才成熟散粉。马铃薯一朵花的开放时间为 3~5 天，一个花序可持续 10~15 天。早熟品种一般只抽一个花序，开花时间较短；晚熟品种可连续抽出几个花序，一个植株开花时间可持续 2 个月以上。

马铃薯是自花授粉作物，天然杂交率很低，一般在 0.5% 以下。品种间开花结实情况差异大。有些品种结实率很高，有些品种则结实率很低，有的甚至不能开花结实。

图 2-11　马铃薯花的外观形态

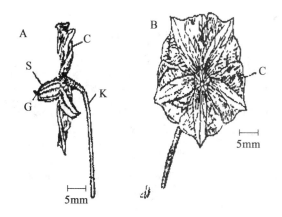

A. 花的侧面 S. 雄蕊（花药） G. 雌蕊（柱头） K. 离环层 C. 花瓣 B. 花的正面
图 2-12 马铃薯花的构造①

2.2.5 果实和种子

1. 果实

马铃薯的果实为浆果，呈圆形或椭圆形，果皮为绿色、褐色或紫绿色。成熟后多变成乳白色，并具芳香味。果实内含 100～250 粒种子。

2. 种子

马铃薯的种子为扁平卵圆形，子粒很小，千粒重仅有 0.5g～0.6g，由种皮、胚乳、胚根、胚轴和子叶组成。种皮表面毛糙，皮色有白、淡黄、紫红等。马铃薯实生种子其主要成分是脂肪，因此种子发芽缓慢，顶土力极弱。新收获的种子，一般有 6 个月左右的休眠期，充分

图 2-13 马铃薯果实外观形态

成熟或经过日晒完成后熟的浆果，其种子休眠期可以缩短。经过 5～6 个月储藏的种子，在最适宜的发芽温度下（25℃左右），也需要 5～6 天才开始发芽，经过 10～15 天达到充分发芽。当年采收的种子，发芽率一般为 50%～60%，储藏一年的种子发芽率较高，一般可达 85%～90% 以上。通常在干燥低温下储藏 7～8 年，仍具有发芽能力。如果在种子发芽前经过摩擦或用温水浸种处理，能显著促进发芽速度和提高发芽率。由于实生苗根系弱，子叶较小，在 3～4 片真叶前生长非常缓慢，故在播种实生种子时，要注意精细整地和苗期管理。

① 门福义，刘梦芸. 马铃薯栽培生理 [M]. 北京：中国农业出版社，1995：10.

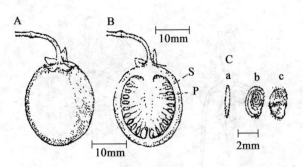

A. 果实　B. 果实的纵剖面　S. 胚珠　P. 胎座　C. 种子
图 2-14　马铃薯的果实和种子①

2.3　马铃薯的生长发育

2.3.1　马铃薯的生长发育过程

马铃薯生育期划分是进行农业技术管理的重要依据。门福义等根据马铃薯茎叶生长与产量形成的相互关系，并结合我国北方一作区的生育特点，将马铃薯的生长发育过程划分为六个生育时期：芽条生长期、幼苗期、块茎形成期、块茎增长期、淀粉积累期、成熟期。

1. 芽条生长期

马铃薯的生育从块茎萌芽开始。从块茎萌芽（播种）至幼苗出土为芽条生长期。

已通过休眠的块茎，在适宜的发芽条件下，块茎内的各种酶即开始活动，把储藏物质淀粉、蛋白质等分解转化成糖和氨基酸等，这些可给态养分沿输导系统源源不断供给芽眼，促使幼芽萌发。

块茎萌发时，首先形成幼芽，其顶部着生一些鳞片状小叶，即"胚叶"，随后在幼芽基部贴近种薯芽眼的几个缩短的节上发生幼根。该时期是以根系形成和芽条生长为中心，同时进行着叶、侧枝、花原基等的分化，是马铃薯发苗扎根、结薯和壮株的基础。

影响根系形成和芽条生长的因素首先是种薯休眠解除的程度，种薯生理年龄的大小；其次是种薯中营养成分及其含量和是否携带病害；再次是发芽过程中是否具备适宜的温度、土壤墒情和充足的氧气。

芽条生长期温度高低对出苗至关重要。块茎发芽的最低温度为 5℃~6℃，最适宜温度是 15℃~17℃。从播种到出苗所需时间与土壤温度有密切关系，在适宜的温度范围内，土壤温度愈高，出苗所需时间愈短。北方地区春播的马铃薯，当土温为 12℃~15℃时，播种至出苗需 35~40 天；土壤温度为 16℃~18℃时，约需 30 天；当土壤温度超过 20℃以上时，一般 15 天左右即可出苗。但因品种不同，出苗所需要的天数也有所差异。当土温低

于7℃或土壤过于干燥时，幼根生长缓慢或停止生长，幼芽也停止生长，在这种情况下，种薯中的养分仍不断输入幼芽，使幼芽膨大形成小薯，或由种薯芽眼处长出子薯。这种种薯虽然在适宜的条件下还可以长出幼苗，但生产力很低。

芽条生长期的长短因品种特性、种薯储藏条件、栽培季节和栽培技术水平等而差异较大，短者20~30天，长者可达数月之久。该期各项农艺措施的主要目标，是把种薯中的养分、水分及内源激素充分调动起来，促进早发芽、多发根、快出苗、出壮苗、出齐苗。

2. 幼苗期

从幼苗出土到现蕾为幼苗期。该期经历幼苗和幼根生长发育、主茎孕育花蕾、匍匐茎伸长及其顶端开始膨大、块茎具备雏形。马铃薯种薯内储藏有极丰富的营养物质和水分，所以在出苗前就形成了相当数量的根系和胚叶，出苗后经5~6天，便有4~5片叶展开。已经形成的根系从土壤中不断吸收水分和养分供幼苗生长。同时种薯内的养分仍继续发挥作用，可一直维持到出苗后30天左右。

随着气温和地温的不断上升，幼苗生长逐日加快，约每2天可长出一片新叶。同时根系向纵深发展，匍匐茎开始形成，向水平方向伸长。当主茎长到10~13片叶时，生长点开始孕育花蕾，并由下而上长出分枝，匍匐茎顶端开始膨大，形成块茎，即标志着幼苗期的结束，结薯期的开始。

幼苗期以根、茎、叶的生长为中心，同时伴随着匍匐茎的形成和伸长以及花芽的分化。所以，幼苗的生长好坏，是决定光合面积大小、根系吸收能力强弱和块茎形成多少的基础。

幼苗期主茎叶片生长很快，但茎叶总量并不多，仅占全生育期的20%~25%，干物质积累占总干物质重的3%~4%。因而苗期对水肥要求少，仅占全生育期的15%左右。但对水肥很敏感，氮素不足严重影响茎叶生长，缺磷和干旱影响根系的发育和匍匐茎的形成。因此需要早追肥、早浇水，促幼苗健壮生长，以形成强大的同化系统，同时采取深中耕高培土的措施，促根系发育和匍匐茎形成，促进生长中心由茎叶生长向块茎转移。

幼苗生长的适宜温度为18℃~21℃，高于30℃或低于7℃，茎叶停止生长，-1℃会受冻害，-4℃会冻死。因此，在确定播种期时，要注意晚霜问题，并作好防霜措施。

马铃薯幼苗期历时15~25天。该期各项农艺措施的主要目标，在于促根、壮苗，保证根系、茎叶和块茎的协调分化与生长。

3. 块茎形成期

从现蕾至第一花序开花为块茎形成期。经历主茎封顶叶展开，全株匍匐茎顶端均开始膨大，直到最大块茎直径达3cm~4cm，地上部茎叶干物重和块茎干物重达到平衡。一般历时30天左右。

进入块茎形成期，主茎节间急剧伸长，株高已达最大高度的1/2左右，分枝叶面积也相继扩大，早熟品种和晚熟品种叶面积已达最大叶面积的80%和50%以上。此时，根系继续向深度和广度扩展，匍匐茎相继停止伸长并开始膨大至直径3cm~4cm，全株干物重达最大干物重的1/2左右。该期的生长特点是：由以地上部茎叶生长为中心，转向地上部茎叶生长与地下部块茎形成并进阶段，同一植株的块茎大多在该期内形成，是决定单株结薯数的关键时期。

该期的农艺措施应以肥水促进茎叶生长，以形成强大的同化系统，同时采取深中耕高培土的措施，促进生长中心由茎叶生长向块茎转移。

4. 块茎增长期

盛花至茎叶开始衰老为块茎增长期。在北方一作区，基本上与盛花期相一致。当茎叶开始衰落，块茎体积基本达到正常大小，茎叶鲜重和块茎鲜重达到平衡时，块茎增长期即告结束，进入淀粉积累期。一般历时 15~25 天。

此期侧枝茎叶继续生长，叶面积达到最大值，块茎进入了迅速膨大阶段。是一生中茎叶和块茎增长最快、生长量最大的时期，在适宜的条件下，每穴块茎每天可增重 20~50g，是决定块茎体积大小和经济产量的关键时期。由于茎叶和块茎的旺盛生长，也是一生中需水需肥最多的时期，约占全生育期的 50% 以上。

当茎叶枯黄衰落，块茎体积基本达到正常大小，茎叶与块茎鲜重达到平衡时，标志着块茎增长期的结束，转入了淀粉积累期。该时期田间管理的关键是经常保持土壤有充足的水分供应，使土壤水分达到田间最大持水量的 75%~80%。同时要加强晚疫病的防治，使最大叶面积维持较长时间，保证光合产物的生产和积累。

5. 淀粉积累期

茎叶开始衰老到植株基部 2/3 左右茎叶枯黄为淀粉积累期，约经历 20~30 天。

开花结束后，茎叶生长缓慢直至停止生长，植株下部叶片较快衰老变黄，并逐渐枯萎，进入淀粉积累期。此期块茎体积不再增大，但重量仍继续增加，主要是淀粉在块茎内的积累。同时周皮加厚。当茎叶完全枯萎，薯皮与薯块容易剥离，块茎充分成熟，逐渐转入休眠。因此，可根据茎叶枯黄期的早晚，来划分品种的熟期类别。

该期的生育特点是：以淀粉积累为中心，蛋白质、矿物质同时增加，糖分和纤维素则逐渐减少。该期块茎淀粉积累速度达到一生中最高值，日增长量达 1.25g/（d·100g）干重。该期田间管理的中心任务是尽量延长根、茎、叶的寿命，减缓其衰亡，使其保持较强的生命力和同化功能，增加同化物向块茎的转移和积累，达到高产优质的目的。为此，必须满足生育后期对水肥的需要，做好病虫害防治工作，以利有机物质的运输与积累。

6. 成熟期

在生产实践中，马铃薯没有绝对的成熟期，常根据栽培目的和生产上轮作复种等的需要，只要达到商品成熟期，便可收获。为了充分利用生长季节，一般当植株地上部茎叶枯黄（或被早霜打死），块茎内淀粉积累达到最高值，即为成熟期。成熟后，为防止冻害或其他损失，应及时收获。

2.3.2　马铃薯的生长发育特性

一株由种薯无性繁殖长成的马铃薯植株，从块茎萌芽，长出枝条，形成主轴，到以主轴为中心，先后长成地下部分的根系、匍匐茎、块茎，地上部分的茎、分枝、叶、花、果实时，成为一个完整的独立的植株，同时也就完成了它的由芽条生长期、幼苗期、块茎形成期、块茎增长期、淀粉积累期、成熟期组成的全部生育周期。

马铃薯物种在长期的历史发展和由野生到驯化成栽培种的过程中，对于环境条件逐步产生了适应能力，造成它的独有特性，形成了一定的生长规律。了解掌握这些规律并加以科学合理的应用和利用，就能在马铃薯种植上创造有利条件，满足生长需要，达到增产增收的种植目的。

1. 喜凉特性

马铃薯植株的生长及块茎的膨大，有喜欢冷凉的特性。马铃薯的原产地南美洲安第斯山高山区，年平均气温为5℃，最高月平均气温为21℃左右，所以，马铃薯植株和块茎生物学上就形成了只有在冷凉气候条件下才能很好生长的自然特性。特别是在块茎形成期，叶片中的有机营养，只有在夜间温度低的情况下才能输送到块茎里。因此，马铃薯非常适合在高寒冷凉的地带种植。我国马铃薯的主产区大多分布在东北、华北北部、西北和西南高山区。虽然经人工驯化、培养、选育出早熟、中熟、晚熟等不同生育期的马铃薯品种，但在南方气温较高的地方，仍然要选择气温适宜的季节种植马铃薯，不然也不会有理想的收成。

2. 分枝特性

马铃薯的地上茎和地下茎、匍匐茎、块茎都有分枝的能力。地上茎分枝长成枝杈，不同品种马铃薯的分枝多少和早晚不一样。一般早熟品种分枝晚，分枝数少，而且大多是上部分枝，晚熟品种分枝早，分枝数量多，多为下部分枝。地下茎的分枝，在地下的环境中形成匍匐茎，其尖端膨大长成块茎。匍匐茎的节上有时也长出分枝，只不过它尖端结的块茎不如原匍匐茎结的块茎大。块茎在生长过程中，如果遇到特殊情况，它的分枝就形成了畸形的薯块。上年收获的块茎，在下年种植时，从芽眼长出新植株，这也是由茎分枝的特性所决定的。如果没有这一特性，利用块茎进行无性繁殖就不可能。另外，地上的分枝也能长成块茎。当地下茎的输导组织（筛管）受到破坏时，叶片制造的有机营养向下输送受到阻碍，就会把营养贮存在地上茎基部的小分枝里，逐渐膨大成为小块茎，呈绿色，一般是几个或十几个堆簇在一起。这种小块茎即气生薯，不能食用。

3. 再生特性

如果把马铃薯的主茎或分枝从植株上取下来，给它一定的条件，满足它对水分、温度和空气的要求，下部节上就能长出新根（实际是不定根），上部节的腋芽也能长成新的植株。如果植株地上茎的上部遭到破坏，其下部很快就能从叶腋长出新的枝条，来接替被损坏部分的制造营养和上下输送营养的功能，使下部薯块继续生长。马铃薯对雹灾和冻害的抵御能力强的原因，就是它具有很强的再生特性。在生产和科研上可利用这一特性，进行"育芽掰苗移栽"，"剪枝扦插"和"压蔓"等来扩大繁殖倍数，加快新品种的推广速度。特别是近年来，在种薯生产上普遍应用的茎尖组织培养生产脱毒种薯的新技术，仅用非常小的一小点茎尖组织，就能培育成脱毒苗。脱毒苗的切段扩繁，微型薯生产中的剪顶扦插等，都大大加快了繁殖速度，收到了明显的经济效果。

4. 休眠特性

（1）休眠现象与休眠期

马铃薯新收获的块茎，即使给以发芽的适宜条件（温度20℃、湿度90%、O_2浓度2%），也不能很快发芽，必须经过一段时期才能发芽，这种现象称为块茎的休眠。休眠分自然（生理）休眠和被迫休眠两种。前者是由内在生理原因支配的，后者则是由于外界条件不适宜块茎萌发造成的。一般在20℃下仍不发芽的称为自然休眠，在20℃下发芽而在5℃下不发芽的称为被迫休眠。块茎休眠特性是马铃薯在系统发育过程中形成的一种对于不良环境条件的适应性。

块茎收获至块茎幼芽开始萌动（块茎上至少有一个芽长达2mm为萌动标志）所经历

的时间称为休眠期。

（2）块茎休眠的生理机制

块茎休眠及其解除除受外界环境条件影响外，主要受内在生理原因所支配。块茎周皮中存在一种叫 β-抑制剂的物质和脱落酸，能抑制 α-淀粉酶、β-淀粉酶、蛋白酶和核糖核酸酶的活性和氧化磷酸化过程，使发芽缺少所需的可溶性糖类和能量，迫使块茎保持休眠状态。同时，块茎周皮中存有赤霉素类物质，它能使 α-淀粉酶、蛋白酶和核糖核酸酶活化，刺激细胞分裂和伸长，从而解除休眠促进萌芽。所以抑制剂类物质和赤霉素类物质的比例状况，就决定着块茎的休眠或解除休眠。新收获的块茎抑制剂类物质的含量最高，而赤霉素类物质的含量极微，使块茎处于休眠状态。在休眠过程中，赤霉素类物质逐渐增加，当其含量超过抑制剂类物质的时候，块茎便解除休眠，进入萌芽。

休眠期的长短因品种和储藏条件而不同。有的品种休眠期很短，有的品种休眠期很长。通常将休眠期为 1.5 个月、2~3 个月和 3 个月以上的品种分别称为休眠期短、中等和长的品种。一般早熟品种比晚熟品种休眠时间长。另外，由于块茎的成熟度不同，块茎休眠期的长短也有很大的差别。幼嫩块茎的休眠期比完全成熟块茎的长，微型种薯比同一品种的大种薯休眠期长。

块茎休眠期间，温湿度对其影响很大，高温、高湿条件下能缩短休眠期，低温干燥则延长休眠期。同一品种，如果储藏条件不同，则休眠期长短也不一样，即储藏温度高的休眠期缩短，储藏温度低的休眠期会延长。如有些品种在 1~4℃ 储藏条件下，休眠期可长达5 个月以上，而在 20℃ 左右条件下储藏 2 个月就可通过休眠。

（3）休眠的调节

在块茎的自然休眠期中，根据需要可以用人为的物理或化学方法打破休眠，使之提前发芽。休眠期长的品种，休眠一般不易打破，称为深休眠；休眠期短的品种，休眠容易打破，为浅休眠。

生产上人为打破休眠最常用的方法有：0.5~1mg/kg GA3 溶液浸泡 10~15min；0.1% 高锰酸钾浸泡 10min；把块茎放在 20℃ 下或调节 O_2 浓度到 3%~5%，CO_2 浓度增加到 2%~4%；切块、漂洗（减少脱落酸含量）；或用赤霉素与乙烯复合剂、硫脲、硫氰化钾等药剂浸种等方法，均可缩短休眠期。脱毒种薯生产中，用 0.33ml/kg 的兰地特（氯乙醇：二氯乙醇：四氯化碳 = 7：3：1）薰蒸 3 个小时脱毒小薯，可打破休眠，提高发芽率和发芽势。

（4）休眠期延长

生产上延长块茎休眠最常用的方法是在 3~5℃ 低温下储藏，或用萘乙酸甲酯 40~100g/t 处理块茎，或用 7000~8000 伦琴射线处理块茎，或用苯胺灵、氯苯胺灵 10g/t 混拌少量细土撒在块茎中，均能延长休眠。另外在收获前 2~3 周用 0.3% 的青鲜素水溶液进行叶面喷洒可有效地抑制块茎发芽，延长储藏期。

块茎的休眠特性，在马铃薯的生产、储藏和利用上，都有着重要的作用。在用块茎做种薯时，休眠的解除程度，直接影响着田间出苗的早晚、出苗率、整齐度、苗势及马铃薯的产量。块茎作为食用或工业加工原料时，由于休眠的解除，造成水分、养分大量消耗，甚至丧失商品价值。储藏马铃薯块茎时，要根据所贮品种休眠期的长短，安排储藏时间和控制窖温，防止块茎在储藏过程中过早发芽，而损害使用价值。储藏食用块茎、加工用原料块茎和种用块茎，应在低温和适当湿度条件下储藏。如果块茎需要作较长时间和较高温度的储藏，则可以采取一些有效的抑芽措施。比如施用抑芽剂等，防止块茎发芽，减少块茎的水分和养分损耗，以保持块茎的良好商品性。因此，了解块茎休眠的原因及其萌芽的特性，对于生产和储藏保鲜都具有十分重要的意义。

2.4 马铃薯生长发育与环境条件的关系

2.4.1 温度

马铃薯原产南美洲安第斯山高寒山区，性喜冷凉，不耐高温，在海拔5000米及北纬70°的地区也可以种植。生育期间以平均气温17~21℃为宜。

块茎萌发的最低温度为4~5℃，但生长极其缓慢；芽条生长的最适宜温度为13~18℃，如果播种后持续5~10℃的低温，幼芽的生长就会受到抑制，不易出土，常常在幼茎上长出短粗的匍匐茎，并且尖端膨大成小块茎，或在幼茎上直接形成小薯，甚至在播种的薯块上直接形成子薯。当土温在10~20℃时，幼芽能很快出土，在此温度范围内，芽条生长苗壮，发根早，根量多，根系扩展迅速，其发育的适宜土温为18℃。

茎叶生长和块茎形成要求的温度不同，茎叶生长的最适宜温度为17~21℃。每日平均温度达到25~27℃，生长就受到影响，使呼吸作用过旺，光合作用降低，叶部形成的有机物质大量消耗，同时，蒸腾作用加强，叶尖及叶缘失绿，基部叶片易枯黄脱落。日平均温度高达36℃以上时，植株呼吸过强，造成生理失调，不利于养分的合成与储藏，结薯延迟甚至匍匐茎伸出地面而变成地上茎。茎叶生长的最低温度为7℃，在低温条件下叶片数少，但小叶较大而平展。

对花器官的影响主要是夜温，12℃形成花芽，但不开花，18℃时大量开花。

块茎形成的最适温度是16~18℃，低温块茎形成较早，如在15℃下，出苗后7天形成块茎，在25℃下，出苗后21天才形成块茎。27~32℃高温则引起块茎发生次生生长，形成各种畸形小薯。

块茎增长的最适土温是15~18℃，20℃时块茎增长速度减缓，25℃时块茎生长趋于停止，30℃左右时，块茎完全停止生长。温度对块茎生长的不利影响，主要是呼吸作用增强，消耗养分过多，白天的光合产物，多为茎叶所消耗而不能输送到薯块，不利于养分储藏。当高温和干旱同时发生时，对块茎的形成膨大影响就更大。白天温暖，夜间冷凉，有利于块茎膨大，特别是较低的夜温，有利于茎叶同化产物向块茎运转。昼夜温差大的地区，种植马铃薯最为适宜。

马铃薯抵抗低温的能力较差，当气温降到-1~-2℃时，地上部茎叶将受冻害，-4℃时植株死亡，块茎亦受冻害。

2.4.2 光照

马铃薯是喜光作物，光饱和点为3万~4万lx。光照强度大，叶片光合强度高，块茎形成早，块茎产量和淀粉含量均高。

光周期对马铃薯植株生育和块茎形成及增长都有很大影响。每天日照时数超过15小时，茎叶生长繁茂，匍匐茎大量发生，但块茎延迟形成，产量下降；每天日照时数 10 小时以下，块茎形成早，但茎叶生长不良，产量降低。一般日照时数为 11~13 小时，植株发育正常，块茎形成早，同化产物向块茎运转快，块茎产量高。早熟品种对日照反应不敏感，在春季和初夏的长日照条件下，对块茎的形成和膨大影响不大，晚熟品种则必须在 12 小时以下的短日照条件下才能形成块茎。

日照长度、光照强度和温度三者有互作效应。高温促进茎伸长，不利于叶片和块茎的发育，特别是在弱光下更显著，但高温的不利影响，短日照可以抵消，能使茎矮壮，叶片肥大，块茎形成早。因此高温短日照下块茎的产量往往比高温长日照下高。高温、弱光和长日照条件，则使茎叶徒长，匍匐茎伸长，甚至窜出地面形成地上枝条，块茎几乎不能形成。因此幼苗期短日照、强光照和适当高温，有利于促根、壮苗和提早结薯；块茎形成期长日照、强光照和适当高温，有利于建立强大的同化系统，形成繁茂的茎叶；块茎增长期及成熟期短日照、强光照和适当低温和较大的昼夜温差，有利于同化产物向块茎运转，促进块茎增长和淀粉积累，从而达到高产优质的目的。

开花则需要强光、长日照和适当高温。

2.4.3　水分

马铃薯蒸腾系数为 400~600，是需水较多的作物，生长季节有 400~500mm 的年降雨量且均匀分布，即可满足马铃薯对水分的需求。整个生育期间，土壤田间持水量以 60%~80% 为最适宜。

马铃薯不同生育时期对水分的要求不同。在发芽至出苗期间，靠种薯自身贮备的水分便能满足正常萌芽生长需要。但是，只有当芽条上发生根系并从土壤中吸收水分后才能正常出苗。所以，该期要求土壤保持湿润状态，土壤含水量应保持在田间最大持水量的 50%~60%。

苗期由于植株小，需水量不大，约占一生总需水量的 10%~15%，土壤水分保持在田间最大持水量的 65% 左右为宜。当土壤水分低于田间最大持水量的 40% 时，茎叶生长不良。

现蕾至开花阶段，茎叶开始旺盛生长，薯块开始形成膨大，需水量显著增加，约占全生育期总需水量的 30%，为促进茎叶的迅速生长，建立强大的同化系统，前期应保持田间最大持水量的 70%~80%；后期使土壤水分降至田间最大持水量的 60% 左右，适当控制茎叶生长，以利于适时进入块茎增长期。于幼苗期结束和进入块茎形成期浇一次水，具有临界水的作用。可使叶面积扩展进程加快，块茎数增多，块茎体积增大。

块茎增长阶段，块茎的生长从以细胞分裂为主转向细胞体积增大为主，块茎迅速膨大，茎叶和块茎的生长都达到一生的高峰，需水量最大，亦是马铃薯需水临界期。这时除要求土壤疏松透气，以减少块茎生长的阻力外，保持充足和均匀的土壤水分供给十分重要。早熟品种在初花、盛花及终花阶段；晚熟品种在盛花、终花及花后一周内，如果这三个阶段土壤干旱，田间最大持水量在 30% 时再浇水，则分别减产 50%、35% 和 31%。所以，该期土壤水分应保持在田间最大持水量的 80%~85%。若水分供给不均匀，就会形成各种畸形薯。

成熟期需水量减少，占全生育期总需水量的10%左右，保持田间最大持水量的60%~65%即可。后期水分过多，易造成烂薯和降低耐储性，影响产量和品质。

2.4.4 土壤

马铃薯对土壤要求并不十分严格，但要获得高产，以土层深厚、结构疏松，排水通气良好和富含有机质的土壤为最适宜。冷凉地方砂土和砂质土壤最好，温暖地方砂质土壤或土壤最好。这样的土壤上栽培马铃薯，出苗快、块茎形成早、薯块整齐、薯皮光滑、薯肉无异色，产量和淀粉含量均高。通气性和透水力差的重黏土或低洼排水不好的下湿地，最不适宜种植马铃薯，容易引起薯块腐烂。

含有机质多的肥沃土壤，不但有利于马铃薯的生长发育，而且能不断供给马铃薯所需要的营养元素，此外，在有机质分解的过程中，释放出来的二氧化碳能补充马铃薯对空气的需要。当空气中的二氧化碳含量提高时，马铃薯光合作用的速度随着加快，最适合光合作用的温度也就会由低变高（由通常的20℃提高到30℃左右）。所以，空气中二氧化碳浓度的提高，不仅可增强光合作用，而且可抑制高温对马铃薯为害的程度。

马铃薯要求微酸性土壤，以pH5.5~6.5为最适宜。但在北方的微碱性土壤上亦能生长良好。一般在pH5~8的范围内均能良好生长。马铃薯耐盐能力较差，当土壤含盐量达到0.01%时，植株表现敏感，块茎产量随土壤中氯离子含量的增高而降低。

2.4.5 营养

马铃薯正常生长需要十多种营养元素，其中需要量最多的是氮（N）、磷（P）、钾（K），其次是少量钙（Ca）、镁（Mg）、硫（S）和微量的铁（Fe）、硼（B）、锌（Zn）、锰（Mn）、铜（Cu）、钼（Mo）、钠（Na）等。在生长过程中，如果缺乏其中任何一种元素，都会引起植株生长发育失调，最终导致减产和降低品质。

氮素充足，可使茎叶繁茂，叶色深绿，叶面积增加，光合强度增强，加强有机物的积累，提高块茎的蛋白质含量；氮素过多，则茎叶徒长，熟期延迟，只长秧子不结薯；氮素缺乏，植株矮小，叶面积减少，严重影响产量。磷素充足，不仅能促使植株发育正常，还能提高块茎品质和耐贮性；磷素缺乏，则植株矮小，叶面发皱，同化作用降低，淀粉积累减少。钾素充足，可使植株生育健壮，促进块茎中养分的积累，增强抗病力；缺钾，植株节间缩短，叶面积缩小，叶片失绿、枯死。

马铃薯是高产喜肥作物。块茎吸收氮、磷、钾的数量，因土壤、品种、施肥种类、施肥方法等不同。对肥料三要素的需要以钾最多，氮次之，磷最少，氮、磷、钾的比例约为2.5:1:5.5。

马铃薯生育期间对氮和钾的吸收规律基本相似。幼苗期植株小，需肥较少，吸收速率较慢，此期氮、钾的吸收速率分别为1.68kg/（hm² · d）和1.43kg/（hm² · d），氮、钾的阶段累积吸收量分别占全生育期累积吸收量的6.77%和4.62%；块茎形成期至块茎增长期，由于茎叶的旺盛生长和块茎的形成和快速膨大，养分需要量急剧增多，是马铃薯整个生长期中氮、钾吸收速率最快，吸收数量最多的时期，此期氮、钾的平均吸收速率分别为5.4kg/（hm² · d）和7.6kg/（hm² · d），氮、钾的阶段累积吸收量分别占全生育期累积吸收量的69%和78%；块茎增长后期至成熟期，吸收养分速度减慢，吸收数量也减少，此期氮、钾的平均吸收速率分别为3.31kg/（hm² · d）和0.14kg/（hm² · d），氮、钾的阶段累积吸收量分别占全生育期累积吸收量的 24.2% 和 17.4%。

马铃薯生育期间对磷的吸收利用与对氮、钾的吸收利用不同。幼苗期吸收利用较少，此期的吸收速率仅为 0.99kg/（hm² · d），阶段累积吸收量仅占全生育期的 4.09%；块茎形成期吸收强度迅速增加，直到成熟期一直保持着较高的吸收强度。从块茎形成期至成熟期的吸收速率变化在 2.98~3.99kg/（hm² · d），期间各时期的阶段累积吸收量占总吸收量的比例变化为 19.05%~27.02%。

马铃薯对氮、磷、钾的累积吸收量随着植株干物质积累量的增加而增加，至成熟期达到最大值（表 2-8）。

表 2-8　　　　　　　　马铃薯不同生育时期对氮、磷、钾的吸收情况

（内蒙古农牧学院，1992 年）

生育时期	出苗后天数	干重 (kg/hm²)	累积吸收量 (kg/hm²)			阶段吸收量占总吸收量%			占干重%			吸收速率 (kg/hm² · d)			N : P : K
			N	P	K	N	P	K	K	P	N	N	P	K	
幼苗期	11	280.2	18.51	10.87	15.77	6.77	4.09	4.62	6.61	3.88	5.63	1.68	0.99	1.43	1 : 0.59 : 0.85
块茎形成期	28	2559.6	111.76	61.50	122.56	34.10	19.05	31.30	4.37	2.40	4.79	5.49	2.98	6.28	1 : 0.55 : 1.10
块茎增长期	46	6614.4	207.27	133.32	281.66	34.93	27.02	46.64	3.13	2.02	4.26	5.31	3.99	8.84	1 : 0.64 : 1.36
块茎增长后期	67	13874	238.49	201.36	284.47	11.42	25.60	0.82	1.72	1.45	2.05	1.49	3.24	0.13	1 : 0.84 : 1.19
淀粉积累期	86	19237	273.44	265.79	341.17	12.78	24.24	16.62	1.42	1.38	1.77	1.84	3.39	0.15	1 : 0.97 : 1.25

注：品种：晋薯 2 号　产量：41100kg/hm²　N：全氮　P：全磷　K：全钾

马铃薯对钙、镁、硫的吸收，幼苗期极少，吸收速率也缓慢；块茎形成期吸收量陡增，直到块茎增长后期又缓慢下来。钙、镁、硫在各个生育时期主要用于根、茎、叶的生长，块茎分配比例较少，尤其是钙。整个生长期，钙、镁离子在根、茎、叶中的浓度都趋向增加，这主要是因输导系统限制钙、镁运行的缘故。每生产 1000kg 块茎，吸收氧化钙 68kg，氧化镁约 32kg。

马铃薯吸收微量元素极少，应根据土壤中含量合理施用（见表 2-9），方能取得较好的增产效果。

表 2-9　　　　　　　　马铃薯微量元素丰缺指标

（有效态：mg/kg）（甘肃省天水市农科所，潘连公，赵根虎，1990 年）

评价	锌	锰	钼	硼	铜	铁
丰富（暂可不施）	>1.25	>16	>0.2	>1.0	>2.0	>10
缺乏边缘值（应该施用）	0.5~1.25	7~15	0.5~0.2	0.5~1.0	0.2~2.0	2.5~10
缺乏临界值（必须施用）	<0.5	<7.0	<0.15	<0.5	<0.2	<2.5

2.5 马铃薯的产量形成与品质

2.5.1 马铃薯的产量形成

2.5.1.1 马铃薯的产量形成特点

1. 产品器官是无性器官

马铃薯的产品器官是块茎，是无性器官，因此在马铃薯生长过程中，对外界条件的需求，前、后期较一致，人为控制环境条件较容易，较易获得稳产高产。

2. 产量形成时间长

马铃薯出苗后 7~10 天匍匐茎伸长，再经 10~15 天，顶端开始膨大形成块茎，直到成熟，经历 60~100 天左右的时间。产量形成时间长，因而产量高而稳定。

3. 马铃薯的库容潜力大

马铃薯块茎的可塑性大，一是因为茎具有无限生长的特点，块茎是茎的变态仍具有这一特点，二是因为块茎在整个膨大过程中不断进行细胞分裂和增大，同时块茎的周皮细胞也作相应的分裂增殖，这就在理论上提供了块茎具备无限膨大的生理基础。马铃薯的单株结薯层数可因种薯处理、播深、培土等不同而变化，从而使单株结薯数发生变化。马铃薯对外界环境条件反应敏感，受到土壤、肥料、水分、温度或田间管理等方面的影响，其产量变化大。

4. 经济系数高

马铃薯地上茎叶通过光合作用所同化的碳水化合物，能够在生育早期就直接输送到块茎这一储藏器官中去，其"代谢源"与"储藏库"之间的关系，不像谷类作物那样要经过生殖器官分化、开花、授粉、受精、结实等一系列复杂的过程，这就在形成产品的过程中，可以节约大量的能量。同时，马铃薯块茎干物质的 83% 左右是碳水化合物。因此，马铃薯的经济系数高，丰产性强。

2.5.1.2 马铃薯的淀粉积累

1. 马铃薯块茎淀粉积累规律

块茎淀粉含量的高低是马铃薯食用和工业利用价值的重要依据。一般栽培品种，块茎淀粉含量为 12%~22%，占块茎干物质的 72%~80%。

块茎淀粉含量自块茎形成之日起就逐渐增加，直到茎叶全部枯死之前达到最大值。单株淀粉积累速度是块茎形成期缓慢，块茎增长至成熟期逐渐加快，成熟期呈直线增加，积累速率为 2.5~3g/天·株。各时期块茎淀粉含量始终高于叶片和茎秆淀粉含量，并与块茎增长期前叶片淀粉含量、全生育期茎秆淀粉含量呈正相关。即块茎淀粉含量决定于叶子制造有机物的能力，更决定于茎秆的运输能力和块茎的贮积能力。

全生育期块茎淀粉粒直径呈上升趋势，且与块茎淀粉含量呈显著或极显著正相关。

块茎淀粉含量因品种特性、气候条件、土壤类型及栽培条件而异。晚熟品种淀粉含量高于早熟品种，长日照条件和降雨量少时块茎淀粉含量提高。壤土上栽培较黏土上栽培的淀粉含量高。氮肥施用量多，则块茎淀粉含量低，但可提高块茎产量。钾能促进叶子中的淀粉形成，并促进淀粉从叶片向块茎转移。

2. 干物质积累分配与淀粉积累

马铃薯一生单株干物质积累呈"S"形曲线变化。出苗至块茎形成期干物质积累量小，且主要用于叶部自身建设和维持代谢活动，叶片中干物质积累量占全部干物质的54%以上。块茎形成期至成熟期干物质积累量大，并随着块茎形成和增长，干物质分配中心转向块茎，块茎中积累量约占55%以上。成熟期，由于部分叶片死亡脱落，单株干重略有下降，而且原来储存在茎叶中的干物质的20%以上也转移到块茎中去，块茎干重占总干重的75%~82%。总之，全株干物质在各器官分配前期以茎叶为主，后期以块茎为主，单株干物质积累量愈多，则产量和淀粉含量愈高。

2.5.2　马铃薯的品质

马铃薯按用途可分为鲜食型、食品加工型、淀粉加工型、种用型几类。不同用途的马铃薯其品质要求也不同。

2.5.2.1　鲜食型马铃薯

鲜食型薯，要求薯形整齐、表皮光滑、芽眼少而浅，块茎大小适中、无变绿；出口鲜薯要求黄皮黄肉或红皮黄肉，薯形长圆或椭圆形，食味品质好，不麻口，蛋白质含量高，淀粉含量适中等。块茎食用品质的高低通常用食用价来表示。食用价=蛋白质含量/淀粉含量×100，食用价高的，营养价值也高。

2.5.2.2　食品加工型马铃薯

目前我国马铃薯食品加工产品有炸薯条、炸薯片、脱水制品等，但最主要的加工产品仍为炸薯条和炸薯片。二者对块茎的品质要求有：

1. 块茎外观

表皮薄而光滑，芽眼少而浅，皮色为乳黄色或黄棕色，薯形整齐。炸薯片要求块茎圆球形，大小40~60mm为宜。炸薯条要求薯形长而厚，薯块大而宽肩者（两头平），大小在50mm以上或200g以上。

2. 块茎内部结构

薯肉为白色或乳白色，炸薯条也可用薯肉淡黄色或黄色的块茎。块茎髓部长而窄，无空心、黑心、异色等。

3. 干物质含量

干物质含量高可降低炸片和炸条的含油量，缩短油炸时间，减少耗油量，同时可提高成品产量和质量。一般油炸食品要求22%~25%的干物质含量。干物质含量过高，生产出来的食品比较硬（薯片要求酥脆，薯条要求外酥内软），质量变差。由于比重与干物质含量有绝对的相关关系，故在实际当中，一般用测定比重来间接测定干物质含量。炸片要求比重高于1.080，炸条要求比重高于1.085。

4. 还原糖含量

还原糖含量的高低是油炸食品加工中对块茎品质要求最为严格的指标。还原糖含量高，在加工过程中，还原糖和氨基酸进行所谓的"美拉反应"（Maillard Reaction），使薯片、薯条表面颜色加深为不受消费者欢迎的棕褐色，并使成品变味，质量严重下降。理想的还原糖含量约为鲜重的0.1%，上限不超过0.30%（炸片）或0.50%（炸薯条）。块茎还原糖含量的高低，与品种、收获时的成熟度、储存温度和时间等有关。尤其是低温储藏会明显升高块茎还原糖含量。

2.5.2.3　淀粉加工型马铃薯

淀粉含量的高低是淀粉加工时首要考虑的品质指标。因为淀粉含量每相差1%，生产同样多的淀粉，其原料相差6%。作为淀粉加工用品种，其淀粉含量应在16%或以上。块茎大小以50~100g为宜，大块茎（100~150g以上者）和小块茎（50g以下者）淀粉含量均较低。为了提高淀粉的白度，应选用皮肉色浅的品种。

2.5.2.4　种用型马铃薯

1. 种薯健康

种薯要不含有块茎传播的各种病毒病害、真菌和细菌病害。纯度要高。

2. 种薯小型化

块茎大小以25~50g为宜，小块茎既可以保持块茎无病和较强的生活力，又可以实行整播，还可以减轻运输压力和费用，节省用种量，降低生产成本。

◎**本章小结：**

本章介绍了马铃薯的营养价值，用途及马铃薯形态学特性——根、茎、叶、花、果实、种子六大器官的形态结构特征及其生长特点，并阐述了马铃薯生长过程中所经历的六个基本时期，即芽条生长期、幼苗期、块茎形成期、块茎增长期、淀粉积累期和成熟收获期。

植物的生长发育离不开外界环境，温度、水分、光照、土壤、营养等外界因素影响着马铃薯生长的好坏、产量的高低和品质的优劣。

第3章 脱毒马铃薯种薯生产技术

☞ 提要:
　　1. 马铃薯品种退化的原因;
　　2. 防止马铃薯退化的主要措施及马铃薯脱毒种薯的脱毒原理;
　　3. 脱毒苗制取技术;
　　4. 原原种的生产技术。

　　脱毒马铃薯是现代生物技术的产物。目前,马铃薯脱毒种薯越来越被广泛地应用到生产中,备受马铃薯生产和工作者所重视,在马铃薯产业发展中发挥着重要作用。脱毒马铃薯的推广和应用已经成为世界马铃薯生产的发展趋势。

3.1 马铃薯退化原因与防治

3.1.1 马铃薯退化及其原因

3.1.1.1 马铃薯退化现象

　　在马铃薯栽培过程中,出现马铃薯生长势衰退,植株矮化,茎秆细弱,叶片失绿、卷曲、皱缩或坏死,薯块变小或畸形,产量品质逐年下降,商品性状变差,种植效益降低,出现无利用价值等现象,就是马铃薯的退化现象。马铃薯退化是生产上长期普遍存在的问题,退化导致马铃薯严重减产,轻者减产 30%~50%,重病田可减产 80%,个别地块甚至绝收,制约着我国大多数地区马铃薯栽培面积的扩大和产量的提高,给马铃薯生产带来不可估量的损失。

3.1.1.2 马铃薯退化原因

　　马铃薯退化是长期以来国内外学术界争论很大的问题,学界对究竟什么是导致马铃薯退化的原因,众说纷纭,形成了衰老学说、生态学说、病毒学说和高温学说等几种学说,但是任何一种学说都不能圆满地解释其全部现象。衰老学说认为马铃薯长期用无性繁殖,使种性世代衰老变劣。实际上,有些品种有 100 多年的历史,至今保持良好种性,因此衰老学说并不完全正确。高温诱发学说认为,马铃薯退化是由于生态因子(主要是温度)的影响,块茎生长期或储藏期遭受高温刺激引起退化。这种看法也有片面性,因为如果说高温引起退化,那么,我国南方地区岂不成了发展马铃薯生产的禁区,这类地区就不能就地留种了,比如福州地区马铃薯生产有三季(春季、秋季、冬季),冬季栽培是 1~3 月份,整个生育期处在较低的温度里,按高温学说应是此期留种最好。秋季栽培是在 9~12 月份,结薯期温度也不高,可是这两期生产的马铃薯都不留种。春季栽培是 1~5 月份,结薯期的温度比前两期都要高，生产上却是采用这一期所留的种薯作种。按高温学说的理论，对这一现象就难以解释，若用生理退化的理论就迎刃而解了，因为缩短了薯芽的储藏期，只有这一期留种的薯芽"年龄最轻"。病毒学说认为，马铃薯退化主要是植株和块茎由病毒侵染造成。自1913年由荷兰学者康耶把退化了的芽眼接种在不退化的块茎上，结果不退化的也退化了。于是，许多学者纷纷从病毒角度来研究解决马铃薯的退化问题。取番茄病毒植株上的叶汁同马铃薯植株摩擦，半个月后出现退化症状。中国科学院遗传研究所在1974年开始培养马铃薯茎尖获得无病毒植株。20世纪50年代，我们从实践生产中也观察到蚜虫、叶蝉多时病毒传播严重的情况。但如果把复杂的马铃薯退化问题全部归咎于病毒的作用，那样也不够全面，温度高，特别是土壤温度高对促进病毒引起的退化的确存在。因此，我们采用留种、高垄栽培、合理灌溉、降低土温、增加温差，对减轻或延缓病毒引起的退化有良好效果。另外温度对传毒桃蚜和叶蝉的消长与引起马铃薯退化病毒的影响也不可忽视。

对马铃薯栽培过程中出现的退化现象，国内外科学工作者经过长期的研究，后经不断的争论和大量的科学验证，大家的看法才逐步趋于一致，都认为马铃薯退化的根源是病毒侵染所引起的，高温是诱发病毒的环境。我国学者苏琴英等经多年观察分析认为，马铃薯退化原因是多方面的，从马铃薯的生物学特性和外界环境条件来看，主要是马铃薯长期进行无性繁殖而自然衰老、各种传染性病毒侵染、土壤高温不良环境引起的退化，而马铃薯退化或不退化，其本质是品种抗性与上述外界环境条件所引起的病理、生理等诸因素相互作用的结果。他们认为：马铃薯感染了病毒才有退化的可能性，在不良环境条件下（土壤高温或昼夜温差小），马铃薯失去了对潜在其体内的病毒抵抗而退化；而在适宜的条件下（冷凉气候），即使受病毒侵染也不退化。因此，马铃薯本身的抵抗是内因，病毒是直接外因，高温是间接外因。

马铃薯是以无性繁殖为主的作物，其产品是多汁且营养丰富的新鲜块茎——鲜薯，较之其他谷类作物更易受到病原物侵袭。在马铃薯生产过程中有许多造成病原侵染的机会，如种薯切块、催芽、播种、田间生长发育、收获、运输和储藏等。马铃薯生产的这些特点，使其成为容易被各种真菌、细菌、病毒及其类似病原体以及各种害虫侵染的作物。真菌类和细菌类病害能够通过化学方法防治而解决，危害只在当代表现，病原菌不能积累造成品种退化。研究表明，马铃薯退化的真正原因，是由于病毒侵染的结果。病毒侵入马铃薯植株后，即参与马铃薯的新陈代谢，利用马铃薯的营养复制增殖病毒，并通过马铃薯块茎无性繁殖逐代增殖积累，导致退化。

马铃薯受病毒侵染以及症状的发生、特性和严重程度取决于多种影响因素，部分因素对寄主起作用，部分因素对病毒起作用，也有部分因素对寄主和病毒同时起作用。归纳起来，影响马铃薯病毒侵染和症状发生的主要因素有以下几个方面。

1. 基因型寄主对病毒侵染反应的差异

病毒有一定的寄主范围，大部分病毒专一侵害某些属或某些种的植物，而不侵染其他属和种类的植物。一种病毒侵染同一属的植物，某些种类的植物反应的症状类型相同，但也有些种类的植物遭受同一病毒的侵染，反应的症状却完全不同。例如，马铃薯卷叶病毒（PLRV）在 *Solanum tuberosum tuberosum* 亚种上引起典型的卷叶，而在 *S. tuberosum andigena* 亚种上产生褪绿矮化，类似马铃薯黄矮病毒（PYDV）。

2. 温度的影响

退化存在着地区性和季节性的差异。关于病毒、温度与马铃薯退化的关系，大量实验表明，温度主要影响传毒蚜虫的发生和病毒侵染后寄主抗病性两个方面。在存在病毒充分侵染的条件下，高温起着决定性的作用。高温有利于传毒媒介（蚜虫等）的繁殖、迁飞和取食活动，因而加重了病毒病害的发病程度。据调查，冷凉高海拔地区蚜虫少，而温暖低海拔地区则蚜虫较多；高温影响马铃薯与病毒接触后的发病过程，即高温有利于病毒迅速侵染和复制，加重了发病程度；高温也使马铃薯自身的抗病性减弱，容易感病，因而加重了病毒病害的发病程度。因此高纬度、高海拔地区比低纬度、低海拔地区发病轻。

3. 蚜虫与病毒的传播

马铃薯种薯在播种前就可能发生少量病毒传播，发芽的种薯在搬运中汁液也能传播病毒，田间的健株与病株摩擦、人工操作、机械均可传播病毒。但是，国内外研究者认为蚜虫是病毒病的主要传播媒介。无论是持久性病毒和非持久性病毒，蚜虫起着主要的传播作用，把无病毒种薯种植在防蚜的网室、温室内，即使是高温影响，也不发生种性退化。高温干燥的气候促进蚜虫的发生，增加病毒的感染率。在冷凉的高海拔地区蚜虫数目比温暖的平原地区少。

4. 植株的营养条件

当土壤的营养低于正常生长需要的水平时，在植株上可观察到营养缺乏的某些症状。这些症状通常类似于病毒引起的症状，二者容易混淆。例如，缺氮引起普遍失绿或生长迟缓，叶脉黄化与缺镁有关，而缺磷叶片呈现杯状。营养过剩通常在短期内也会被误认为是病毒的症状，经常是从最能观察到的马铃薯花叶症状上回收到高剂量的氮。在应用含氮丰富的叶面肥时，亦会出现伪症状。

5. 株龄对病毒侵染的影响

一棵植株在其整个生长周期中，对病毒侵染的易感性是有差异的。通常十分幼小的或过老的植株对病毒侵染的易感性较弱。植物年龄直接影响某些病毒在植物体内的转移，当植株变老时，病毒从侵染部位到其他部位的散布是很慢的，这种现象称之为成熟植株的抗性，了解这一现象对健康种薯的生产十分重要。

6. 病原间的相互作用

病毒间相互作用引起的病害比单一病毒引起的病害更为严重，这种现象在几种植物病原中十分常见，在马铃薯和烟草上已显示了 PVX 和 PVY 混合侵染现象，PVX 和 PVY 混合侵染引起马铃薯皱缩花叶，引起烟草严重的叶脉坏死；然而当 PSTV 和 PVY 同时侵染马铃薯时，可观察到严重的坏死症状，当植株受到这种双重侵染时，PVY 的浓度较高，意味着受 PSTV 侵染的植株，增加了对 PVY 的易感性。

3.1.2　防止马铃薯退化的主要措施

20 世纪 70 年代以来，我国对马铃薯退化问题进行了深入研究，取得了显著成就。在对马铃薯退化原因的认识上，明确了病毒是导致马铃薯退化的主要因素，品种抗性、温度、传播介体等条件可影响退化的速度。针对退化的原因，形成了一系列防止马铃薯退化的行之有效的措施。

3.1.2.1 生产脱毒种薯

法国 Morel 和他的同事们，1955 年从患病马铃薯植株中选取到了无病植株 —— 马铃薯脱毒技术，为治疗作物病毒开辟了新途径。我国脱毒马铃薯种薯生产技术研究始于 20 世纪 70 年代。首先是吉林农业大学、辽宁省农科院和黑龙江省克山农科所等单位对茎尖组织培养技术进行了初步试验，并获得了成功。然后由中国科学院植物所、动物所，黑龙江克山所，内蒙古大学等单位合作进行了脱毒与病毒检测技术的研究，从而使脱毒种薯生产技术由试验研究进入到了生产示范阶段，并于 1976 年在内蒙古建立了我国第一个马铃薯脱毒原种场。脱毒种薯生产技术确立之后，经过了 10 多年的宣传、推广和完善，逐步建立了适合不同地区气候条件和生产条件的种薯繁殖体系，并开拓了不同品种需求的市场，使得脱毒种薯在 20 世纪 80 年代末期开始在我国大多数地区广泛推广，同时成功解决了对病毒和类病毒的灵敏、快速、准确的检测鉴定技术。进入 90 年代，是我国脱毒种薯生产迅猛发展的时期，除了东北传统的马铃薯种薯产区外，我国中原地区、西部以及西南地区均普遍建立了脱毒种薯生产基地，生产当地需要的脱毒种薯。目前已有 100 多个马铃薯品种获得了无病毒植株，并创造了快速繁殖苗及高倍繁殖植株和块茎的方法。已拥有亚洲最大的 5 万平方米的组培车间，在推动马铃薯良种化、促进加工型马铃薯生产方面成绩显著。

利用茎尖组织培养技术生产马铃薯脱毒种薯，是解决种薯退化的根本性措施。通过茎尖培养，脱掉马铃薯病毒，获得无毒苗，再通过无毒苗繁殖无毒薯，供生产之用。采用脱毒技术保持种薯健康无病毒和优质高产，增产潜力显著，已成为世界各国发展马铃薯生产的根本途径。有关脱毒种薯生产问题将另节叙述。

3.1.2.2 采用避蚜留种技术

马铃薯退化是病毒引起的，传播病毒的最主要媒介是蚜虫。因此在马铃薯生产上采取防蚜、避蚜措施非常重要。例如，把种薯生产基地设在蚜虫少的高山或冷凉地区，或有翅蚜不易降落的海岛，或以森林为天然屏障的隔离地带等。由于防止了蚜虫传毒，收到了良好的保种效果。荷兰、加拿大等国出口种薯，均靠这类基地。我国在避蚜留种技术上也取得了许多经验，北方一季作区采取夏播留种；中原二季作区实行阳畦和春薯早收留种与秋播；南方实行高山留种和三季薯留种等，都发挥了重要作用。

北方一季作区采取夏播留种的具体方法是：对留种材料实行晚播，一般生产田播种马铃薯是在 4 月底 5 月初，为了避开蚜虫传毒高峰期，提高种薯质量，把种薯播种时间推迟 2 个月左右，种薯田在 6 月底至 7 月中下旬播种。夏播留种把种薯田和生产田在时间上分开，对马铃薯保种有重要作用。特别是利用脱毒种薯结合夏播对保种更为有利。长期采用脱毒种薯实行夏播留种，便可使一季作区马铃薯生产完全摆脱病毒威胁进入良性循环，实现高产、稳产、优质、高效。

3.1.2.3 利用实生种子生产种薯

许多病毒（类病毒除外）在马铃薯种子形成的有性生殖过程中可以排除。因此，利用马铃薯浆果中的实生种子生产种薯可以不带病毒。世界上有不少国家已把利用种子生产马铃薯种薯，作为防止马铃薯种薯退化的一项重要增产措施。

在生产上应用实生种子，必须经过严格选择才能利用。结浆果的品种很多，但并非所有种子都能利用。马铃薯种子分离严重，同一个浆果中的种子生长的植株也常常五花八

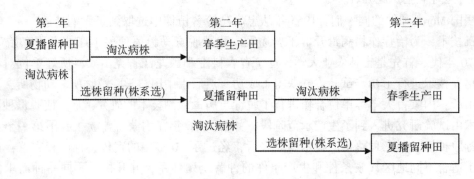

图 3-1　夏播留种生产种薯流程图

门。成熟早晚、植株高矮、产量高低等，差别很大。生产上用的马铃薯种子，要求整齐度高，高产、抗病、品质好。所以未经选择的种子不能直接在生产上使用。

马铃薯种子小，直播保苗困难。因种子发芽后根系不发达，幼苗前期生长缓慢，而田间杂草生长比马铃薯实生苗往往快得多。直播时要求整地和播种的条件高，大田生产不易做到，因而大多用育苗移栽的方法。这样可在小块苗床播种，苗床可多施用一些腐熟的农家肥料，使表土疏松易于出苗，而且除草、浇水方便。此外，还可适当早育苗，以便移到田间有较长的生长时间，从而获得较多的种薯。用实生种子生产的块茎即为实生薯。实生薯一般不带病毒，但不等于在种植期间不感染病毒。实践证明，用种子生产的实生薯，种植 3 年后就无增产优势。为了保持实生薯的增产作用，需 3 年后重新育苗生产种薯，及时更换实生薯。

利用种子生产种薯必须考虑生态环境的具体条件。北方一季作区一年一作，比较适合用种子生产种薯。前期育苗，在有翅蚜虫飞迁高峰期过后移栽，有较长的生育期，同时在气温低、蚜虫少的情况下，能够生产出较高质量的种薯。

3.1.2.4　利用冷凉气候生产种薯

通过改变马铃薯的播种期和收获期，使种用马铃薯结薯期恰好处在适宜块茎生长的冷凉季节，可起到躲避病毒感染和增强马铃薯抗病性的作用。北方一季作区采用夏播留种，结薯期处在良好的生态环境条件下，外界气温逐渐降低，气候凉爽，昼夜温差大，日照变短，满足了马铃薯性喜冷凉的要求，不仅对马铃薯结薯有利，还大大提高了马铃薯抵抗病毒的能力。

3.1.2.5　选用抗病毒品种

马铃薯的品种不同，对病毒的抗性也有差异。选用抗病毒品种是防止马铃薯退化综合措施中最重要的手段之一，也是最经济有效的根本措施。实践证明，目前我国各地培育的在生产上长期利用的品种，都是比较抗病毒的。品种对病毒的抗性是相对的，绝对抗病毒的品种是没有的。选种与栽培技术紧密结合，才能保持和发挥品种的抗病性，防止退化。

3.1.2.6　建立良种繁育体系

马铃薯良种繁育体系的任务，一是防止良种机械混杂、保持原种的纯度；二是在繁育各级种薯的过程中，采取防止病毒再度感染的措施，源源不断地为生产提供优质种薯，实现种薯生产专业化，确保农民生产用的种薯质量，才能达到连年高产稳产的效果。

北方一季作区良种繁育体系一般为 5 年 5 级制。首先利用网棚进行脱毒苗扦插生产微型薯，一般由育种单位繁殖；然后由原种繁殖场利用网棚生产原原种、原种；再通过相应的体系，逐级扩大繁殖合格种薯用于生产。在原种和各级良种生产过程中，采用种薯催芽、生育早期拔除病株、根据有翅蚜迁飞测报，早拉秧或早收等措施防止病毒的再侵染，以及密植结合早收生产小种薯，进行整薯播种，杜绝切刀传病和节省用种量，提高种薯利用率。

3.1.2.7　加强农业技术措施

改进和优化栽培技术措施，为马铃薯生产创造优良环境条件，促进植株健壮生长，减轻退化程度。

1. 轮作或休闲，中断侵染循环。

2. 改变播种期，避开蚜虫迁飞高峰期和结薯高温期，躲避病毒感染。已如前述。

3. 马铃薯田远离毒源植物如茄科蔬菜、感病马铃薯等，以减少传染。还要远离油菜等开黄花的作物，从而减少蚜虫的趋黄降落。

4. 收获前提早清除地上部分，减少病毒运转到种薯的机会。

5. 防治和控制传毒介体昆虫，可用药剂防除。

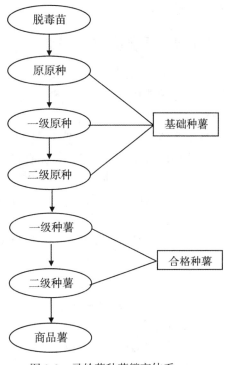

图 3-2　马铃薯种薯繁育体系

3.2　马铃薯脱毒种薯及其脱毒原理

马铃薯茎尖脱毒技术获得成功之后，世界上许多国家利用组织培养方法开展无病毒马铃薯种薯的生产。由于用脱毒苗生产无病毒的种薯，解决了马铃薯的病毒病退化而减产的问题，世界各地马铃薯产量有了大幅度的提高。特别是一些出口种薯的国家，如荷兰、加拿大、英国等，利用脱毒苗生产无病毒种薯，有一套完整的良种生产体系，使种薯生产和食用薯生产严格分开，有力地防止了病毒病对种薯的侵染，种薯质量得到了保证，产量不断上升。欧、美许多国家生产用的马铃薯主要品种已全部进行茎尖脱毒，马铃薯生产进入了良性循环，基本上控制了病毒性退化，实现了高产、稳产。荷兰、比利时、瑞士等国的马铃薯产量，平均每 hm^2 为 40~45t，英、美 等国的马铃薯产量，平均每 hm^2 为 35~37t。我国的马铃薯产量，平均每 hm^2 只有 11t 左右。低于世界单产 15t 和亚洲单产 13t 的水平，相当于高产国的 1/4~1/3。我国马铃薯产量低的原因，除栽培条件较差外，主要是种薯的质量有待提高。高产的品种，没有种薯质量作保证，再好的栽培条件也不可能高产。因此，在我国采用茎尖脱毒苗生产无病毒的种薯，是解决我国马铃薯病毒性退化，提高马铃薯产量的一项根本性措施。

我国从 20 世纪 70 年代就引进了马铃薯茎尖脱毒技术，在全国马铃薯生产上发挥了积极的作用。目前这项技术已得到广泛推广应用，脱毒种薯的增产作用非常显著，深受农民的欢迎。

3.2.1　脱毒种薯的概念与特点

3.2.1.1　脱毒种薯的概念

脱毒种薯是指马铃薯种薯经过一系列物理、化学、生物或其他技术措施清除薯块体内的病毒后，获得的经检测无病毒或极少有病毒侵染的种薯。脱毒种薯是马铃薯脱毒快繁及种薯生产体系中，各种级别种薯的通称。常用术语主要有：

脱毒试管薯：用脱毒试管苗在试管中诱导生产的薯块。

微型薯（原原种）：利用茎尖组织培养的试管苗或试管薯在人工控制的防虫温室、网室中用栽培或脱毒苗扦插等技术无土栽培（一般用蛭石作基质）生产的小薯块（或称迷你薯）。

原种：用微型薯作种在防虫网棚或良好隔离条件下生产的种薯。

一级种薯：用原种作种在良好隔离条件下生产的种薯。

二级种薯：由一级种薯作种生产的种薯。

3.2.1.2　脱毒种薯的特点

1. 加快品种繁殖速度

马铃薯脱毒种薯生产技术有两个作用：一是解决马铃薯退化问题，恢复其生产力；二是加快品种繁殖速度，在我国后者目前显得更为重要。要育成一个新的可利用品种一般得10~12 年才能开始推广种植，而利用该技术引进材料繁殖在 3~5 年内就可以大面积种植，且形成商品薯。

2. 提高马铃薯产量与品质

脱毒种薯大幅度提高了马铃薯产量与品质。脱毒种薯的增产效果极其显著，采用脱毒种薯可以增产 30%~50%，高的达到 1~2 倍，甚至 3~4 倍以上。脱毒种薯主要表现出苗早、整齐、生活力旺盛、生长势强、生育期相对延长，有利于提高单株产量和增加薯块干物质含量。另据研究，脱毒马铃薯植株光合生产率提高 41.9%；同时，脱毒马铃薯植株水分代谢旺盛，抗高温、干旱的能力较强，明显提高了抗逆性。

3. 保持原品种的遗传稳定性

脱毒种薯保持了原品种主要性状的遗传稳定性，恢复了优良种性，而并非创造了新品种。脱毒种薯在茎尖分生组织培养和脱毒苗组培快繁过程中，只要培养基中不加入激素，一般都不会发生遗传变异，更何况在获得脱毒苗后，都要进行品种的可靠性鉴定。

4. 存在再度感染病毒退化的可能

脱毒种薯连续种植依然会再度感染病毒而产生退化。脱毒种薯应用代数是有限度的，并不是一个马铃薯品种一旦脱毒，就可长期连续作种应用，一劳永逸。种薯脱毒，只是一种摒除病毒的治疗措施，并没有从品种的遗传基础上提高其抗病性。种薯脱毒种植后，仍然可能面临病毒的再度侵染。

3.2.2　种薯脱毒基本原理

脱毒种薯是应用植物组织培养技术繁育马铃薯种苗，经逐代繁育增加种薯数量，生产出来的用于商品薯生产的种薯。

植物组织培养技术是利用细胞的全能性，应用无菌操作培养植物的离体器官、组织或细胞，使其在人工控制条件下生长和发育的技术。20 世纪 70 年代，美国为了解决马铃薯品种严重退化问题，根据马铃薯是无性繁殖生物的特点，采用茎尖组织培养技术，培育出马铃薯脱毒种薯，成功解决了马铃薯主打品种大西洋的退化问题，从此形成了真正意义上的马铃薯脱毒生产技术。

该技术的理论基础是：

1. 茎尖组织生长速度快

马铃薯退化是由于无性繁殖导致病毒连年积累所致，而马铃薯幼苗茎尖组织细胞分裂速度快，生长锥（生长点）的生长速度远远超过病毒增殖速度，这种生长时间差形成了茎尖的无病毒区。切取茎尖（或根尖）可培育成不带毒或带毒很少的脱毒苗。

2. 茎尖组织细胞代谢旺盛

茎尖细胞代谢旺盛，在对合成核酸分子的前体竞争方面占据优势，病毒难以获得复制自己的原料。荷兰学者曾利用烟草病毒对烟草愈伤组织的侵染实验，证明细胞分裂与病毒复制之间存在竞争，在活跃的分生组织中，正常核蛋白合成占优势，病毒粒子得不到复制的营养而受到抑制。

3. 高浓度的生长素

茎尖分生组织内生长素浓度通常很高，可能影响病毒复制。

4. 培养基的成分

茎尖分生组织内或培养基内某些成分能抑制病毒增殖。所以利用茎尖组织（生长锥表皮下 0.2~0.5mm）培养可获得脱毒苗，由脱毒苗快速繁殖可获得脱毒种薯。

3.2.3 马铃薯脱毒种薯生产的原则

1. 种薯健康

种薯健康是马铃薯种薯生产的核心，也是鉴别质量的唯一标准。所谓种薯健康是指块茎无碰伤、无破损、无冻烂、无病毒和病害感染、无生理病害等。关于健康标准，我国暂无统一规定，各省区根据当地的实际情况要求的内容和指标有些不同。种薯繁育所有栽培管理措施都要围绕生产健康种薯这一目标进行。

2. 种薯产量与质量

种薯生产要追求较高的产量，但重要的是要追求更高的质量，质量是第一位的。为了保证质量，可以采取推迟播种、控制氮肥施用量、随时淘汰劣株、提早收获等一些影响产量的措施。提高繁种产量，可以降低繁种成本，提高经济效益，要是一味追求高产而放松对质量的控制，种薯质量达不到标准，就会降级或作为商品薯，那么经济收入反而会减少。既要获得一定产量又要保证种薯质量，这就需要采用科学的栽培管理措施，以达到高产优质的目的。

3. 种薯大小

种薯大小不仅直接影响产量，更主要的是与种薯质量有关。关于种薯的适宜大小问题，国内外有很多研究报告。前苏联资料显示，适于作种的最有利的块茎重量为 60~80g；日本资料显示，种薯从 10g、20g、40g 增至 60g、80g，产量有所增加，但除 20g 比 10g 增产 20% 外，其余增产并不显著；荷兰种薯大小级别分为直径 2.8~3.5cm、3.5~4.5cm、4.5~5.5cm，价格比值为 10：7：5，以鼓励种薯繁育者生产幼健小种薯。因此，种薯生产的栽培管理原则是：在合理密度极限内争取最大限度的密植，保证单位面积上的足够株数，采取催芽晒种、整薯早播的方法，增加每穴的主茎数，提高单穴的结薯数量；同时还要适当深播，分层多次培土，增加每个主茎的结薯层和个数。

3.2.4　马铃薯种薯质量标准

3.2.4.1　马铃薯种薯的相关定义及分级

1. 脱毒苗

应用茎尖组织培养技术获得的再生试管苗，经检测确认不带马铃薯 X 病毒（PVX）、马铃薯 Y 病毒（PVY）、马铃薯 S 病毒（PVS）、马铃薯卷叶病毒（PLRV）等病毒和马铃薯纺锤块茎类病毒（PSTV），才确认是脱毒苗。

2. 脱毒种薯

从繁殖脱毒苗开始，经逐代繁殖增加种薯数量的种薯生产体系生产出来的种薯。脱毒种薯分为基础种薯和合格种薯两类。基础种薯是指用于生产合格种薯的原原种和原种；合格种薯是指用于生产商品薯的种薯。

3. 基础种薯

分为三级：

①原原种（pre-elite）：用脱毒苗在容器内生产的微型薯（Microtuber）和在防虫网、温室条件下生产的符合质量标准的种薯或小薯（Minituber）。

②一级原种（elite I）：用原原种作种薯，在良好隔离条件下生产出的符合质量标准的种薯。

③二级原种（elite II）：一级原种作种薯，在良好隔离条件下生产出的符合质量标准的种薯。

4. 合格种薯

分为二级：

①一级种薯（certified grade I）：用二级原种作种薯，在良好隔离条件下生产出的符合质量标准的种薯。

②二级种薯（certified grade II）：用一级种薯作种薯，在良好隔离条件下生产出的符合质量标准的种薯。

5. 其他相关定义

①病毒病株允许率：脱毒种薯繁殖田中病毒病株的允许比率。

②细菌病株允许率：脱毒种薯繁殖田中细菌病株的允许比率。

③混杂植株允许率：脱毒种薯繁殖田中混杂的其他马铃薯品种植株的比率。

④有缺陷薯：畸形、次生、龟裂、虫害、冻伤、黑心和机械损伤的薯块。

3.2.4.2　质量要求

脱毒种薯质量要求参照《马铃薯种薯》（GB18133-2012）。

1. 各级别种薯田间检查植株质量应符合表 3-1 的要求

表 3-1   各级别种薯田间检查植株质量要求

项 目		允许率^a/%			
		原原种	原种	一级种	二级种
混杂		0	1.0	5.0	5.0
病毒	重花叶	0	0.5	2.0	5.0
	卷叶	0	0.2	2.0	5.0
	总病毒病^b	0	1.0	5.0	10.0
青枯病		0	0	0.5	1.0
黑胫病		0	0.1	0.5	1.0

a 表示所检测项目阳性样品占检测样品总数的百分比。

b 表示所有有病毒症状的植株。

2. 各级别种薯收获后的检测质量应符合表 3-2 的要求

表 3-2   各级别种薯收获后检测质量要求

项 目	允许率^a/%			
	原原种	原种	一级种	二级种
总病毒病（PVY 和 PLRV）	0	1.0	5.0	10.0
青枯病	0	0	0.5	1.0

3.3 马铃薯脱毒种薯生产技术

马铃薯脱毒种薯生产的技术路线是：脱毒苗制取→微型薯（原原种）生产→原种生产→一级种生产→二级种生产→商品薯生产（原料生产）。

3.3.1 脱毒苗制取技术

脱毒苗的制取和繁殖是无毒种薯生产的第一环节，直接影响脱毒种薯生产的成败。根据有关人员近几年的试验和生产验证，对马铃薯脱毒苗的制取及生产已形成了一套完整的技术体系。

3.3.1.1 材料选择和处理

1. 材料选择

茎尖培养的脱毒效果与材料选择有很大关系。茎尖组织培养的目的是脱掉病毒，而在种植的品种发生病毒性退化时，植株间感染病毒的程度往往有很大的差异。有的植株感病重，有的感病轻，还有的接近于健康植株。感病重的植株常是病毒复合侵染的结果，如有的植株被 S 病毒和 Y 病毒侵染，或 3~4 种病毒侵染，病症很重，生长极差，产量很低。

病症轻的植株可能只被 1 种病毒侵染。所以在选择茎尖脱毒材料时，应选择高产、少病、品种典型性明显、生育健壮的单株收获后的块茎为茎尖脱毒的基础材料。不论取材健康程度如何，都应在取用前进行纺锤块茎类病毒（PSTV）和各种病毒检测，以便决定取舍和对病毒情况全面掌握。

2. 材料处理

选好的品种采用秋季播种（尽量避过生育期有高温出现）缩短生育期，无论品种生育期长短，一般都要求生长 60~70 天的无病害的薯块。将收获的马铃薯存入 15~20℃ 的窖中自然打破其休眠期，在薯块芽有白质点时放于通风透气、温度 20~22℃ 的条件下使其发芽。发芽的薯块置于散射光下使其芽顶成绿色，然后从薯块上将绿芽掰下。

3.3.1.2　脱毒苗制取

1. 外植体消毒

图 3-3　脱毒苗培养

切下 0.5~1cm 芽尖用自来水洗 1~2min，用无菌水冲洗 1~2min，然后浸入 75% 的酒精中 30~40s（不能用次氯酸钠和氯化汞）进行灭菌处理，随后再用无菌水冲洗 3~5 次，置于无菌滤纸上吸干水分，即可送入无菌室开始剥取茎尖。

2. 茎尖剥离

一种方法是在无菌条件下，将消毒过的薯芽置于 40 倍解剖镜下，用解剖刀和针剥取带 1~2 个叶原基的茎尖生长点（0.2~0.5mm）并迅速接入组织脱毒培养基（培养基 I）中培养。

另一种方法是将整个消毒过的薯芽插入培养基内生根成为无菌苗后，再切带 1~2 个叶原基的茎尖，或腋芽生长点，切下 0.3~0.4mm 大小的生长点置于培养基中培养。与前者相比，其成活率高，脱毒效果好，操作方便，繁殖快。

表 3-3　　　　　　　　培养基 I ——马铃薯茎尖组织培养基（mg/L）

成　　分	MS（62）	FAO 推荐的培养基
1. 大量元素		
硝酸铵（NH_4NO_3）	1650	1650
硝酸钾（KNO_3）	1900	1900
氯化钙（$CaCl_2 \cdot 2H_2O$）	440	440
硫酸镁（$MgSO_4 \cdot 7H_2O$）	370	500
磷酸二氢钾（KH_2PO_4）	170	170

成　　分	MS（62）	FAO 推荐的培养基
硝酸钙［Ca（NO$_3$）$_2$·4H$_2$O］	—	—
氯化钾（KCl）	—	—
硫酸铵（NH$_4$）$_2$SO$_4$	—	—
硫酸亚铁（FeSO$_4$·7H$_2$O）	27.8	27.8
四醋酸钠（Na$_2$·EDTA）	37.3	38.0
2. 微量元素		
硼酸（H$_3$BO$_4$）	6.2	1.0
硫酸锰（MnSO$_4$·H$_2$O）	22.3	0.5
碘化钾（KI）	—	0.01
硫酸铜（CuSO$_4$·5H$_2$O）	0.025	0.03
硫酸锌（ZnSO$_4$·4H$_2$O）	8.6	1.0
氯化铝（ACl$_3$）	—	0.03
氯化镍（NiCl$_2$·6H$_2$O）	—	0.03
氯化钴（COCl$_2$·6H$_2$O）	0.025	—
氯化铁（FeCl$_3$·6H$_2$O）	—	—
3. 有机成分		
烟酸（Nicotinic Acid）	0.5	1.0
维生素 B$_1$（Vitamin B1）	0.1	1.0
泛酸钙（Ca-panthothenate）	—	0.5
核黄素（Ribonanne）	—	0.1
对氨基苯甲酸（Para-aminobenzoic Acid）	—	1.0
叶酸（Folic Acid）	—	0.1
生物素（Biotin）	—	0.2
吲哚 3 丁酸（Indole-3-Butyric Acid）	—	0.2
硫酸盐腺嘌呤（Adenine sulphate）	—	80
肌醇（Meso-Inositol）	100	100
甘氨酸（Glycine）	2.0	—

续表

成　　分	MS（62）	FAO 推荐的培养基
吲哚 3 乙酸（indole-3-Acetic-Acid）	1-30	—
激动素（kinetin）	0.04-10	—
维生素 B_6（Vitamin B6）	0.5	1.0
萘乙酸（α-NAA）	—	—
蔗糖	30g/L	20g/L
琼脂	5-8g/L	8g/L
pH 值	5.7	5.3-5.5

培养基配制方法为：按培养基Ⅰ，分别称取各种元素，并用无离子水溶解，把大量元素配成 10 倍母液，按单价、双价和钙盐的顺序倒入一个试剂瓶中。微量元素和有机成分分别配成 100 倍母液，放于冰箱中保存。做培养基时，将 3 种母液按需要量混合，再加入适量铁盐和生长调节剂，定容至所需体积，然后用 1mol/L NaOH 液调节 pH 值＝5.7，溶入蔗糖和琼脂，分装于试管中，每个试管 10～15ml，封口后，进行灭菌。待灭菌锅中压力升到 0.5kg/cm²，保持 15～20min，灭菌时间不宜过长，以免培养基成分变化。

3. 茎尖培养

保持温度 22～25℃，光照强度 2500～3000Lx，光照时数 14～18 小时的条件下培养，25～30 天后伸长小茎，叶原基形成可见的小叶，及时转入无生长调节剂（生长调节剂会引起马铃薯遗传变异）的中（培养基Ⅱ）。30～50 天后即能发育成 3～4 个叶片的苗子。以单株为系单节切段繁殖 3～4 个试管（或 3 个三角瓶），重复以上制取过程 3～4 次。最后将形成的苗子以单株为系进行扩繁，每隔 15～20 天繁殖一次。苗数达 150～200 株时，随机抽取 3～4 个样本，每个样本为 10～15 株，进行病毒检测。

4. 病毒检测

病毒检测常用方法为 ELISA（酶联免疫吸附检验）血清学方法和指示植物（白花刺果曼陀罗、千日红、番茄幼苗、心叶烟等）鉴定法病毒检测。通过鉴定，带有病毒的株系淘汰，不带病毒的作为基础苗进行扩繁（见图 3-4）。

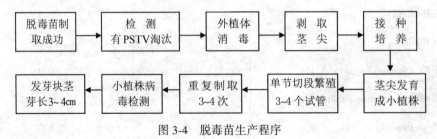

图 3-4　脱毒苗生产程序

3.3.1.3 脱毒苗快繁

脱毒苗的快速繁殖分为基础苗繁殖和生产苗繁殖两个过程。两个过程中使用的培养基成分见表3-4。

表3-4 　　　　　　　　　　培养基Ⅱ——马铃薯脱毒苗繁殖培养基

成　　分	用量（mg/L）	成　　分	用量（mg/L）
NH_4NO_3	1650.000	KI	0.830
KNO_3	1900.000	$Na_2MnO_4 \cdot 5H_2O$	0.250
$CaCl_2 \cdot 2H_2O$	440.000	$CuSO_4 \cdot 5H_2O$	0.025
$MgSO_4 \cdot 7H_2O$	370.000	$CuCl_2 \cdot 6H_2O$	0.025
KH_2PO_4	170.000	糖	25000~30000
Fe·NaEDTA	36.700	VB_1	0.400
H_3BO_4	6.200	VB_6	0.500
$MnSO_4 \cdot H_2O$	16.900	甘氨酸	0.400
$ZnSO_4 \cdot 7H_2O$	8.600	烟酸	0.500

1. 基础苗繁殖

要求相对高温、弱光照，使其节间距拉长，木质化程度相对较低，以利于再次繁殖早出芽及快速生长，加快总体繁殖系数。

培养要求：培养温度25~27℃，光照强度2000~3000Lx，光照时间10~14h，并采用人工光照培养室进行培养。在每一代快繁中，切段底部（根部）的脱毒苗转入生产苗进行繁殖，其他各段仍作为基础苗再次扦插。

2. 生产苗繁殖

要求相对低温，强光照使苗壮、茎间短、木质化程度高，这一结果利于移栽，且成活率高。

培养要求：培养温度22~25℃，光照强度3000~4000Lx，光照时间14~16h，采用自然光照室进行培养。20~25天为一个周期，待苗长出5叶大约5cm以上，从培养室取出打开顶盖，在室外锻炼4~6天即可移栽。

3.3.1.4 影响茎尖组织培养成功率的因素

茎尖组织培养成功率包括茎尖成苗率和脱毒率，受以下因素影响。

1. 茎尖大小

剥离的茎尖大小是影响脱毒率和成苗的重要因素。离体茎尖愈大，愈易成活，但不易脱除病毒；茎尖愈小，脱毒率高，但成苗较难。叶原基是成苗的必要条件，不带叶原基的分生组织，多形成愈伤组织后，分化不定芽，易发生突变，失去原品种的性状。因此，茎尖大小应以生长点带的叶原基数及其邻近组织的大小为标准。单纯以叶原基数或以茎尖大小为标准都不确切，同样是2个叶原基的茎尖，由于取材不同，小者仅为0.1~0.2mm，大者可以达到0.4~0.5mm。一般以带1~2个叶原基，且尽量少带生长点的邻近组织为好，这样的茎尖既有一定成苗率，也能脱除大多数病毒。

2. 病毒种类

病毒种类不同，茎尖组织培养脱毒的难易程度有很大差别，P. Quak（1977）发现，由只带 1 个叶原基的茎尖所产生的植株，全部脱除 PLRV，其中 80%植株脱除了 PVY 和 PVA，但从茎尖获得的 500 个植株中，只有 1 株汰除了 PVX。根据多数试验结果，脱除病毒的难易顺序为 PLRV、PVA、PVY、奥古巴花叶病毒、PVM、PVX、PVS、PSTV，其中以 PSTV 最难脱除。在病毒中以 PVX 和 PVS 较难脱除。但以上的顺序并非绝对，如结合热处理，可显著提高 PVX 和 PVS 的脱毒率。据 Morel 等报道，茎尖组织培养脱除 PVY 和 PVA 的成功率达 85%~90%，但 PVX 和 PVS 的脱毒率却小于 1%。当从经过热处理的植株上剥取茎尖组织进行培养时，PVS 的脱毒率提高至 11.4%。如将取材经热处理后，剥取小茎尖，可显著提高脱毒效果。

茎尖脱毒的难易还受病毒复合侵染的影响，当 PVX 单独存在于植株内时，茎尖组织培养产生无 PVX 脱毒苗率远远高于 PVX 与其他病毒复合侵染的茎尖脱毒率。因此，影响脱毒效果的因素是很多且错综复杂的。

3. 培养基成分

马铃薯茎尖组织正常生长与钾盐和铵盐离子浓度有密切关系，适当提高两种盐的浓度，有利于茎尖成活。植物生长调节剂的种类和浓度对茎尖生长和发育有重要作用，尤以生长素更为突出，常用的为萘乙酸，可促进根的形成，少量的细胞分裂素有利于茎尖成活。由于品种间对生长调节剂的反应不同，还应结合培养条件灵活掌握。

近年来，更多的研究是将某些病毒抑制剂加入培养基中，以提高茎尖脱毒效果。R. E. Klein 等（1982）在培养基中加入 10mg/L 病毒唑，使培养的马铃薯茎尖再生植株中80%去除了 PVX。F. M. Wambugu 等（1985）在培养基中加入 20mg/L 病毒唑，经 5 个月培养的 3~4 mm 长的腋芽茎尖，使 Norchip 品种排除了 89%PVY、90% PVS，Desiree 品种脱去 86%PVY、93%PVS。但病毒抑制剂的作用机理尚待研究。

3.3.1.5　茎尖培养应注意的问题

1. 茎尖接种后生长锥不生长或生长点变褐色后死亡。这是因为剥取茎尖时生长点受伤，接种后不能恢复而死亡。所以剥取茎尖一定要细心，针尖不能伤及生长点。

2. 在培养过程中茎尖生长非常缓慢。接种 1 个月只有一点绿色而不见生长。这主要是萘乙酸浓度不够，应转入萘乙酸含量加大到 0.5mg/L 以上的培养基上培养，并把培养室温度提高到 25℃左右，以促进茎尖生长。

3. 生长锥生长基本正常，茎尖基部出现愈伤组织或不生根。这时应把茎尖转入无生长激素的培养基上，并将室温降到 18~20℃，以促进根的分化。

4. 茎尖愈小，形成愈伤组织的可能性愈大，分化成苗的时间愈长，一般要经过 4~5 个月。切的茎尖 0.2~0.3mm 长时，分化成苗的时间约 3 个月。但因品种不同而有差别，有的需经过 7~8 个月成苗。值得注意的是，形成愈伤组织后分化出的苗，往往会发生遗传变异。这种茎尖苗应通过品种典型性比较，证明没有变异才按原品种应用。

3.3.2　脱毒微型薯（原原种）生产技术

马铃薯脱毒种薯的生产是当今世界马铃薯生产的一个主要生产技术，微型薯生产是该技术的重要环节。微型薯的生产有两种方法，一是试管薯诱导，二是扦插苗繁殖。

3.3.2.1 试管薯诱导

试管薯是利用一定的液体培养基和培养条件下使三角瓶等容器内的脱毒植株上产生较多的微型块茎或称微型薯。试管薯质量等同于其脱毒苗。试管薯的诱导不受季节限制，只要有简单的无菌设备和培养条件，可周年在器内生产试管薯，且无病毒再侵染的危险。由于试管薯体积小，便于种质资源的保存与交流，又可作为繁殖原原种的基础材料。试管薯的研究已引起各国重视，中国许多省份也都在进行试管薯生产，作为种薯生产的一个环节。

1. 试管薯诱导的关键技术

①试管苗培养：将带有 4~5 个茎节的苗（培养 3~4 周），去掉顶芽，打破顶端优势，接种在液体培养基上，每瓶接种 4~5 个茎段，进行浅层静止培养。培养 10 天左右，每个茎段由时腋处生出多个小苗。3~4 周后，每个腋芽发育成具有 5~7 个茎节的健壮苗时，换成诱导培养基，3~4 天后便可以产生微型薯，6 周后微型薯发育到 5mm 以上便可收获。平均每瓶可结 20~25 个试管薯，度过休眠期后，在防虫温室或网室内进行繁殖，生产原种。

②壮苗培养基及培养条件：MS+BA1.0mg/L+NAA0.1mg/L，另外加入活性炭 0.15%、白糖 3%，pH 值为 5.8。昼夜温度分别为 25℃ 和 16℃，每天光照 16h，光强 2000Lx。

③诱导培养基及培养条件：MS+BA5.0mg/L+CCC 500mg/L，白糖 8%，活性炭 0.5%，pH 值 5.8。在 25℃ 条件下全黑暗培养。

2. 提高试管薯诱导效果的措施

①培养健壮试管苗：连勇（1994）在试管薯形成及其发育机理的研究中初步明确了试管薯发生发育过程，以及外部环境的调控技术，提出培育健壮试管苗是诱导试管薯成败的关键；容器内温度和 CO_2 浓度直接影响试管苗的生长和粗壮匍匐茎的形成；利用 BA 和 CCC 作为辅助剂，可在短期内诱导产生大量试管薯。李灿辉和王军（1990）的试验结果表明，试管薯的产量与试管苗的根、茎、时鲜重成正比，其相关系数 r=0.86。

②降低培养基中的氮素水平：胡云海（1991）研究提出了降低培养基中总氮水平和硝态氮/铵态氮比例，有利于提高试管薯的结薯数和单薯重。Dodds 等（1988）发现：用 B5 培养基可提高某些品种试管薯的数量，这可能由于 B5 培养的总氮水平较低的原因。李灿辉等（1988）提出在离体培养条件下，试管薯形成与自然条件下不一样，主要受光周期调控诱导结薯，添加外源激素不是必需的。

③控制光照：许多单位是利用全黑暗条件诱导结薯，但 Simmon 等（1989）的实验表明在诱导结薯阶段，给予 8 小时的光照处理，可以显著提高试管薯的产量。李灿辉和王军（1990）的实验证明，在每天给予 8 小时光照处理的情况下，*Mira* 品种的试管薯产量随着光照强度的增加而增加。

3.3.2.2 扦插苗繁殖微型薯

利用扦插苗繁殖微型薯，目前主要采用基质栽培和无基质栽培两种方法。

1. 基质栽培——防虫网隔离栽培法

①脱毒种苗选择

生产微型薯种苗要求叶片 3 叶以上，长度 5cm、健壮、无污染，在自然光照下打开器具盖锻炼 4~6 天后移栽。

②基质

蛭石、泥炭土、珍珠岩、森林土、无菌细砂。蛭石要求 pH8.2，粒径 2~4mm，膨松无杂质。

③栽培环境及处理技术

采用日光节能温室或全自控温室，以便于生产间隙期高温处理并预防病毒病源。将日光温室或自控温室土地除去杂草，在地表每 hm^2 施纯氮 60~70kg，纯磷 45~60kg，纯钾 60~70kg，适当施用一些腐熟好、无病害（特别是病毒病）的农家肥，同时喷施农用链霉素，将化肥、农药及农家肥同时翻埋于土壤 15~20cm，最后地表整平夯实。

在整理好的地表上平铺尼龙网或其他与土壤隔离且通气透水的隔离层，隔离层上用无菌新砖分成 1~1.2m 宽且与棚等长的小区，基质直接倒入小区中，然后在日光温室的屋顶棚膜下面安装防虫网，及备用的遮阳设施（冬季用草帘或保温被代替）。

完成以上工作后，将温室的棚膜封闭，去掉遮阳设施，使其棚内温度升高，通常天晴时高温可达 60~70℃，连续处理 6~7 天后，即可杀死真菌、细菌和病毒。

④种苗移栽

将自然光照锻炼的脱毒苗，从试管中取出，洗去培养基，用生根剂（萘乙酸）浸泡 3~5s，然后移于蛭石中，脱毒苗以 2 叶露出蛭石为好，栽苗密度为 180~220 株/m²。

⑤保湿

将移栽于蛭石的脱毒苗用小拱棚覆盖（白色棚膜为宜），苗成活后，取掉小拱棚（5~8 天）。保湿阶段不能使蛭石干涸，湿度应达 100%，温度 25~28℃。保湿阶段结束后（苗成活），要及时浇水，整个生育期含水量以 50%~60% 为宜。

⑥浇营养液

无土栽培的有基质栽培生产微型薯，一个生育期内通常使用两种营养液配方：1~5 周每升营养液的成分为：KH_2PO_4 0.5g、NH_4NO_3 0.31g、$MgSO_4 \cdot 2H_2O$ 0.5g、Fe 盐 0.03g。8~12 周每升营养液的成分为 NH_4NO_3 0.12g、$NH_4H_2PO_4$ 0.38g、KNO_3 0.53g、$MgSO_4 \cdot 2H_2O$ 0.5g、Fe 盐 0.03g，6~7 天浇一次，每次浇量 1.5~2.0L/m²。

⑦病害防治

微型薯整个生育期要及时防治病害，特别是真菌病害。每周喷施农药一次，多种农药交替使用。根据试验，代森锰锌、甲霜灵锰锌、霜霉疫净、杀毒矾、克锰、安泰生、雷多米尔是几种控制真菌病害较为有效的农药。第一次防病害时最好用代森锰锌或甲霜灵锰锌，以后如不遇特殊情况一般不再施用。对马铃薯晚疫病提倡预防为主，防治结合。注意防止病源的侵入，特别是病毒的侵入，严格控制带病植物、带病昆虫进入温网棚，棚内禁止吸烟。

⑧管理

待苗子长到 7~8 叶时，培蛭石一次（5~6cm 厚）。

⑨收获储藏

待 80% 的薯块长至 1.5g 以上时收获。收获后及时晾晒，并喷施杀真菌和细菌农药一次，待表皮无水分后入窖储藏。窖温 1~10℃，湿度 50%~80%。

2. 无基质栽培——雾培法

雾培就是利用营养液雾化后接触于脱毒苗根部供其营养使其吸收而完成生育期的培养方式。丁凡等试验证明，叶面营养结合根系营养效果更佳。

①营养池构造

利用 1mm 的雪化钢板制成宽 60cm，长 600cm，深 30cm 的无盖容器作为营养池，接进水管和出水管，进水管连接雾培管，雾培管连接喷头。栽苗用压缩泡沫板，整个容器用活动式支架支起。营养液置于地下的营养池中，雾化利用外接泵和时间控制器。

图 3-5　无基质栽培——雾培法

②栽苗方式

当试管苗长出 7~8 叶后用海绵球固定于压缩板的开孔中，密度为 60 株/m^2。

③营养液成分

前期 N、P、K 的总量为 0.90g/L，其比例为 48.5∶52.0∶54.0，辅助加入 $MgSO_4 \cdot 2H_2O$ 0.5g/L，Fe 盐若干克；后期 N、P、K 总量为 1.10g/L，比例为 48.0∶57.0∶54.0，加 $MgSO_4 \cdot 2H_2O$ 0.6g/L，Fe 盐若干克。控制营养液渗透在 0.132Mpa 左右，pH5.5~6.5。

④雾喷时间

前期每隔 2min 喷 30s，后期每隔 3min 喷 40s。

⑤收获储藏

在后期结薯后，随时摘去合格薯（2g 左右），直到植株萎蔫失去活力为止。一般一株生产 60~120 粒合格薯。雾培法生产的微型薯烂薯率很高，其原因主要是雾培生产的微型薯气孔比有基质生产的微型薯气孔大得多，病菌易于侵入而致。多次的试验表明，采取 1400 万单位的农用链霉素（不能用青霉素）与杀毒矾混合，喷洒微型薯晾干，储藏效果非常理想。

3.3.3　脱毒原种高产栽培技术

原种生产除满足一般的栽培技术之外，尚有一些特殊的要求。

1. 特殊技术要点

（1）防止病毒感染，具体措施为：在病毒病害多发区采用网室种植；在病害少的地区如高海拔（适宜马铃薯种植的海拔范围）或无马铃薯等同病源作物的地方采用自然隔离种植。

（2）马铃薯属忌氯作物，不能施含氯的肥料。

（3）微型薯的休眠期较长，切忌种植未通过休眠期的原原种。

（4）原种生产要求种植在水肥条件较好的地块。

2. 产量指标及构成因素

产量指标：2~2.5t/hm^2。

产量构成因素：保苗 150000 株/hm^2，单株 0.3~0.5kg。

3. 栽培技术规程

（1）播前准备

①选茬：选择禾谷类、豆类等非茄科作物为前茬，轮作年限应在 3 年以上。总的原则是：忌连作、忌与茄科作物轮作、忌迎茬。

②整地：及时深耕 20～25cm，犁土晒垡，秋后浅耕耙糖保墒，达到墒饱地平，土细疏松。地下害虫和鼠害严重地块，结合耕地施用辛硫磷毒土（4.5～7.5kg/hm²）防治。

③种薯的选择和处理：选择已通过休眠期（开始露芽），粒重 1.5g 以上的无病毒及其他病害的原原种。原原种休眠期较长，未通过休眠期的原原种不能种植，当年收的原原种可采用人工打破休眠的方法，一是热冷交替处理，二是药物处理。

（2）科学施肥

以含钾较多的农家肥为主，增施一定量化肥，重施底肥。

①施肥量：施用厩肥、炕土、草木灰、羊粪等为主的农家肥 15000～20000kg/hm²，纯 N 150kg/hm²、纯 P（P_2O_5）150kg/hm²、纯 K 150kg/hm²。

②施肥方法：农家肥（15000～20000kg）＋氮肥（112.5kg）＋磷肥（150kg）＋钾肥（105kg）混合作基肥，集中条施或穴施（不能施含氯元素的化肥），马铃薯现蕾期追施氮肥 37.5kg/hm²，钾肥 45kg/hm²。

（3）精细播种

①适期播种：播种期以 10cm 地温稳定通过 8～10℃ 为宜，一般为 4 月下旬～6 月上旬。

②合理密植：原种生产的原则是增加繁殖系数，因此密度要大，一般栽培密度 150000 株/hm²。

③播种方式：采用覆膜垄沟种植，每垄种两行，垄幅 80cm，沟深 10cm，垄上行距 30cm，以垄中线为界等距种植，株距 24cm，播种深度 10～12cm。一般采用开穴点播或机械种植方式，干旱区还可采用膜侧沟播和全膜双垄沟播栽培技术。

（4）田间管理

①查苗补苗：出苗后及时查苗补苗，保证全苗。

②中耕除草：现蕾前（苗高 16～20cm）中耕 10～13cm，现蕾期浅锄 6～10cm，起到松土、除草、保墒的作用。

③培土：现蕾期从垄的两侧各取 5～6cm 的土，从垄沟取 6～8cm 的土培放在垄面，垄高 18～20cm，结合培土追施速效氮肥 37.5kg/hm²，速效钾 45kg/hm²。

④防冻：在高海拔地区没有绝对无霜期，种植马铃薯在苗期注意防霜冻，特别是地膜覆盖种植更为重要，方法为烟雾法。

⑤灌水：苗出全后，灌水一次，现蕾期培土后灌水一次，注意灌水不能积水，要求灌过水。

（5）病虫害防治

马铃薯病害防治是重中之重。真菌性病害施用代森锰锌、甲霜灵锰锌、霜霉疫净、杀毒矾、克锰、安泰生、雷多米尔等农药。干燥、少雨的季节 7～15 天喷施一次，多雨、湿度大的时候一周喷施一次，一旦发现病害，每天喷一次农药直到完全控制为止。一般用几种农药交替喷施，不能单用一种农药，细菌性病害用农用链霉素按说明结合真菌性病害防治进行。

（6）收获储藏

茎叶呈现黄色，中基部叶片枯萎，薯皮老化，薯块易从脐部脱落时及时收获。入窖前清除病、烂薯和有伤口的薯块，入窖时轻倒轻放，防止碰伤，窖内堆放数量不超过窖容 2/3，有效面积堆放量 $250 \sim 320 kg/m^2$。储藏期间两头防热，中间防冻，窖温保持 $1 \sim 3℃$，注意通气。

3.3.4 脱毒良种繁育技术

马铃薯脱毒良种是指生产商品薯用的脱毒一级良种、脱毒二级良种，是在高山少蚜虫区域隔离、严格管理操作扩繁的合格种薯。

3.3.4.1 繁育技术

1. 基地选择

基地选址条件：海拔 2000m 以上，年降雨量 500mm 以上的冷凉阴湿山区。不适于有翅蚜降落，蚜虫密度低。在一定距离范围内（一般 500m 以上）不种已有一定程度退化的普通马铃薯和油菜、茄科蔬菜。具备一定的自然隔离条件（如高山、森林等），土壤水肥条件好。交通方便，便于调运。

2. 选地

选土层深厚、结构疏松的轻质壤土或砂壤土，有机质含量 1.2%～2.0%，前茬为禾本科、豆科作物，不得重茬连作。

3. 种薯处理

一级良种生产用作播种的种薯必须是脱毒原种，二级良种生产用作播种的种薯必须是脱毒一级良种。种薯可为整薯，也可切块，单块重 30～50g。切块时要注意切刀消毒，防止传病。播种前 20 天将种薯出窖，置于 15～20℃ 下催芽，当薯块大部分芽眼出芽时，剔除病烂薯和纤细芽薯，放置阳光下晒种，使幼芽变绿。

4. 播种

适期晚播。一般 4 月下旬～5 月上旬播种为宜。播种采用开沟点播，并沟施种肥。种肥以有机肥为主，配施一定比例的 N、P、K 化肥。播种密度比一般生产田增加 20% 左右。应开沟、点籽、施肥、覆土、耙压连续作业，播深 10cm 以上。

5. 田间管理

苗出齐时除草松土 1 次，现蕾至初花期中耕培土 1～2 次。结合培土适量追施速效化肥。生长后期除草 1～2 次。严格拔除病杂株，可在现蕾期和开花期分 2 次进行。拔除病株前应先喷药灭蚜，防止拔除病株时将蚜抖落到健株上，病杂株要带离繁种田。

6. 病虫防治

特别注意防除蚜虫，一般 6 月初会出现第一个有翅蚜迁飞高峰期，此时开始定期喷药，每隔 7～10 天喷洒 1 次，一般用抗蚜威、蚜虱净等农药交替喷洒。生长后期注意预防晚疫病。

7. 收获与储藏

达到生理成熟时适时收获，宜早勿晚。收获前 1 周左右灭秧并运出田间，收获后块茎要进行晾晒，"发汗"，严格剔除病、烂、伤薯。入窖前要进行薯窖消毒，入窖时轻拿轻放，防止碰伤。窖藏期间勤检查，注意防冻，防止出芽、热窖或烂窖。

3.3.4.2 加快种薯繁育速度的措施

1. 掰芽法

将薯块置于阳畦中（一层），上覆塑料薄膜，待芽长到 5~7cm，掰下扦插到育苗畦中假植，长出根叶后在大田定植。

2. 分枝法

在田间将主茎分开，移植别处。

3. 剪茎法

在茎长到一定叶片时，将头带 3~4 片叶子剪下，假植在阳畦中，待生根、长出新叶后定植大田。基础苗剪掉头后每个剩余的叶腋内又长出一头，到一定程度时再剪，如此可剪数茬。

4. 压条法

将长到一定长度的茎压倒在周围并用土压住中段，这样在用土压住的部分以及原来的倒下茎部分均可结薯，暴露在地表外的茎段可发生新枝。

3.3.4.3 脱毒种薯的小型化

中国种薯基地大部分在气候冷凉、光照充足、昼夜温差大，适合马铃薯生长的高海拔、高纬度地区。块茎较大，增加了调种运费和生产投入。将种薯控制在 50g 左右，即为脱毒种薯的小型化。许多马铃薯生产水平较高的国家已全部用小整薯作种，如荷兰、法国等国的小种薯的价格比大种薯高 1 倍。小种薯易于储藏，节省储存空间，在种薯生产中值得提倡。种薯小型化有如下优点：

1. 减少病害感染和传播

主要是减少切刀传染细菌和病毒病害。细菌性环腐病、青枯病、软腐病和黑胫病都可通过切过病薯的刀传染健薯。播种后，重者在土壤中腐烂，轻者出苗后陆续死亡，荷兰称之为质量病害（Quality Diseases）。PVX、PVS 病毒和 PSTV 类病毒也可通过切刀传染健薯。控制块茎大小，利于加厚培土，可防止晚疫病菌孢子被雨水淋入土壤中块茎上。

2. 降低生产成本

①减少用种数量：种植 25~75g 的小型种薯，较目前的 100~300g 大种薯可节省种薯用量 1/2，甚至 1 倍。

②降低调运费用：小种薯体积小，节省储存空间，方便种薯调运。减轻了调种的运输压力，降低运输成本。

③发挥种薯顶端优势：块茎顶芽较中部或基部芽眼出苗快而整齐，植株繁茂，结薯早，产量高，被称为顶端优势。小型种薯可整薯播种。试验证明，未感染病毒的健壮小种薯酶的活性强，N、P 代谢率高，具有极强的生产潜力，并可充分发挥种薯的顶端优势，增加产量，提高繁殖倍数。

品种(种源)

脱毒苗扩繁

微型薯(原原种)生产

原种生产

一级种生产

商品薯生产

图 3-6　马铃薯脱毒种薯总体技术路线图

3.3.4.4　提高繁殖系数技术的研究

马铃薯是薯块营养繁育的作物，繁殖系数低。一般小薯型单株结薯数 7~8 个，部分大薯切块，单株可繁殖薯块 10 个左右，大薯型品种单株结薯 3~4 个，由于大薯型品种一般芽眼少，且集中在头部，每块也只能切 2~3 块，单株繁殖系数不超过 10 个。如何批量生产小整薯种薯，提高单株繁殖系数是降低马铃薯用种量的又一技术难题。

1. 原理

由于马铃薯是地下匍匐茎顶端膨大成薯，光照是制约茎顶端成薯或成芽的决定因素，黑暗条件下小匍匐茎顶端膨大成薯，光照条件下匍匐茎顶端形成叶芽甚至出土成地上茎叶，该进程在光照条件下可以互逆。并且与其他植物一样，匍匐茎顶端具有顶端优势，控制顶端优势可以促进侧枝的发育。基于上述原理，设计提高马铃薯基质繁育方法，以提高马铃薯一代原种的繁殖系数，降低生产成本。

2. 具体方法

将马铃薯正常催芽或自然发芽后，保持薯块表面湿润，置于室内或室外，比较芽基部匍匐茎萌发情况。出苗后 50 天左右，摘取小薯块，以后每 10 天左右采摘 1 次。整个生育期采摘 2~4 次。研究采收对打破匍匐茎顶端优势，促进侧枝薯块的形成与膨大的影响。

◎ **本章小结：**

本章介绍了马铃薯栽培过程中出现的生长态势衰弱、植株矮化、叶片失绿、卷叶、薯块变小等退化现象。这也致使产量和品质逐年下降，经济效益降低。造成这些现象的主要原因是由于马铃薯本身抵抗力降低，外界病毒的侵染和高温。依据马铃薯退化的原因，本章进一步阐述了防止马铃薯退化的主要措施：生产脱毒种薯、采用避蚜留种技术、利用实生种子生产种薯、利用冷凉气候生产种薯、选用抗病毒品种、建立良种繁育体系、加强农业技术措施。

第4章 马铃薯高产栽培技术

☞ 提要：
　　1. 马铃薯栽培过程中选用良种的原则；
　　2. 马铃薯的常规栽培技术；
　　3. 马铃薯间套作栽培法、"抱窝"栽培法、地膜覆盖栽培法；
　　4. 马铃薯特殊栽培技术；
　　5. 掌握地膜覆盖栽培技术；
　　6. 掌握马铃薯掰芽育苗补苗繁殖技术。

　　我国马铃薯栽培区域十分广泛，全国各地都有种植。东西南北的自然地理气候状况差别显著，马铃薯的种植条件大不相同，形成了各地区不同的栽培模式。但是根据马铃薯的生物学特性，调整播种期，在栽培技术措施方面，仍有许多共同之处。

4.1　马铃薯常规栽培技术

4.1.1　播前准备

4.1.1.1　正确选用种薯

　　选用良种是获得马铃薯高产的物质基础，也是一项经济有效的增产措施。没有优良的品种，不可能达到高产的目的。良种首先要高产稳产，高产需要植株生长健壮，块茎膨大快，养分积累多；稳产必须具有良好的抗病性和抗逆力。在同样的栽培条件下，良种较一般品种可增产30%～50%，尤其是在晚疫病流行年份或马铃薯退化严重地区，推广抗病毒品种可以成倍增产，甚至更多。优良品种之所以能够增产，主要是由于它对环境条件有较强的适应性，对病毒病菌有较强的抵抗力及其所具有的丰产特性所决定的。值得指出的是，马铃薯的品种区域性较强，每个品种都有它一定的适应范围，并非对各种自然条件都能够适应。这就要求各地必须选择适应当地条件的品种，才能发挥良好的增产作用。

　　我国幅员辽阔，自然气候复杂。选用良种应遵循以下的原则①：

　　1. 以当地耕作栽培制度为依据

　　一季作区为了充分利用生长季节和天然降水，要因地制宜地选择耐旱、休眠期长、耐储藏的中熟或中晚熟品种，还应适当搭配部分早熟或中早熟品种，以适应早熟上市或供应二季作地区所需种薯的要求；二季作区宜选用结薯早、块茎膨大快、休眠期短、易于催芽

---

　　① 程天庆．马铃薯栽培技术［M］．北京：金盾出版社，2007：7.

秋播的早熟或中熟品种；间套作要求株形直立，植株较矮的早熟或中早熟品种。

2. 以栽培目的为依据

出口产品要求薯形椭圆，表皮光滑，红皮或黄皮黄肉，芽眼极浅（平）的极早熟或早熟品种；作淀粉加工原料时应选择高淀粉品种；作炸薯条或薯片原料时应选择薯形整齐、芽眼少而浅、白肉、还原糖含量低的食品加工专用型品种。

3. 以当地生产条件为依据

应根据当地生产条件、栽培技术选用耐旱、耐瘠或喜水肥抗倒伏的品种。

4. 以当地主要病害发生情况为依据

根据当地主要病害发生情况选用抗病性强、稳产性好的品种。

不管依据什么原则或作何用途，均应选用优质脱毒种薯。生产实践证明，采用优质脱毒种薯，一般可增产 30%，多者可成倍增产。

4.1.1.2 合理轮作倒茬

为了经济有效地利用土壤肥力，预防土壤和病株残体传播病虫害及杂草，栽培马铃薯的土地不能年年连作（重茬），需要实行合理轮作（倒茬）。轮作不仅可以调节土壤养分，改善土壤，避免单一养分缺乏，而且能减少病虫感染危害的机会。尤其是土壤和残株传带的病虫及杂草，通过轮作倒茬可减轻其危害。

马铃薯应实行 3 年以上轮作。马铃薯轮作周期中，不能与茄科作物、块根、块茎类作物轮作，这类作物多与马铃薯有共同的病害和相近的营养类型。在大田栽培时，马铃薯适合与禾谷类作物轮作。以谷子、麦类、玉米等茬口最好，其次是高粱、大豆。在城市郊区和工矿区作为蔬菜栽培与蔬菜作物轮作时，最好的前茬是葱、芹菜、大蒜等。马铃薯是中耕作物，经多次中耕作业，土壤疏松肥沃，杂草少，是多种作物的良好前茬。

主要轮作方式有以下几种：

3 年制：马铃薯→麦类→豆类

4 年制：马铃薯→麦类→玉米→谷子

5 年制：马铃薯→棉花→麦类→玉米或谷子→棉花

由于马铃薯栽培区域及栽培特点不同，其轮作方式也多种多样。轮作的方式，要根据当地马铃薯生产的实际情况来决定。总的原则是"三忌"：忌连作，忌与茄科作物（如茄子、辣椒、番茄等）轮作，忌迎茬（即在一块地里每隔一年种一次马铃薯）。

4.1.1.3 深耕整地

马铃薯属于深耕作物，要求有深厚的土层和疏松的土壤，土壤中水、肥、气、热等条件良好。深耕整地可以使土壤疏松，消灭杂草和保蓄水分，改善土壤的通气性和保肥能力，促进微生物活动，增加土壤中的有效养分，提高抗旱排涝能力，有利于根系的生长发育和块茎的形成膨大。根据调查资料，深耕 30~33cm 比耕翻 13cm 左右的增产 20%以上；深耕 27cm，充分细耙，比浅耕 13cm 细耙的增产 15%左右。深耕细耙是保证根系发育，改善土壤中水、肥、气、热条件，满足马铃薯对土壤环境的要求和提高产量的重要措施之一。

耕翻深度因土质和耕翻时间不同而异。一般来说，砂壤土地或砂盖壤土地宜深耕；黏土地或壤盖砂地不宜深耕，否则会造成土壤黏重或漏水漏肥。"秋耕宜深，春耕宜浅"的群众经验值得推广，因为秋深耕可以起到消灭杂草，接纳雨雪和熟化土壤的作用；而春浅耕又有提高地温和减少水分蒸发的作用。在冬季雪少风大和早春少雨干旱地区，进行严冬碾压和早春顶凌耙磨，是抗旱保全苗的重要措施之一。无论是春耕还是秋耕，都应当随耕随耙，做到地平、土细、地暄、上实下虚，起到保墒的作用。

4.1.1.4 种薯处理

播前的种薯准备工作包括种薯选择、种薯催芽和种薯切块三个环节。

1. 种薯出窖

种薯出窖的时间，应根据当时种薯储藏情况、预定的种薯处理方法以及播种期等三方面结合考虑。如果种薯在窖内储藏得很好，未有早期萌芽情况，则可根据种薯处理所需的天数提前出窖。采用催芽处理时，须在播前40~45天出窖。如果种薯储藏期间已萌芽，在不使种薯受冻的情况下，尽早提前出窖，使之通风见光，以抑制幼芽继续徒长，并促使幼芽绿化，以减轻播种时的碰伤或折断。

2. 种薯选择

马铃薯块茎形成过程中，由于植株生理状况和外界条件的影响，不同块茎存在着质的差异。种薯传带病毒、病菌是造成田间发病的主要原因之一，为了切断病源，预防病害，提高出苗率，达到苗全苗壮，出苗整齐一致，为马铃薯高产奠定良好的基础，种薯出窖后，必须精选种薯。种薯选择的标准是：具有本品种特征，表皮光滑、柔嫩、皮色鲜艳、无病虫、无冻伤的块茎作种。凡薯皮龟裂、畸形、尖头、皮色暗淡、芽眼凸出、有病斑、受冻、老化等块茎，均应坚决淘汰。如出窖时块茎已萌芽，则应选择具粗壮芽的块茎，淘汰幼芽纤细或丛生纤细幼芽的块茎。

3. 种薯催芽

所谓催芽就是将未通过休眠期的种薯，用人为的方法促使其提早发芽。马铃薯块茎具有一定的休眠期，休眠期的长短因品种不同而异。新收获的薯块，一般需要3~4个月的休眠期才能发芽，也有的品种休眠期很短。一季作地区利用秋播留种的薯块春播，或二季作地区利用刚收获不久的春薯秋播时，都同样会遇到种薯处于休眠期而不能发芽的问题。如果采用休眠状态的薯块播种，不仅会使出苗期延长，而且会造成缺苗断垄。因此，种薯催芽可促进种薯解除休眠，缩短出苗时间，促进生育进程，淘汰感病薯块，是解决马铃薯早种不能早出苗，晚种减产易退化矛盾的重要措施之一，增产效果显著。

种薯催芽有多种方法，常采用药剂催芽、温床催芽、冷床催芽、露地催芽及室内催芽等。催芽方法因栽培区域和栽培季节不同而异，一般春马铃薯常用整薯催芽，秋马铃薯常用切块催芽。分述如下：

①室内催芽：将种薯置于明亮室内，平铺2~3层，每隔3~5天翻动一次，使之均匀见光，大约经过40~45天，幼芽长至1~1.5cm，再严格精选一次，堆放在背风向阳地方晒5~7天，即可切块播种。如果幼芽萌发较长但不超过10cm，也可采用此法而不必将芽剥掉，芽经绿化后，失掉一部分水分变得坚韧牢固，切块播种时稍加注意，即不致折断。

出窖时若种薯芽长已至1cm左右时，将种薯取出窖外，平铺于光亮室内，使之均匀见光，当芽变绿时，即可切块播种。

②露地催芽：拟在翌春计划种植马铃薯的田间地边（或庭院内外），选择背风向阳的地方，入冬前挖若干个长8m、宽1m、深0.8m的基础催芽床。播种前20~25天，将已挖好的基础催芽床整修成长10m、宽1.5m、深0.5m的催芽床。床底铺半腐熟的细马粪

3cm，再铺细土 2cm，将选好的种薯放入床内，一般放置 4~5 层，每床约放 750kg 种薯，种薯上面盖细土 5cm，再盖马粪 3~5cm，然后用塑料布覆盖，四周用湿土封闭。约经 15 天左右即可催出 0.2~0.5cm 的短壮芽，再从床内将种薯取出放在背风向阳处，晒种 5~7 天，即可切块播种。

③层积催芽：将种薯与湿砂或湿锯屑等物互相层积于温床、火炕或木箱中，先铺砂 3~6cm，上放一层种薯，再盖砂没过种薯，如此 3~4 层后，表面盖 5cm 左右的砂，并适当浇水至湿润状况。以后保持 10~15℃ 和一定的湿度，促使幼芽萌发。当芽长 1~3cm，并出现根系，即可切块播种。

④温床催芽：挖宽 1m、深 50cm 的沟，沟底铺 15cm 厚的湿秸秆，上面铺 18cm 厚的马粪，再盖上 15cm 厚的细土保温，播种前 20~30 天将种薯放入沟内。种薯放入前 10 天，昼夜都加覆盖物；10 天后，当白天温度超过 1℃ 时，便可揭开覆盖物，使块茎接受阳光，经 20 天左右种薯即可发芽播种。

⑤药剂催芽：常采用"赤霉素"（九二〇）浸种催芽。先将切好的种薯洗去切面上的淀粉，然后放进 0.5~1mg·L^{-1} 的赤霉素溶液中（表 5-1）浸泡 5~10min，浸种后直播或进行砂层催芽均可。

表 4-1　　　　　　　　　　　赤霉素溶液浓度配制表

配制浓度（mg·L^{-1}）	赤霉素粉剂重量（g）	加水量（kg）
0.5	1	2000
1	1	1000
2	1	500
3	1	333
4	1	250
5	1	200
10	1	100
20	1	50
50	1	20

⑥薰蒸处理：采用混合的化学药剂兰地特薰蒸打破休眠（7 份乙烯氯乙醇 + 3 份 1，2－二氯乙烷 + 1 份四氯化碳）。种薯处理前在 18~20℃ 的高湿条件下放 5~7 天，放药量为每立方米薰蒸空间放 20 毫升，每天放 1/3，共薰蒸 3 天。药剂要装在培养皿中，培养皿中间放置棉花或纱布，药液倒在棉花或纱布上，然后迅速密封。薰蒸时温度保持在 25℃。种薯薰蒸后先通风，使气体散尽，然后保持 18~25℃ 直至发芽。

种薯催芽期间要加强管理：

①湿度　催芽过程中湿度不宜过大。盖种薯的沙子或锯末应先加水拌湿，然后撒在种薯上。不能先盖干沙子再泼水，这样会有大量的水渗到种薯上，造成湿度过大。沙子的湿度以用手握不出水为宜。催芽期间，只要沙子不是很干，一般不要浇水。如果催芽期间湿

度大，很容易导致幼芽茎部生根，这些根在播种前炼芽阶段会因失水而干缩或死掉，因而影响播种后新根的发生。

②温度　马铃薯催芽的最适温度是15℃。气温低于4℃基本上不发芽，气温高于25℃时发芽快，但幼芽较弱。

③检查　催芽期间，应每隔3~5天检查1次发芽情况。如发现烂薯，应及时将其挑出，同时将其他薯块也都扒出来晾晒一下，然后再催芽。

④绿化幼芽　马铃薯适宜的播种芽长是1.5~2cm。当芽长达到1.5~2cm时，将带芽薯块置于室内散射光下使芽变绿。幼芽变绿后，自身水分减少，变得强壮，在播种时不易被碰断，而且播种后出苗快，幼苗壮。

4. 种薯切块

切块种植能节约种薯，降低生产成本，并有打破休眠、促进发芽出苗的作用。但采用不当，极易造成病害蔓延。切块时应特别注意选用健康种薯。

①切块时间：切块时间应在播种前2~3天进行，切种过早，失水萎蔫造成减产，而且堆放时间长，容易感染细菌腐烂；切种过晚，切口尚未充分愈合，播种后易造成烂种。

②切块大小：切块的大小对抗旱保苗、培育壮苗均有一定的影响。切块过大，用种量多，不够经济；切块过小、过薄，播种后种薯容易干缩，影响早出苗，出壮苗，或造成"瞎窝"。实践证明，种薯并非越大越好，用种必须经济合理。一般要求切块重量不应低于15g，每块重量以25~30g为宜，每500g种薯可切20~25块。每个切块带1~2个芽眼，便于控制密度。切块时充分利用顶端优势，尽量带顶芽。切块应在靠近芽眼的地方下刀，以利发根。

③切块方法：一般每块重量30g左右的小薯可以纵切为两半；60g左右的种薯可纵横切开；120g左右的大薯可实行斜切。只能切成块，不能切成片，更不可削皮挖芽和去掉顶芽。切后放在通风阴凉处摊开，待切口愈合后即可播种。

④注意事项：切到病薯时应进行切刀消毒。消毒方法常用75%酒精反复擦洗切刀或用沸水加少许盐浸泡切刀8~10min，或用0.2%升汞水或3%来苏尔水浸泡切刀5~10min进行消毒。最好随切随种，也可在播种前2~3天进行，切好的薯块稍经晾晒即可播种，也可将切块拌上草木灰，使伤口尽快愈合，防止细菌感染，同时又具种肥的作用。但在盐碱地上种植时，不可用草木灰拌种。还可用滑石粉或滑石粉加4%~8%的甲基托布津均匀拌种，避免切块腐烂。当播种地块的土壤太干或太湿、太冷或太热时不宜切块。种薯的生理年龄太老，即种薯发蔫发软、薯皮发皱、发芽长于2cm时，切块易引起腐烂。夏播和秋播因温、湿度高，极易腐烂，一般不能切块。切块时注意剔除杂薯、病薯和纤细芽薯。

5. 小整薯作种

若种薯小，可采用整薯播种，能避免切刀传病，减轻青枯病、疮痂病、环腐病等病害的发病率，能最大限度地利用种薯的顶端优势和保存种薯中的养分、水分，抗旱能力强，出苗整齐健壮，生长旺盛，结薯数增加，增产幅度可达15%~20%。此外，还可节省切块用工和便于机械播种，还可利用失去商品价值的幼嫩小薯。整薯的大小，一般以20~50g健壮小整薯为宜。在北方一季作区粗放的旱田栽培条件下，整薯播种不失为一项经济有效的增产措施。

4.1.2　播种

播种是取得高产的重要环节，许多保证丰产的农艺措施都是在播种时落实的，如播种期、播种深度、垄（行）距、株（棵）距等，直接关系到种植效益的高低。

4.1.2.1　播种期

马铃薯播种期因品种、气候、栽培区域等不同而有所差异。各地气候有一定差异，农时季节也不一样，土地状况更不相同，所以马铃薯的播种时间也不能强求划一，而需要根据具体情况来确定。总的要求应该是：把握条件，不违农时。

一般情况下，确定适宜播种期应从以下几方面考虑。

1. 根据地温确定播种期

地温直接影响着种薯发芽和出苗。在北方一季作区和中原二季作区春播时，一般10cm深度的地温应稳定通过5℃，以达到6~7℃较为适宜。因为种薯经过处理，体温已达到6℃左右，幼芽已经萌动或开始伸长。如果地温低于芽块体温，不仅限制了种薯继续发芽，有时还会出现"梦生薯"，即幼芽开始伸长，但遇低温使它停止了生长，而芽块中的营养还继续供给，于是营养便被储存起来，使幼芽膨大长成小薯块，这种薯块不能再出苗，因而降低出苗率。为避免"梦生薯"现象出现，一般在当地正常春霜（晚霜）结束前25~30天播种比较适宜。

2. 根据土壤墒情确定播种期

虽然马铃薯发芽对水分要求不高，但发芽后很快进入苗期，则需要一定的水分。在高寒干旱区域，春旱经常发生，要特别注意墒情，可采取措施抢墒播种。土壤湿度过大也不利于播种，在阴湿地区和潮湿地块，湿度大，地温低，需要采取措施晾墒，如翻耕或打垄等，不要急于播种。土壤湿度以"合墒"最好，即土壤含水量为14%~16%。

3. 根据气候条件确定播种期

按照品种的生长发育特点，使块茎形成膨大期与当地雨季相吻合，同时尽量躲过当地高温期，以满足其对水分和湿度的要求。根据当地霜期来临的早晚确定播种期，以便躲过早霜和晚霜的危害。

4. 根据品种的生育期确定播种期

晚熟品种应比中熟品种早播，未催芽种薯应比催芽种薯早播。

5. 根据栽培制度确定播种期

间作套种应比单种的早播，以便缩短共生期，减少与主栽作物争水、争肥、争光的矛盾。

我国地域辽阔，地形复杂，气候条件和栽培制度不同，播种期有很大的差异。概括起来可分为春、秋、冬三种播种期。北方一季作区实行春播，一般在土壤表层10cm土温达到6~7℃时即可播种，但为了避免夏季高温对块茎形成膨大的不利影响，播种期应适当推迟。一般平原区，以5月上中旬播种为宜，高寒山区以4月中下旬播种为宜。中原二季作区实行春、秋两季播种，春马铃薯的播期宜早不宜晚，以便躲过高温的不利影响，一般2月中旬~3月中旬春种，夏季高温来临前即可收获；秋播，特别是利用刚收获不久的春薯作种时（隔季留种者可适时早播），一定要适期晚播。秋马铃薯播种过早，容易受高温多湿不利条件的影响而造成烂种；如果播种过晚，生长期不足，产量会受到影响，一般7月上旬~8月下旬秋播。华南冬作区，多在10月上旬~11月中旬播种。

4.1.2.2 播种方法

1. 播种方法

播种方法应根据各地具体情况而定，常采用的方法有以下几种。

①沟点种法

在已春耕耙糖平整好的地上，先用犁开沟，沟深10~15cm，随后按株距要求将准备好的种薯点入沟中，种薯上面再施种肥（腐熟好的有机肥料），然后再开犁覆土。种完一行后，空一犁再点种，即所谓"隔犁播种"，行距50cm左右，依次类推，最后再耙糖覆盖，或按行距要求用犁开沟点种均可。这种方法的优点是省工省力，简便易行，速度快，质量好，播种深度一致，适于大面积推广应用。

②穴点种法

在已耕翻平整好的地上，按株行距要求先划行或打线，然后用铁锹按播种深度进行挖窝点种，再施种肥、覆土。这种播种方法的优点是株、行距规格整齐，质量较好，不会倒乱上下土层。在墒情不足的情况下，采用挖窝点种有利于保墒出全苗，但人工作业比较费工费力，只适于小面积采用。

③机械播种法

国外普遍采用机械播种法，播种前先按要求调节好株、行距，再用拖拉机作为牵引动力播种，种薯一律采用整薯。机播的好处是速度快，株行距规格一致，播种深度均匀，出苗整齐，开沟、点种、覆土一次作业即可完成，省工省力，抗旱保墒。有关马铃薯机械化种植将另节叙述。

2. 播种深度

播种深度应根据土质和墒情来确定。一般来说，在土壤质地疏松和干旱条件下可播种深些，深度以12~15cm为宜。播种过浅，容易受高温和干旱影响，不利于植株的生长发育和块茎的形成膨大，影响产量和品质。在土壤质地黏重和下湿涝洼的条件下，可以适当浅播，深度以8~10cm为宜。播种过深，容易造成烂种或延长出苗期，影响全苗和壮苗。

3. 种植密度

种植密度大小应根据品种特性、生育期、地力、施肥水平和气温高低等情况决定。一般来说，早熟品种秧矮，分枝少，单株产量低，需要生活范围小，可以适当加密，缩小株距。而中、晚熟品种秧高，分枝多，叶大叶多，单株产量高，需要生活范围大，应适当放稀，加大株距。在肥地壮地，肥水充足，并且气温较高的地区和通风不好的地块上，植株相对也应稀植。如果地力较差、肥水不能保证，或是山坡薄地，种植可相对密一些。不同种植方式下种植密度见表4-2。

表4-2 不同种植方式行株距及密度

行株距（cm）	株数/hm²	适宜品种类型及栽培模式
60×20	83355	早熟品种，切块播种
60×27	61725	早熟品种整薯，中早熟切块播种
60×17	98025	植株矮小的早熟种、留用种
80×20（每垄2行）	125055	早熟种留种田
100×25（每垄2行）	80040	地膜覆盖早熟栽培

4.1.3　田间管理

在马铃薯的生长发育过程中，根据不同阶段的要求，采取有效的田间管理措施，为马铃薯创造良好的生长发育环境，促使植株形成茎秆粗壮、节间短、不徒长、叶片平展肥大、叶色浓绿有润泽、下部叶色失绿晚、不早衰、结薯早和膨大速度快的丰产长相，为创造高产提供最大的可能性。

马铃薯生育期间的各项管理，时间性很强，必须根据气候、土壤和植株生育情况，及时采取有效措施。

1. 苗前管理

春马铃薯播种后，一般须经 30 天左右才能出苗。在此期间，种薯在土壤里呼吸旺盛，需要充足的氧气供应，以利于种薯内营养物质的转化。许多地区早春温度偏低，干旱多风，土壤水分损失较大，表土易板结，杂草逐渐滋生。针对这种情况，出苗前 3~4 天浅锄或耢地可以起到疏松表土、补充氧气、减少土壤水分蒸发、提高地温和抑制杂草滋生的作用。

2. 查苗补苗

出苗后田间管理的中心任务是保证苗全、苗壮、苗齐。全苗是增产的基础，没有全苗就没有高产。马铃薯株棵大，单株生产力高，缺一株就成斤的少收，缺一片就会大量减产。所以，出苗后应首先认真做好查苗补苗工作，确保全苗。

查苗补苗应在出苗后立即进行，逐块逐垄检查，发现缺苗立即补种或补栽。补种时可挑选已发芽的薯块进行整薯播种，如遇土壤干旱时，可先铲去表层干土，然后再进行深种浅盖，以利早出苗、出全苗。为了使幼苗生长整齐一致，最好采用分苗补栽的办法，即选一穴多茎的苗，将其多余的幼苗轻轻拔起，随拔随栽。在分苗时最好能连带一小块母薯或幼根，这样容易成活。此外，分苗补栽最好能在阴天或傍晚进行，土壤湿润可不必浇水，土壤干旱时必须浇水，以提高成活率。

3. 中耕培土

马铃薯具有苗期短，生长发育快的特点。培育壮苗的管理特点是疏松土壤，提高地温，消灭杂草，防旱保墒，促进根系发育，增加结薯层次，促进块茎形成，所以中耕培土是马铃薯田间管理的一项重要措施。干旱区尤为重要。结薯层主要分布在 10~15cm 深的土层内，疏松的土层，有利于根系的生长发育和块茎的形成膨大。

（1）中耕培土的作用

①适时中耕除草可以防止"草荒"，减少土壤中水分、养分的消耗，促进薯苗生长。中耕可以疏松土壤，增强透气性，有利于根系的生长和土壤微生物的活动，促进土壤有机质分解，增加有效养分。

②在干旱情况下，浅中耕可以切断土壤毛细管，减少水分蒸发，起到防旱保墒作用；土壤水分过多时，深中耕还可以起到松土晾墒的作用。

③在块茎形成膨大期，深中耕，高培土，不但有利于块茎的形成膨大，而且还可以增加结薯层次，避免块茎暴露地面见光变质。

总之，通过合理中耕，可以有效地改变马铃薯生长发育所必需的土、肥、水、气等条件，从而为高产打下良好基础。

（2）中耕培土的方法

中耕培土的时间、次数和方法，要根据各地的栽培制度、气候和土壤条件决定。

第一次中耕：春马铃薯播种后出苗所需时间长，容易形成地面板结和杂草丛生，所以出齐苗后就应及时中耕除草。

第二次中耕：在苗高 10cm 左右时进行，这时幼苗矮小，浅锄既可以松土灭草，又不至于压苗伤根。在春季干旱多风的地区，土壤水分蒸发快，浅锄可以起到防旱保墒作用。

第三次中耕：现蕾期进行第三次中耕浅培土，以利匍匐茎的生长和块茎形成。

第四次中耕：在植株封垄前进行第四次中耕兼高培土，以利增加结薯层次，多结薯、结大薯，防止块茎暴露地面晒绿，降低食用品质。

4. 适时浇水

马铃薯整个生育期中需要有充足的水分，每形成 1kg 干物质需水量约 300kg。如土壤水分不足，会影响植株的正常生长发育，影响块茎膨大和产量。

（1）苗期需水与灌溉

马铃薯不同生育时期对水分的要求不同。从播种到出苗阶段需要水分最少，一般依靠种薯中的水分即可正常出苗；出苗至现蕾期，是马铃薯营养生长和生殖生长的关键时期，土壤水分的盈亏对产量影响显著，这时保持土壤湿润，是培育植株丰产长相的关键。如土壤过分干旱，以致幼苗生长受到抑制，将影响到后期产量，则须适当浇水，并要及时中耕松土。

（2）成株期需水与灌溉

现蕾至开花是生长最旺盛时期，叶面增长呈直线上升，叶面蒸腾量大，匍匐茎也开始膨大结薯，需水量达到最高峰，约占全生育期的 1/2。土壤水分以土壤最大持水量的 60%~75% 为宜。这时不断供给水分，不仅可以降低土壤温度，有利于块茎形成膨大，同时还可以防止次生块茎的形成。

浇水应避免大水浸灌，最好实行沟灌或小水勤浇勤灌，好处是灌水匀，用水省，进度快，便于控制水量，利于排涝。积水过多，土壤通气不良，根系呼吸困难，容易造成烂薯。收获前 5~6 天停止浇水，以利收获和减少储藏期间的病烂。

（3）秋马铃薯的灌溉

二季作地区的秋马铃薯灌溉要求与春作马铃薯全然不同。秋马铃薯播种正值高温季节，播后无雨时，每隔 3~5 天浇水 1 次，降低土温。促使薯块早出苗，出壮苗。浇后及时中耕，增加土壤透气性，避免烂薯。幼苗出土后，如天气干旱，亦应小水勤浇，保持土壤湿润，促进茎叶生长。至生育中期，气候逐渐凉爽，茎叶封垄，植株蒸腾及地面蒸发量小，可延长浇水间隔，减少浇水次数。

二季作马铃薯生育期短，发棵早，一切管理措施都要立足一个"早"字，即早播种、早查苗、早追肥、早浇水、早中耕培土，以便充分利用生育期，促苗快长，实现高产稳产。

5. 科学施肥

马铃薯是高产喜肥作物，施肥对马铃薯增产效果显著，良好的施肥技术不仅能最大限度地发挥肥效，提高产量，还能改善食用品质和增加淀粉含量。因此，必须根据马铃薯的需肥特点，采取合理的施肥技术。

在马铃薯整个生育过程中，需 K 肥最多，N 肥次之，P 肥最少。N 肥能促使茎叶繁茂，叶色深绿，增加光合作用强度，加快有机物质的积累，提高块茎中蛋白质的含量。但施用 N 肥过多，会引起植株徒长，成熟期延迟，甚至只长秧子不结薯，严重影响产量。对 P 肥需要虽少，但不能缺少，P 肥不仅能使植株发育正常，还能提高块茎的品质和耐储性。如果缺 P，植株生长细弱甚至生长停滞，块茎品质降低，食性变劣。K 肥能使马铃薯植株生育健壮，提高抗病力，促进块茎中有机物质的积累。

据研究，每生产 1000kg 薯块，约需从土壤中吸收纯 N 5kg、P 2kg、K 11kg。马铃薯在不同生育阶段所需营养物质的种类和数量也不同。发芽至出苗吸收养分不多，依靠种薯中的养分即可满足其正常生长需要，出苗到现蕾吸收的养分约占全生育期所需要养分的 1/3；从现蕾到块茎膨大期，吸收的养分很少。马铃薯对 N 的吸收较早，在块茎膨大期到达顶点；对 K 的吸收虽然较晚，但一直持续到成熟期；对 P 的吸收较慢较少。

马铃薯施肥应以有机肥为主，化肥为辅；基肥为主（应占需肥总量的 80% 左右），追肥为辅。施肥方法分基肥、种肥和追肥三种。

（1）基肥

基肥主要是有机肥料，常用的有牲畜粪、秸秆及灰土粪等常用优质农家肥。这样可以源源不断发挥肥效，满足其各生育期对肥料的需要。同时，有机肥在分解过程中，释放出大量 CO_2，有助于光合作用的进行，并能改善土壤的理化性质，培肥土壤。

基肥一般分铺施、沟施和穴施三种，基肥最好结合秋深耕施入，随后耙糖。基肥充足时，将 1/2 或 2/3 的有机肥结合秋耕施入耕作层，其余部分播种时沟施。在基肥不足的情况下，为了经济用肥和提高施肥效果，最好结合播种采用沟施和穴施的方法，开沟后先放种薯后施肥，然后再覆土耙糖。

施用基肥的数量应根据土壤肥力、肥料种类和质量、产量水平来决定。一般情况下，每 hm^2 施用量为 15~30t。有条件的地方可适当增施农家肥，这样更有利于提高产量和改善食用品质。

（2）种肥

普遍使用农家肥、化肥或农家肥与化肥混合做种肥。有机肥做种肥，必须充分腐熟细碎，顺播种沟条施或点施，然后覆土。一般每 hm^2 施腐熟的羊粪或猪粪 15~22.5t。化肥做种肥，以 N、P、K 配合施用效果最好。例如：每 hm^2 以 450kg 磷酸二铵与 75kg 尿素和 450kg 硫酸钾混合做种肥，均较单施磷酸二铵、尿素或硫酸钾增产 10% 左右。每 hm^2 用尿素 75~112.5kg，过磷酸钙 450~600kg，草木灰 375~750kg 或硫酸钾 375~450kg；或用 75kg 磷酸二铵加 75kg 尿素（或 150kg 碳酸氢铵）；或用 105kg 磷肥加 75kg 尿素（或 150kg 碳酸氢铵）做种肥，结合播种条施或点施在两块种薯之间，然后覆土盖严，均能达到投资少，收入高的经济效益。施用种肥时应拌施防治地下害虫的农药，可每 hm^2 施入 2% 甲胺磷粉 22.5~37.5kg 或呋喃丹 30kg。

（3）追肥

在施用基肥或种肥的基础上，生育期间还应根据生长情况进行追肥。据试验，同等数量的 N 肥，施种肥比追肥增产显著；追肥又以早追者效果较好，在苗期、蕾期、花期分别追施时，增产效果依次递减。所以追肥应在开花前进行，早熟品种最好在苗期追肥，中晚熟品种以蕾期前后追施较好。早追肥可弥补早期气温低，有机肥分解慢，不能满足幼苗迅速生长的缺陷。因此，早期追施化肥，可以促进植株迅速生长，形成较大的同化面积，提高群体的光合生产率。当植株进入块茎增长期，植株体内的养分即转向块茎，在不缺肥的情况下，就不必追肥，以免植株徒长，影响块茎产量。开花期以后，一般不再追施 N 肥。

追肥应结合中耕或浇水进行，一般在苗期和蕾期分次追施，中晚熟品种可以适当增加追肥次数，以满足生育后期对肥料的需求。为了达到经济合理用肥，第一次在现蕾期结合中耕培土进行，以 N 肥为主；第二次在现蕾盛期结合中耕培土进行，此时正是块茎形成膨大时期，需肥量较多，特别是需 K 肥最多，所以应以追施 K 肥为主，并酌情追施 P 肥和 N 肥。追肥主要用速效性肥料，常用硫酸铵、硝酸铵、尿素作为 N 肥，过磷酸钙作为 P 肥，硫酸钾作为 K 肥。一般每 hm^2 约需纯 N 90~105kg、P 60~75kg、K 105~150kg。根据这个标准，可按当地土壤肥力情况酌情增减施肥量。

6. 病虫害防治

马铃薯是多病害作物，非常容易受到各种病菌的侵染，发生多种病害。病害的发生与流行，不仅损坏植株茎叶，降低田间产量，在块茎储藏过程中还会直接侵染块茎，轻者降低品质，重者使块茎腐烂，造成巨大损失。

危害马铃薯的病虫害有 300 多种。马铃薯病害主要分为真菌性病害、细菌性病害和病毒病害。其中真菌病害是世界上主要的病害，几乎在马铃薯种植区都有发生。从我国各个种植区域的情况来看，发生普遍，分布广泛、危害严重的是真菌性病害的晚疫病和细菌性病害的环腐病，南方的青枯病也有日益扩大的趋势，同时由于病毒病引起的马铃薯退化问题也成为限制马铃薯产业的主要障碍。因此，病虫害的防治是马铃薯生产中保证种植效益非常重要的环节。

马铃薯的重点病害是晚疫病。对此病要依据植保部门的测报早动手用药剂防治，做到防病不见病。马铃薯的虫害防治以地下害虫为重点。对地下害虫，要在播种时施药，提前防治。有关病虫害防治的具体内容详见第 6 章马铃薯主要病虫害防治技术部分。

4.1.4 收获储藏

马铃薯收获、运输与储藏是对一年辛勤劳动和技术实施的效果检验。进行收获，要做到保时间，保质量，最大限度地降低损失，才能丰产丰收，获得最好的效益。除适时收获外，关键是在翻、拉、装、卸、运和入窖等各个环节中，尽量避免块茎损伤，减少块茎上的泥土和残枝杂物，防止日光长时间曝晒使薯皮变绿，防止雨淋和受冻。

有关收获储藏技术问题另章叙述。

4.1.5 不同生产区的特殊技术要求

马铃薯的种植技术，在各种植区内基本相同。但由于各地条件不同，每个区域都有自己的技术特殊要求。

1. 一季作区马铃薯种植的特殊要求

在一季作区，春季干旱是主要的气候特点，农谚有"十年九春旱"的说法。春天风大，气温低，春霜（晚霜）结束晚，秋霜（初霜）来得早，7、8 月份雨水较集中。因此，保墒，提高地温，争取早出苗，出全苗，便显得非常重要。一般多采用秋季深翻蓄墒、及时细耙保墒、冻前拖轧提墒、早春灌水增墒等有效办法，防旱抗旱保播种。播种时要厚盖土防冻害。苗前拖耢，早中耕培土，分次中耕培土，以提高地温。要及时打药防治晚疫病，厚培土保护块茎，减少病菌侵害和防止冻害的发生。

2. 二季作区马铃薯种植的特殊要求

马铃薯二季作区，虽然无霜期较长，有足够的生长时间，但春薯种植仍要既考虑到本茬增产早上市，又不耽误下茬农时。所以要早播种，早收获，并选择结薯早、膨大快、成熟早的品种。在马铃薯的生长期中，气温逐渐升高，降雨增加，植株容易出现疯长。因此，在发棵中后期现蕾时，可施用生长调节剂来控制地上部的生长，促进块茎的膨大。

秋薯种植使用的是春季生产的种薯，收获时间短，没完全度过休眠期。所以，必须对它进行打破休眠的处理，不然会造成出苗不齐不全、减少产量的问题。

对春季生产种薯进行打破休眠处理，可以使用在短时间内能起到解除休眠的化学药剂。目前使用效果较好的，有以下几种：

（1）赤霉素（920）打破休眠

把切好的芽块，放入 5~10ppm 浓度的赤霉素溶液中浸泡 15min，捞出后放入湿砂中，保持 20℃ 左右的温度即可。或把赤霉素（920）溶液，用喷雾器均匀地喷在芽块上，然后再放入湿砂中。

（2）硫脲打破休眠

把切好的芽块放入 1% 硫脲溶液中浸泡 1h，捞出后放入湿砂中层积；或用喷雾器均匀地喷在芽块上，然后再用湿砂层积。

（3）熏蒸法打破休眠

所用药剂为二氯乙醇、二氯乙烷和四氯化碳，将三者按 7：3：1 的容量比例，混合成熏蒸液，用以熏蒸种薯。不同品种，处理时间的长短也不同。使用这种方法打破马铃薯种薯的休眠，效果较好。

3. 南方冬作区马铃薯种植的特殊要求

种薯来源是这个区域的特殊问题。冬种后每年 2~3 月份收获，但收获的块茎不能做种。一是收获的块茎是在高温下长成，种性极差；二是天气炎热，块茎无法储藏到 11 月份再用于播种。每年必须从北方的种薯生产基地调入合格种薯，才能保证质量，达到丰产目的。

南方冬种马铃薯，大部分都是用稻田。稻田湿度较大，需要在整地时做成高畦，在高畦上播种马铃薯。有的地方土壤太粘，不宜深种，又培不上土，可以用稻草等覆盖根部，保证块茎生长，不被晒绿。

4. 西南混作区马铃薯种植的特殊要求

该区虽然有各种植区的特点，但降雨较多，湿度较大，是晚疫病、青枯病、癌肿病的易发区。必须选用抗病品种。在这个区域内，四季都有马铃薯播种和收获。

4.2　马铃薯高产栽培技术

马铃薯属于高产作物，增产潜力巨大。按其理论推算，国外报道在北纬 30~40° 的地区，全年块茎产量可达 124.8~187.2t/hm²。多国学者推算，在二季作地区，春薯产量可

达 $68.25 \sim 78t/hm^2$；秋薯产量可达 $53.46t/hm^2$。一季作地区，可达 $105.45t/hm^2$。实际单产，荷兰有 $97.5t/hm^2$ 的高产纪录，我国也有小面积单产超 $75t/hm^2$ 的纪录。由此可见，马铃薯的增产潜力远远没有发挥出来。

当前，我国马铃薯的栽培特点、提高单产的主要问题和增产途径可概括如下：温暖平原区的栽培特点是土、肥、水条件较好，管理精细，基本可满足马铃薯生长发育的要求。提高单产的主要问题是温度高、退化快、病害重、用种不保种、不能发挥良种的增产潜力。增产途径是调整播种期，躲过结薯期高温，建立留种田，防止退化、病害；合理密植，实现增株增产，运用水肥，主攻丰产长相，达到高产稳产。丘陵地区的栽培特点是旱、薄、粗，土、肥、水三个基本条件不能满足马铃薯生长发育的正常需要。提高单产的关键是改变生产条件，蓄水保墒，提高土壤肥力，解决马铃薯生长发育与土、肥、水之间的矛盾。增产途径是深耕蓄水，压糖保墒，集中施肥，小整薯播种，合理密植，实现增株增产。

现将国内有关马铃薯高产栽培的实践经验简介如下，供各地参考借鉴。

4.2.1 "一晚四深"栽培法

"一晚四深"栽培技术是山西农科院高寒生物所试验推广的大面积增产综合栽培技术，也是在现有水肥条件基础上提高单产的有效措施。大量的生产实践证明，在同样水肥条件下，采用"一晚四深"栽培技术比常规栽培方法一般可增产 $30\% \sim 50\%$，有的甚至成倍增产。所谓"一晚四深"，一晚就是适期晚播，四深就是秋深耕，春深种，苗期深锄和碳铵深施。

1. 适期晚播

根据马铃薯结薯期对温度、水分的要求以及对生育期要求不严格的特点，适当推迟播种期，可使其躲过结薯期的高温，并与当地雨季相吻合，从而为块茎的膨大创造了适宜的水、温条件。

2. 秋深耕

马铃薯属于深耕作物。秋季深耕，增加活土层，蓄水蓄肥。一般深度 30cm 左右，不仅接纳秋冬雨水，春播抗旱保苗，秋雨春用，而且深耕上虚下实，肥水充足，为马铃薯根系生长和块茎膨大创造一个良好的环境条件。深耕使土壤疏松，便于根系的生长发育和块茎的形成膨大，同时还可以消灭杂草和保蓄水分。因此，深耕是马铃薯增产的重要条件之一。一般深耕以 $23 \sim 25cm$ 为宜，有条件的地方还可深翻到 33cm，并结合深耕进行施肥。

3. 春深种

深种有利于匍匐茎的形成和结薯层次，同时还可以防止匍匐茎和块茎暴露地面而减产。干旱情况下深种可以起到保墒播种保全苗的作用。播种深度要根据土质和墒情来决定，在干旱和土质疏松的情况下可以播种深些，约 $10 \sim 12cm$；在涝湿和土壤黏重的情况下，应播种浅些，以 $8 \sim 10cm$ 为宜。

4. 苗期深锄

深锄可以起到疏松土壤、消灭杂草、防旱、保墒、提高地温和促苗早发的作用。一般应在刚出齐苗，叶片还没有展开前进行深锄。

5. 碳铵深施

据试验报道，碳铵深施可以防止 N 素挥发，提高肥料利用率。方法是结合秋深耕将肥料翻入土壤底层，这样可以起到延长供肥时间，满足全生育过程对 N 素需求的作用。

4.2.2　"抱窝"栽培法

"抱窝"栽培是辽宁省原旅大市农科所试验成功的一项高产栽培技术。所谓"抱窝"就是根据马铃薯的腋芽在适合的土壤条件下都有可能转化成匍匐茎、膨大结薯的特性，在栽培技术上采用整薯育苗、深播浅覆土、分层培土、及时浇水，适期晚收措施，促使其增加结薯层次，达到高产。

"抱窝"栽培一般产量 $30 \sim 60t/hm^2$，最高达 $79.5t/hm^2$，单株产量 $1 \sim 2kg$，最高达 6.1kg，比一般切块直播的产量增加 1 倍以上。

1. 增产原因

"抱窝"马铃薯主要是从栽培措施上创造有利条件，充分发挥单株增产潜力，促使多层结薯，达到单株增产，进而保证群体高产。

（1）地下茎节增多

马铃薯植株的每个腋芽都有两重性，地上茎的腋芽在光照等条件下长成茎叶，地下茎的腋芽则在土壤中遮光等条件下发育成匍匐茎，尖端膨大，积累养分形成块茎。"抱窝"的马铃薯，用整薯培育短壮芽，养分集中，节间短缩密集，定植后地下茎节较多。据观察，地下茎节一般有 $4 \sim 5$ 个，匍匐茎 10 余个，最多的茎节达 10 多个，匍匐茎达 30 个以上。

（2）培育短壮芽

"抱窝"马铃薯提早 1 个多月培育短壮芽（育大芽），并且适期早播，在日照较短，温度较低的条件下，有利于地下茎节较多地分化形成匍匐茎。在苗床中育大芽时，有的已经长出小块茎，由于块茎的细胞可以一直分裂和膨大，如能仔细操作，这些小块茎能够继续膨大，从而提高产量。

（3）结薯增多

"抱窝"马铃薯用整薯培育短壮芽，能够充分发挥种薯的营养，具有顶端优势，播种后发育成较多的主茎，每根主茎的地下茎节都有可能形成较多的匍匐茎而结薯，一般每株有 $3 \sim 4$ 个主茎，结薯 $20 \sim 30$ 个，最多的达 100 个以上。

（4）结薯层次增加

"抱窝"马铃薯播种后，由于多次培土，既能保持相对稳定而较低的土壤温度及适宜的湿度，满足下层块茎膨大的需要，又可以随着短壮芽逐渐伸长，相应的给予分次培土，促进地下茎节产生较多的匍匐茎，增加结薯层，层层上升，结薯成"窝"。

马铃薯"抱窝"栽培是小面积上摸索出来的高产技术。它需要精细的管理和较高的栽培条件，适于在人多地少的地方推广应用。

2. 技术要点

（1）选用良种，精选种薯

用于"抱窝"的马铃薯品种应选择增产潜力大、适销对路的中熟或中晚熟高产品种，同时还应利用健康的脱毒种薯，充分发挥"抱窝"综合栽培技术的潜力，获得高产。

（2）散光处理，培育壮芽

将度过了休眠期、要催芽的种薯，平铺于垫板上 2~3 层，在散射光下，保持室温 20℃。当芽眼萌动时，经常轻轻翻动，使种薯受光均匀、发芽整齐，使所有种薯都能催出短壮芽。短壮芽早期分化根点播种后接触到湿润的土壤，会很快伸长、发育成根系，吸收水分和养分，这是培育壮苗的基础。壮苗节间短而节多，经过多次培土，能够形成较多的匍匐茎，达到多层结薯。

（3）适时早播，合理密植

"抱窝"马铃薯由于提前培育短壮芽或育大芽，或育出短壮苗，应早播或移栽，增加生育日数，获得高产。适时早播有两种情况，如育苗移栽，应在当地晚霜过后；如播种有短壮芽的种薯，其播种期应在幼苗出土后、不致遭受晚霜危害的前提下，尽量争取早播。

"抱窝"马铃薯一般多选用中熟或中晚熟丰产品种，其增产潜力大，需要合理密植，充分发挥单株增产潜力，协调好个体与群体的生长，达到群体高产。一般中熟品种的密度控制在 60000~75000 株/hm^2。

（4）深播（或栽苗）浅覆，及时中耕

利用有短壮芽的种薯直播或育大芽移栽，都不要碰断幼芽和损伤根系。播种前先浇底水，提供根系发育所需的水分；播种时要深开沟、浅覆土，覆土应盖过芽 3cm 左右。

"抱窝"马铃薯，由于早播早栽，必须加强管理，早春地温较低，出苗后，要及时中耕，疏松土壤，提高地温，促根壮苗。

（5）分次培土、多层结薯

植株开始生长时，结合中耕进行第一次培土，厚 3cm 左右；隔 7~15 天，第二次培土厚 6cm 左右；再隔 7~15 天，第三次培土，厚 10cm 左右。培土时如土壤干旱，应先浇水、后培土，使垄内有适宜的湿度，促进匍匐茎的形成，在封垄前必须完成最后一次培土。

（6）及时浇水，适时晚收

马铃薯茎叶含水分 85% 以上，块茎含水分 75% 以上，任何生育阶段缺水都会影响马铃薯的产量，特别在块茎膨大期，保证水分供给，可成倍增产。在生育前期，如土壤不旱时，可加强中耕培土，控制浇水，有利于根系发育，且可避免植株徒长。进入结薯期后，植株不能缺水，根据天气情况，约 5~7 天浇水 1 次。收获前 10 天停止浇水，以利于薯皮木栓化和收获。①

4.2.3 间套作栽培法

由于马铃薯具有株矮、早熟、喜冷凉、在地下生长、须根系等特点，成为较广泛的间、套种作物。它可与高秆作物搭配，用光互补；也可与晚熟作物搭配，错开播期，减少共生期；还可与地上结实作物搭配，不同它争营养面积和空间等。我国农民在生产实践中利用这一规律，创造出多种多样的马铃薯与其他作物的间套种形式，在充分利用土地、增加复种面积，提高产量和产值，提高经济效益方面，发挥了很大作用。

1. 间套作的概念

间作是指在同一块田地同一生长期内，马铃薯与其他作物分行或分带相间种植的模式。所谓分带是指两种间作作物成多行或占一定幅度的相间种植，形成带状间作，如 2 垄

---

① 王炳君．脱毒马铃薯高效栽培技术［M］．郑州：河南科学技术出版社，2001：8.

马铃薯与 4 行玉米间作，2 垄马铃薯与 4 行棉花间作，多垄马铃薯与幼龄果树间作等。带状间作有利于分别进行田间管理。

套种是指在前季作物生长的适宜时期，于其株行间播种或移栽后季作物的种植方法，如马铃薯生长中期每隔 2 垄马铃薯于其行间套种 2 行或 3 行玉米，或套种 2 行棉花。与单作相比，它不仅能在作物共生期间充分利用空间，同时能延长后作对生长季节的利用，提高复种指数，提高年总产量和效益。

有些时候，以马铃薯为主的间作或套种是不能截然分开的，由于马铃薯可在较低温度下发芽、出苗，一般是先播种马铃薯，马铃薯出苗后，在马铃薯的宽行中播种棉花，开始时是在马铃薯行间套种棉花，棉花出苗后，形成了马铃薯与棉花的间作方式。

间作和套种的两种作物都有共生期，所不同的是，间作共生期长，套种共生期较短，每种作物的共生期都不应超过其全生育期的 1/2。

2. 间作套种的效益

作物的间作套种搭配合理时，比单作更具有增产、增效的优势。从利用自然资源来说，一般的单作对土地和光能都没有充分利用。间作套种在一块地中构成的复合群体，能充分利用光能和地力，提高单位面积的产量和效益。马铃薯具有喜冷凉、生育期短、早熟的特点，可与粮、棉、菜、果等多种作物间作套种，在保证其他主要作物不少收的前提下，可多收一季马铃薯。马铃薯与其他作物间作套种有如下多方面的作用和优势：

（1）提高光能和土地的利用率；

（2）充分发挥边际效应（边行优势）；

（3）发挥地力、肥培地力；

（4）减轻病虫害的发生；

（5）错开农时、调节劳力；

（6）增加收获指数。

另外，在坡地利用马铃薯顺着等高线与玉米进行条带式间套栽培，可保持水土，减缓土壤冲刷，减少水肥流失。

3. 间作套种的基本原则

马铃薯与其他作物实行间套种时，在栽培技术措施不当的情况下，必然会发生作物之间彼此争光和争水肥的矛盾，以及相互间发生对水肥需要的冲突。诸因素中光是作物进行光合作用的能源，属于宇宙因素，人们无法直接左右，只有通过栽培技术来使作物适应。所以间作套种的各项技术措施，首先须围绕解决间套作物之间的争光矛盾进行考虑和设计。总之，马铃薯间套作进行过程中的各项技术措施，必须根据当地气候土壤条件、间套作物生态特征和生育规律等全面考虑制定。要点是处理好间套作物群体中光照、水肥、土壤等因素，使能符合或满足间套作物产量形成的要求。

（1）田间结构的确定

合理的田间群体结构才能充分发挥复合群体利用自然资源的优势，解决间套作物之间的争光、争水、争肥等一系列矛盾。只有田间结构合理，才能既增加群体密度，又有较好的通风、透光条件，充分发挥栽培措施的作用。

合理的田间群体结构包括以下几个方面。

①密度。提高种植密度，增加见光叶面指数是马铃薯与其他作物间作套种的中心环

节。在生产运用中，马铃薯与其他间套作物的密度要结合生产目的和土壤肥力、水肥条件确定。间作套种应以主要作物为主，其密度应不少于单作，不影响主作物的产量。如马铃薯与棉花间作套种，棉花是主作物，首先应保证棉花的密度与产量不比纯作的低，而马铃薯只是利用棉花未播种之前和幼苗生长阶段的土地，待棉花进入旺长阶段，马铃薯已经收获。

②行数、行株距和幅宽。一般间套种作物的行数可用行数比表示，如 2 垄马铃薯与 3 行玉米间作套种，其行数比为 2：3。行距和株距是间、套种作物的密度，应使两种作物配合好，才能取得双高产。

间作套种作物的行数应根据主作物的计划产量和边际效应确定，如马铃薯与玉米间、套种，玉米为主作物，则玉米的行数应当增加，但考虑到边际效应，马铃薯与玉米的行比以 2：3 或 2：4 较适宜。

幅宽是指间套作中每种作物的两个边行间距的宽度。

③间距。间距是指相邻作物的距离。间距过小，加剧两种间套种作物争夺生长条件的矛盾；间距过大，则减少了作物行数，应根据不同作物合理布局。马铃薯与玉米间套种，或与棉花间套种，由于马铃薯可早于玉米、棉花 30~40 天播种，马铃薯根系较浅，玉米、棉花根系深，因此在协调利用土壤养分、光能方面都有互补性。

④带宽（总播幅宽）。带宽是指两种间、套作物的总播幅宽，带宽是作物间套作的基本单元，包括两种间套作物的幅宽和间距。

⑤高度差。间、套种两种作物若有适当的高度差，可以增加受光面积，经济利用光能。早熟马铃薯为矮秆作物，与其他高秆作物进行间套种，可提高对光能的利用率。

（2）搭配原则

马铃薯与其他作物间作套种的搭配，应尽量使搭配作物的生长不受限制。

①高秆作物与矮秆作物进行间作套种。任何单作群体的株型、植株高度、根系分布都一样，要增加密度和叶面积指数很困难。早熟马铃薯的植株较矮，一般为 50~60cm，与高秆的玉米或棉花间作套种，显著提高间作套种复合群体的密度和叶面积指数，这与单作相比，提高了光能的利用率，充分发挥边际效应。

另外，单一作物的群体在生长前期和后期叶面积都较小，当薯棉间作套种时，马铃薯3 月上旬播种，4 月上旬已出苗生长，有了一定的叶面积，提高了光能利用率。

②喜温作物与喜冷凉作物间作套种。马铃薯喜冷凉气候，发芽出苗需要的温度较低（12℃左右），因此可早于玉米、棉花等喜温作物 30~40 天播种，充分利用土地和光能。

③早熟与晚熟作物间作套种。马铃薯早熟品种的生育期从出苗到收获仅有 60 天左右，马铃薯与玉米间作套种，马铃薯收获后，玉米开始拔节、进入生长旺季，对主要作物玉米的影响不大。马铃薯与棉花间作套种时，棉花幼苗生长缓慢，马铃薯能为棉花的幼苗挡风，直至马铃薯收获后，棉花才进入生长旺季。上述两种间套模式，作物的共生期都较短，相互影响很小。

④深根作物与浅根作物间作套种。马铃薯的大部分根系分布在土壤表层 30cm 处，与玉米、棉花等深根作物间套作，可充分利用土壤中不同层次的养分，达到间套作物的双高产。

（3）布局原则

布局是指作物在地面空间的配置，设计时首先应考虑使作物间争光的矛盾减少到最低限度，而单位面积上对光能的利用率则达到最大限度，其次应考虑到有利于马铃薯的培土，便利田间管理，减少或不导致作物间的需水冲突，通风流畅，以利 CO_2 流动供应，合理利用土壤养分，方便收获等。

间套作物的配置方式，还应保证间套作物的密度相当于或等于单作时的密度，以及有利于提早间套作物的播种期，而又不至于过度地延长共生期，使间套作物尽早占据地面空间，形成一个能够充分利用光热水肥气并具有强大光合生产率的复合群体。在马铃薯垄沟中直接套种玉米的配置方式，就不符合上述布局原则。因为这种间套模式因玉米播种过晚使植株穿不出马铃薯冠层，玉米因此受到遮阴影响，或因玉米播种过早使植株过早地穿出马铃薯冠层，而使马铃薯遭受遮阴影响。采取玉米宽幅双窄行与多行马铃薯间套的模式，则可不受播种期的限制，并能缓解两作物间遮阴的影响。同时也便于中耕培土、浇水施肥、收获等田间作业，对玉米则可获得最佳边际效应。

玉米进行宽幅套种时，必将影响单位面积上玉米的株数，幅距越宽影响越大。为保证玉米株数，可通过增多小行数和小行内株数来解决。这样在种植玉米的小条带内，玉米是处在高密度的条件下。在这种情况下，如果条带内玉米之间的株势悬殊，则会引起株间竞争而导致玉米减产。因此，必须从土壤耕作、种子大小、播种深度、匀苗等方面做到使玉米株势均匀一致，才能避免或减轻株间竞争。

高矮作物如玉米与马铃薯的复合群体受遮阴影响的主要是矮秆作物，高矮两作物之间的株高差越大，则高秆作物种植行对矮生作物冠层面的投影长度越长。冠层面的投影长度取决于太阳高度和太阳方位角，以及种植行的方向。不同的纬度和季节及一天中不同时间，太阳高度和太阳方位角随时都有变化，从而冠层面的投影长度也在不断变化。因此，在高矮的套作中，要掌握高矮作物的需光强度，做出合理的安排，为两作物的生长创造有利的条件，使间套作发挥出最大的优势。

（4）发挥马铃薯的生物学优势

马铃薯的生物学优势是早熟、光合效率高、增产潜力大。因此，在马铃薯与其他作物间作套种时，要充分发挥马铃薯的早熟和丰产特性，缩短共生期，为与马铃薯间套的作物创造更好的生长条件，提高单产和效益。通过以下多种栽培措施，发挥马铃薯的早熟丰产的特性。

①选用早熟、高产和植株较矮的品种，同时利用其优质脱毒种薯，充分发挥品种的增产潜力。

②进行种薯催芽处理，适期早播和覆盖地膜，促使马铃薯早出苗、早发棵、早结薯，缩短生育期，协调好间套作物的生长和产量。

③配方施肥、促控结合，控制马铃薯的营养生长，尽快进入结薯期，及早收获，为间套作物提供良好的生育空间。

4. 间作套种模式

马铃薯是非常适宜间作套种的作物，内容丰富，并在继续发展中。现仅举一些行之有效的实用模式。

（1）薯粮间作套种

马铃薯与玉米间作套种、玉米套种秋马铃薯等，种植方式及田间管理简便，群众易于掌握。

①间套形式：粮薯间套种应用最普遍的是马铃薯和玉米间套，也有马铃薯与小麦间套的。马铃薯与玉米的行比是 1:1 或 1:2，也有采用宽窄行双行套种的，即 1 行马铃薯、两行玉米；马铃薯的行距是 133cm，株距 17~20cm，行间套种双行玉米；玉米的小行距 50cm 左右，大行距 83~85cm，株距 35~38cm。马铃薯 37500~42000 株/hm²，玉米 37500~45000 株/hm²。为了减少相互影响，实现粮薯双丰收，马铃薯应选择早熟、分枝少、株型矮小而直立的品种，以缩短共生期。

②建立留种制度：实现马铃薯高产，必须实行"三种"，即留种、保种和选种。大田生产所用种薯都是来自上年留种田收获的薯块，留种田马铃薯生长期间严格进行拔杂去劣，选择具有本品种特征，长势好，无病虫危害，生长整齐的植株收获留种，切种前要对种薯进行精选，选薯皮光滑幼嫩，无病虫危害的薯块作种。

③选用高产良种：经试验示范，确定以适应性强、产量高、抗病毒、休眠期短、适宜春秋二季作种植的品种为当地高产良种。

④延长生长时间：为了满足良种对生育期的要求，采取生育期向两头延伸的措施，春薯提前不推后，秋薯推后不提前。即春薯要尽量做到早催芽，早播种，早出苗，赶前不推后；秋薯要做到适当延迟收获期，推后不提前。这样达到充分利用当地生长季节，延长生产时间，提高产量的目的。

⑤创造良好的土肥水条件：秋深耕 25~30cm，施优质有机肥料 75000t/hm² 以上，结合秋深耕一次施入。生育期间及时进行中耕培土，追施化肥，勤浇水，以促进植株生长发育健壮，为块茎形成膨大、多结薯、结大薯创造良好的条件。

⑥协调好共生期：为了最大限度地利用光能和地力，减少玉米和马铃薯相互争光、争肥、争水的矛盾，要尽量缩短共生期，掌握前期促进马铃薯生长，实行玉米蹲苗的管理措施。采取早春催芽、提早播种、薄膜覆盖等促进早出苗、早发棵、早结薯的有效方法，一般可提早出苗 7~10 天，增产 30%以上。

（2）薯棉间作套种

棉花是喜温作物，播种期较晚，苗期生长缓慢，棉田暴露面积大。实行棉薯间套种有利于充分利用生长季节、光能和地力。马铃薯根系浅，可吸收上层土壤中的水分和养分；棉花根系深，主要吸收深层土壤中的水分和养分。实行棉薯间套种，既能扩大根系的吸收范围，充分发挥土壤中养分和水分的作用，又能使马铃薯向粮棉区发展，解决二季作区马铃薯与粮棉争地的矛盾。马铃薯与棉花间作套种是广大棉区推广的一种高效模式，利用此模式棉花不少收，还多收一季马铃薯。

①间套形式：一种形式是一行马铃薯两行棉花。马铃薯行距 133~140cm，株距 17cm，密度 45000 株/hm² 左右。于 4 月中旬在马铃薯行间套种两行棉花，株距 23~33cm，密度 45000~60000 株/hm²。另一种形式是两行马铃薯套种两行棉花。以 160cm 为一播种带，即马铃薯大行距 133cm，小行距 27cm，株距 17cm 左右。在马铃薯大垄背上套种两行棉花，36000 株/hm² 左右。

②选用良种：马铃薯选用生长期短、株矮小、分枝少、茎秆直立、结薯集中的品种。棉花应选用当地大面积推广的主栽品种，确保主栽作物（棉花）的产量不受影响。

③适时播种：一般马铃薯可比棉花早播种 30 天左右，马铃薯齐苗后播种棉花，马铃

薯收获后棉花才进入生长盛期。在种薯催好芽的基础上，芽栽时要有足够的底墒，以便减少缓苗期，提高成活率。秋薯要适当深栽（10~16cm），避免高温烧芽烂种。

④精细管理：为了缩短棉薯共生期，促进马铃薯早熟，在管理上要突出一个"早"字，即早催芽、早播种、早中耕培土、早追肥浇水、早防治病虫。后期如遇徒长，可喷打矮壮素抑制生长。

（3）双薯间作套种

双薯栽培，即利用马铃薯植株小、生育期短、喜冷凉气候的特点，于立春前后在准备栽培甘薯的垄背上种马铃薯，在马铃薯收获前 30~40 天再栽春甘薯。

①深翻地：前茬秋作物收获后，早灭茬耕翻，并犁成假垄，次年春破假垄施肥扶成真垄种植。破假垄前每 hm² 施农家肥 750 担，菜子饼 375~525kg，复合肥 1125~1500kg。以上肥料混合后 2/3 施于垄沟底，另 1/3 在扶垄前施于垄中。

②选种催芽：选用早熟高产品种。早春将马铃薯放到温暖有光处晒种，使种皮发绿，芽变粗壮再切种、催芽，将切块芽眼向上排列 2~3 层，上盖湿砂土，覆盖草帘，早揭晚盖。待芽长 1cm 左右，取出切块，见光绿化后即可播种。

③适时早播：断霜齐苗是高产的关键，覆膜种植以 2 月下旬播种为宜；露地种植推迟 10 天下种，4 月下旬栽甘薯，以 5~7 节壮秧为好。

④合理密植：采用高垄双行或小垄单行种植，高垄双行行距为 1.2m，两坡中段种马铃薯，株距 0.2m，密度 82500 株/hm²；在宽 0.4m 垄背上，栽两行甘薯苗，株距 0.23m，密度 60000 株/hm²。单行小高垄种植，垄距 0.6m，在小垄一侧或垄底种马铃薯，株距与密度同上。

⑤及时管理：马铃薯齐苗后，甘薯栽秧后 20~30 天，分别追施提苗肥，施碳铵 100~225kg/hm²，甘薯缓苗后，及时摘心，有利于促进早发苗。双薯结薯期分别喷施磷酸二氢钾（0.2%浓度）1~2 次，每次相隔 10 天左右。马铃薯齐苗后和现蕾期两次培土。

4.2.4 二季作栽培法

所谓二季栽培，实际上就是一年种二季，即春季收获下来的马铃薯在当年再种一次。将第二季收获的马铃薯留到第二年春天作种，这种栽培制度，习惯上称二季栽培。

我国幅员广阔，气候差异很大，因此，第二季的播期颇不一致，有的为秋播，有的是夏播，也有的冬播，但其共同特点都是选择当地冷凉季节种第二季。下文讨论秋播二季作栽培技术要点。

1. 春薯栽培要点

二季作春马铃薯生产是初夏供应市场淡季蔬菜的重要来源。早春播种一般雨水少，需要有灌溉条件，同时北部地区早春土壤解冻晚，需要加盖地膜和加强田间管理。主要技术措施有以下几点：

（1）早播早收

早播早收是种好春季马铃薯的一条重要经验。马铃薯喜欢冷凉气候条件，早播早收能满足这一条件，使其丰产不退化。早播必须对种薯催大芽，以便播种后早发棵，早结薯。土壤解冻后应立即灌水、施肥、整地，争取早播种。同时结合播种覆盖地膜，提高土壤表层温度，既可防止种薯产生子块茎，影响出苗率，又可保持土壤湿度，有利幼苗早出土。

试验表明，加盖地膜一般收获期可提前 10~15 天。

（2）种薯催芽

利用二季作自留的种薯与春播种薯不同，由于秋季收后到春季播种前这段时间较短，到播种时种薯往往还未度过休眠期。这样的种薯，如果不加处理直接播种，就会产生出苗晚，出苗不齐的现象，影响产量。因此在播种前必须进行催芽。催芽的方法很多，已在有关章节作了讨论，不再赘述。

（3）田间管理

马铃薯产量与水肥条件直接相关，应尽量创造良好的水肥条件。广大农民对二季作马铃薯水肥管理的经验是"管前胜管后，管小胜管老"。因为二季作所用的品种都是早熟或中早熟品种，生育期短，要在短生育期内获得高产，抓紧苗期、前期的水肥管理非常关键。早管理，早催秧，就可以早结薯、结大薯，保证稳产高产。

2. 秋薯栽培要点

（1）切块催芽

当年春播收下的种薯，到秋播时只有 20~30 天的时间，此时种薯正处于休眠状态，因此破除休眠期，使其早发芽是二季秋播的关键问题。

切种的方法沿顶芽向下纵切成块，如果薯块大，再按芽眼横切。横切时刀口要贴近芽眼，因为空气是通过切口进入薯块内部的，切口离芽眼越近，越容易打破休眠，催芽的速度就越快。

切好的薯块，要首先放在清水中冲洗，随切随洗。冲洗后的薯块，再用 0.5~1mg/L 的赤霉素溶液浸泡 5~10min，晾干后再进行催芽。先将浸泡后的薯块与湿砂拌匀堆在一起，然后再盖上湿润的草帘，一般经 4~5 天就可出芽播种。

（2）防止烂种

高温高湿是造成烂种的主要原因，防止烂种保全苗是秋薯丰产的前提。解决烂种的方法是：

①适期晚播：以北京为例，7、8 月份正是北京高温多雨的季节，如果 6 月下旬收获春薯立即催芽播种，正好遇上高温多雨的时期，因此必须进行适期晚播。根据北京的具体条件。在 7 月下旬~8 月初秋播为宜。

②起垄种植：为防止田间积水"泡汤"，除选择排涝性能好的沙土地种植秋薯外，一般多采用起垄种植的办法，其好处是涝能排，旱能浇，旱涝保收。

③小水勤浇：这是广大农民解决烂种缺苗的宝贵经验，不仅有效地解决了积水与需水的矛盾，而且还可以降低田间温度，为秋马铃薯全苗高产提供了经验。

（3）合理密植

密植不仅可以充分利用阳光和地力，而且还可以降低地温保持湿度，因此密植是获得高产的基本条件。根据春薯宜稀秋薯宜密的原则，春薯 75000~90000 株/hm² 为宜，秋薯 90000~105000 株/hm² 较为适宜。

（4）加强管理

秋薯的田间管理要抓紧、赶前，早中耕、早追肥、早培土、早浇水、早防治病虫害。

4.2.5　稻后冬种栽培法

1. 选用良种整薯播种

马铃薯选用抗病高产品种，并采用 25~70g 的健壮整薯播种。小整薯播种可以防止病毒、病菌借切刀传染，发挥顶端优势，提高单株产量。同时还具有抗旱保全苗的作用，便于机械化播种。

2. 适期播种

我国南方和东南沿海一带，可进行春、秋二季作，也可以实行一年三作，双季稻收获后，可进行马铃薯冬季栽培生产，于 11 月播种，翌年 2 月~3 月收获，一般产量可达 18~22.5t/hm^2。

3. 合理密植

马铃薯冬种宜密不宜稀，种植密度 97500~105000 株/hm^2，采用 25g 左右的小整薯播种，用种量 1875~1950kg/hm^2。种植方式采用高垄双行，垄距 80cm，株距 20~30cm，种薯采用三角形排放。

4. 施足基肥

马铃薯是高产作物，需肥较多，每 hm^2 施用农家肥 30t、P 肥 450kg，混合后，结合耕地作基肥施入。在施用基肥的基础上，生育期间还应根据生长情况进行追肥。据试验，同等数量的 N 肥，在苗期、蕾期、花期分别追施时，增产效果依次递减。所以追肥一般应在开花以前进行，早熟品种最好在苗期追施，中晚熟品种以现蕾期追施较好。早追肥可弥补早期气温低，有机肥分解慢，不能满足幼苗迅速生长的缺陷。

5. 加强管理

马铃薯齐苗后进行中耕除草，20cm 左右进行培土扶垄。干旱季节，应采用小水勤浇；多雨季节，应做好清沟排水工作。同时要加强病虫害的防治，确保丰产丰收。

6. 稻田免耕稻草覆盖栽培马铃薯技术

马铃薯免耕稻草覆盖栽培是在水稻收获后，稻田未经翻耕犁耙，直接开沟成畦，将薯种摆放在土面上，并用稻草覆盖，配合适当的施肥与管理措施，直至收获的一项轻型高效栽培技术。高产栽培技术要点如下：

（1）种植季节

免耕稻草覆盖种植的马铃薯适宜与晚稻接茬进行冬种。种植时间应在割完晚稻后进行，10 月中下旬至 12 月上旬为适宜种植期。过早气温太高，过迟影响次年耕种。关键是避开高温和霜冻。

（2）选地

应选择水源充足、排灌方便、土壤深厚、保水保肥和中等肥力以上的轻质壤土田免耕种植马铃薯，切忌在涝洼地种植。前作以水稻等禾本科作物为好，前作为番茄、烟草、茄子、辣椒等茄科作物或块根作物的地块不宜种植马铃薯。晚稻收获后的冬闲稻田是较为理想的选择。

（3）品种选择

马铃薯是无性繁殖作物，由于病毒在体内积累容易引起种薯退化。因此，应推广使用优质脱毒一级、二级种薯，避免使用带病种薯和商品薯种。品种选择应根据当地生产条件和市场的需求，选择适销对路的高产、优质、抗病品种。目前，在种植区表现较好的品种主要有：会顺 2 号、合作 88、K3 紫花、大西洋、费乌瑞它、思薯 1 号、东农 303、克新四号、中薯 3 号等。

（4）种薯处理

①切块

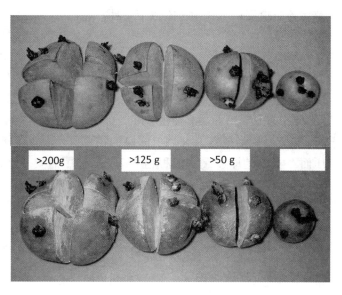

图 4-1　种薯切块图

一般选用 20~30g 小种薯整薯播种效果较好。大薯种应切块种植，每个切块至少要有一个健壮的芽，切口距芽 1cm 以上，切块形状以四面体为好，避免切成片。种薯切块在种植前 10 天进行，125g 以上的中薯：从中部横切下，顶端部分纵切为 2~4 块，每个切块具有1~2 个芽眼，并且都连接有顶端部位。脐部切 2~3 块。200g 左右的大薯：横一刀、纵一刀，即分四块。50g 左右的小薯：纵一刀，分两块。50g 以下小薯：在顶部切下 0.6~0.8cm即可，不要完全切开。切薯时要求纵切，薯块不小于 25g，有 2 个以上芽眼，确保每个种薯切块都能长出健壮的芽。切薯时准备 2~3 把切刀，置于 75% 的酒精或 5% 的高锰酸钾溶液中浸泡消毒，每隔一段时间轮换一把，遇病、烂薯应将其剔除，同时更换切刀，防止病菌接触感染。

②消毒

薯种切后应及时用井水或自来水冲洗 2~3 次，捞出晾干后放在干净的地上，然后用链霉素 150~200mg/kg 或多菌灵 600~800 倍液喷雾消毒，喷湿即可。也可用自配消毒剂拌种薯消毒，即用 1000g 双飞粉 + 20g 甲基托布津 + 20g 多菌灵 + 1g 新植霉素拌种薯 100kg。喷施药液或拌种后放置于通风见光处晾晒半日后进行沙床催芽。

③催芽

播种前要进行催芽，以带 1cm 左右长的壮芽播种为佳。催芽在室内干燥、通风处进行：先将切好消毒过的薯块密集平铺于经过消毒的地面，用清洁无污染的湿河沙覆盖，河沙厚度 3cm。然后在河沙上密集铺放第二层小块茎，再在其上铺盖河沙。如此一层小薯块一层湿河沙铺放 2~3 层，铺好后用麻袋或稻草盖好。经 3~8 天后，当大部分薯块萌发出芽（芽长出一粒花生仁大小）便可播种，播种前适当晾种练芽（芽变紫色为度），然后根据芽的长短、粗壮程度进行分级播种。催芽过程中，要经常检查河沙湿润度，太干要及时喷水，切忌底部积水。

（5）播种

马铃薯免耕稻草覆盖栽培播种方式主要有以下三种：

①摆种后直接覆盖稻草

稻田免耕，开好丰产沟（排灌沟），沟宽 30cm，深 15cm，畦宽（包沟）150~180cm。挖出的土均匀撒放在畦面上，使畦面微呈弓背形，避免积水。每畦播 4~5 行，宽窄行种植，中间为宽行，大行距 30~35cm，两边为窄行，小行距 20~25cm，株距 20~25cm，畦边各留 20cm。按"品"字形摆种，每 667m^2 种植 5500~6500 株。将种薯放在土面上并轻压入泥，芽眼接近土面，施肥后均匀地盖上 8~10cm 厚的稻草（不是将稻草压实后的厚度，而是"轻轻拍实，压而不实"的厚度。一般种植 667m^2 马铃薯需要 3×667m^2 田的稻草）。稻草应铺满整个畦面不留空，否则降低保温保湿作用，薯块易现青泛绿，绿薯率高，商品率及商品质量下降。

②埋种后盖稻草

播种时通过直接摆种或浅挖洞埋种薯，然后盖 2~3cm 厚土，使种薯埋入土中，其他与上法相同。

③播种后盖稻草再加盖沟泥

稻田免耕，预先留好丰产沟（排灌沟），沟宽 30cm，深 20cm，畦宽（包沟）100cm（畦太大不便覆土），沟土留作覆盖稻草用。每畦播 2 行，按行距 0.3m，株距 0.25m 的规格"品"字形双行埋种、摆种，每 667m^2 种植 5000 株左右。施肥后均匀地盖上 8~10cm 左右厚度的稻草。最后开挖丰产沟（排灌沟），并将挖出的泥土直接覆盖在稻草上，盖土厚度 5~8cm 为宜。此种播种方式兼顾了常耕和免耕稻草覆盖栽培的优点，同时，还可克服因为稻草不足而无法进行免耕稻草覆盖栽培的缺点，也有利于降低绿薯率。

根据稻田肥力和产量要求在盖稻草前一次性施足基肥，一般不追肥。一般 667m^2 施优质农家肥 1000~1500kg，三元硫酸钾复合肥 60~100kg。腐熟的厩肥作基肥，可适当兑土在播种时直接分放在种薯上。复合肥应放在两株种薯的中间，也可放在种薯附近但需保持 5cm 以上的距离，不能与种薯直接接触，以防烂种。生长后期脱肥的可用 0.2%磷酸二氢钾或 0.5%的尿素液进行 1~2 次根外追肥。

（6）田间管理

①引苗定苗

覆盖稻草时摆放整齐的容易出苗，相反，如果稻草交错缠绕，有时会有"卡苗"现象，需要人工引苗。齐苗后应及时定苗，每棵马铃薯保留最壮的 1~2 株，剪除多余弱苗、小苗，以利结大薯。

②水分管理

秋冬季天高气爽，空气干燥，特别要注意及时灌溉，使土壤始终保持湿润状态，遇到干旱可从丰产沟适时适量灌水，水层宜浅（不能泡到种薯），以润灌、喷灌为好，禁止漫灌，并及时排水落干。生长后期稻草开始腐烂后保水性增强，遇到连绵阴雨天气要注意排水，防止渍水和贴近土面的稻草湿度过大，影响薯苗生长。

③病虫害防治

　　稻草全程覆盖免耕种植的马铃薯病虫草害发生较轻，防治的主要措施：一是要选用脱毒无病薯种；二是要搞好种薯消毒；三是要水旱轮作，避免与茄科作物或块根作物连作；四是当田间发现病株，要及时带土挖除移到种植区外深埋或焚烧。化学防治方法：晚疫病、环腐病及黑茎病用代森锰锌 1000 倍或瑞毒霉锰锌 1000 倍液喷施防治，每隔 7~10 天喷 1 次，连喷 2~3 次（也可用雷多米尔或金雷多米尔 600 倍液喷施）。青枯病在发病初期，用 72% 农用硫酸链霉素 4000 倍液或 77% 可杀得可湿性微粒粉剂 500 倍液或 12% 绿乳铜乳油 600 倍液灌根，每株灌兑好的药液 250~500g，隔 10 天灌 1 次，连灌 2~3 次。防治蚜虫可用 40% 乐果乳油 1000 倍液喷雾。地下害虫防治可用敌百虫、辛硫磷配制毒土全田撒施。冬种马铃薯往往鼠害较为严重，需统一灭鼠。但要选用符合无公害生产要求的鼠药，并注意人畜安全。

　　④霜冻预防

　　根据天气预报，出现霜冻天气要在上风位置堆火烟熏防霜冻，并注意浇水保持土壤湿润，也可施用防冻剂或复合生物菌肥减轻霜冻危害。

　　（7）适时收获

　　稻田免耕稻草覆盖栽培的结果是 70% 以上的薯块在土面上，拨开稻草即可捡收，少数生长在裂缝或孔隙中的薯块入土也很浅，轻轻扒开泥土即可挖出。在劳力许可的情况下，还可以分期采收，即将稻草轻轻拨开采收已长大的薯块，再将稻草盖好让小薯块继续生长。这样既能根据市场行情选择最佳时机及时上市，又能获得较高的产量，提高总体经济效益。

　　（8）采后稻田处理

　　马铃薯收获后残存的大量稻草和马铃薯茎叶应填埋在排灌沟内作绿肥使用，培肥地力。下茬继续采用免耕栽培水稻的，简单耥平田面，然后喷施除草剂除草后即可浸田抛栽。但是，由于稻草和马铃薯茎叶腐烂释放大量有机质，后作的施氮量应是总量适当减少，前期适当增加。

　　稻田免耕稻草全程覆盖种植马铃薯新技术是中国水稻研究所试验推广的栽培技术，是针对解决马铃薯传统栽培方法操作繁杂，费工费力的问题，根据马铃薯是由地下块茎膨大形成的生长发育规律，在温度和湿度合适的情况下，只要将植株基部遮光就可以结薯的原理，研究改进而成的一项省工节本、增产增收的轻型栽培新技术，与传统栽培方法相比，新技术的最显著技术特点是彻底改变了马铃薯的传统栽培方法，改"翻耕栽培"为"免耕栽培"，改"种薯"为"摆薯"，改"挖薯"为"捡薯"，有人形象地把这种实用的马铃薯栽培新技术总结为九个字，即"摆一摆、盖一盖、捡一捡"。该栽培技术具有以下几项重要意义：

　　①省工省力，降低劳动成本

　　由于"三改"省去了费工费力的翻耕整地、挖穴播种、中耕除草和挖薯采收等诸多工序，省工省力，大大降低了劳动强度和劳动成本。一般每亩可节省用工 5~6 个。

　　②减少物化投入，降低生产成本

　　稻草全程覆盖改善了小环境，除调节温度和湿度的作用以外，还控制了病虫草害的发生，马铃薯生育期短，全生育期内一般不需要施用农药和除草剂，既达到安全、卫生、无公害目的，又降低了生产物化成本。

③提高马铃薯的商品性和种植效益

稻草覆盖栽培生产的马铃薯，薯块整齐，70%生长在土表面，薯块带土少，表面光滑，色彩鲜亮，破损率低，商品性好。拨开稻草就能收薯，覆盖稻草还可继续长薯的特性，为农民提供了分次分级采收的便利，上市时间有更大的选择余地，有利于提高种植效益

④调温保墒，增产增收

稻草覆盖层对太阳直接辐射和地面有效辐射有拦截作用，也阻隔了地面与贴地层空气间的热量交换，且改变了耕作层土壤的水分状况，导致热容量、导热率发生变化，使覆盖对土壤温度产生很大影响。并且能减少土壤水分的表面蒸发和雨水对表土肥料的淋失，提高土壤的供水、保肥能力。这种调温保墒作用及近地层的稻草在马铃薯生长期间逐渐腐烂释放养分，都有利于马铃薯块茎的膨大生长，增加产量。

⑤水旱轮作，改良土壤结构，用养结合，培肥地力

稻、薯轮作减少了土壤的还原性耕作周期，有利于改良土壤状况。一般一亩马铃薯需要三亩左右稻田的稻草，在全程覆盖过程中，稻草经日晒雨淋由下而上逐渐腐熟，收薯以后稻草大部分腐烂还田了，部分未还田的稻草和马铃薯秸秆也很容易翻压入土，提供土壤的有机质及多种营养成分，保护稻田可持续发展生产。也较好地解决了长期以来稻草还田综合利用不理想的问题。

⑥减少污染，保护环境

从南到北每年一到收获水稻季节都有焚烧稻草的现象发生，烟雾弥漫，既影响航空和地面交通，又污染环境。新技术的应用为此提供了解决办法。

4.2.6　地膜覆盖栽培技术

马铃薯地膜覆盖栽培是20世纪90年代推广的新技术，一般可增产20%~50%，大中薯率提高10%~20%，并可提早上市，调节淡季蔬菜供应市场，提高经济效益。

4.2.6.1　增产原因

地膜覆盖增产的原因，主要是提高了土壤温度，减少了土壤水分蒸发，提高了土壤速效养分含量，改善了土壤理化性状，保证了马铃薯苗全、苗壮、苗早，促进了植株生育，提早形成健壮的同化器官，为块茎膨大生长打下了良好基础。原内蒙古农牧学院试验（1989年），覆膜栽培在马铃薯发芽出苗期间（4月25日至5月25日）0~20cm土层内温度提高 $3.3~4℃$，土壤水分增加 $6.2%~24%$，速效 N 增加 $40%~46%$，速效 P 增加 $1.3%$，提早出苗10~15天。

4.2.6.2　技术要点

（1）选地和整地

选择地势平坦、土层深厚、土质疏松、土壤肥力较高、水分充足、杂草少的地块，实行3年轮作。在施足基肥基础上进行耕翻碎土耙耱平整，早春顶凌耙耱保墒，精细整地。底墒不足地块，有灌溉条件的要灌水造墒，没有灌水条件的耙耱保墒后应及早覆盖地膜。

（2）施足基肥

地膜覆盖后生育期间不易追肥，必须在覆盖地膜前结合整地把有机肥和化肥一次性施入土中。每 hm^2 施入 30~45t 充分腐熟的有机肥，并混合 300kg 磷酸二铵作为基肥或种肥

施用。

（3）选用优良品种和优质脱毒种薯

要因地制宜选用优良品种。由于地膜覆盖促进了马铃薯的生长发育，具有明显的早熟增产效果，一般可提早 6~10 天成熟。因此，作为秋薯收获栽培时，要选用比露地栽培生育期长的品种，才能发挥地膜覆盖的增产作用；但作为早熟早收栽培时应选用结薯早、块茎前期膨大快、产量高、大中薯率高的优良早熟品种。

带病种薯在覆膜栽培条件下，极易造成种薯腐烂，影响出苗。故要选用优质脱毒种薯。播前 20 天左右催芽晒种。

（4）覆膜与除草

①覆膜方式：覆膜方式有平作覆膜和垄作覆膜 2 种。

平作覆膜多采用宽窄行种植，宽行距 65~70cm，窄行距 30~35cm。选用膜宽 70~80cm 的地膜顺行覆在窄行上，一膜覆盖 2 行。这种方式的优点是操作方便，保墒防旱抗风效果好，膜下水分分布均匀。缺点是膜面易积水淤泥，影响地温升高。

垄作覆膜须先起好垄，垄高 10~15cm，垄底宽 50~75cm，垄背呈龟背状，垄上种 2 行，选用 80~90cm 宽的地膜覆盖两行。垄作覆膜的优点是受光面大，增温效果好，而且地膜容易拉紧拉平，覆膜质量好，土地也比平作覆膜的疏松。缺点是如果土壤墒情不足时，膜下中心区易出现"旱区"，影响马铃薯的生长。

②覆膜时间：有播前覆膜和播后覆膜 2 种。

播前覆膜即在播前 10 天左右，在整地作业完成后立即盖膜，防止水分蒸发。播种时再打孔播种。其好处是省去了破膜放苗的工序，也不会因为破膜放苗不及时，发生膜下苗子被高温灼死的现象。但播前覆膜的地膜利用率低，在出苗之前的提温保墒作用没有播后覆膜的好。

播后覆膜一般是播种后立即在播种行上覆膜。优点是播种的同时覆膜，操作方便，省时省工也便于机械作业，并且出苗期保水增温效果明显，能做到早出苗、出全苗、出壮苗。一般可比播前覆膜早出苗 2~5 天。缺点是幼苗出土后，放苗时间短促，容易出现"烧苗"现象，且破膜放苗费工费时。

③覆膜方法

分为人工覆膜和机械覆膜 2 种。

人工覆膜最好 3 人操作，1 人展膜铺膜，2 人在覆膜行的两边用土压膜。覆膜时膜要展平，松紧适中，与地面紧贴，膜的两边要压实，力求达到"紧、平、直、严、牢"的质量标准。砂壤土更需要固严地膜。

机械覆膜时，播种覆膜连续作业，行进速度要均匀一致，走向要直，将膜展匀，松紧适中，不出皱折，同时膜边压土要严实，要使膜留出足够的采光面，充分受光。

无论采取哪种覆盖方式，都应将膜拉紧铺平铺展，紧贴地面，膜边入土 10cm 左右，用土压实。膜上每隔 1.5~2m 压一条土带，防止大风吹起地膜。覆膜 7~10 天，待地温升高后，便可播种。

④化学除草

选用透明无色地膜，容易滋生杂草，又因地膜覆盖不能中耕除草，常会造成杂草丛生，甚至顶破地膜，降低地膜的增产效果。因此在精细整地的基础上，覆膜前最好喷施除草剂。常用除草剂有：48% 拉索乳油（甲草胺），覆膜前每 hm^2 用 1.5~2.25kg，兑水 750~1050L。25% 灭草净，每 hm^2 用量 3~3.75kg，兑水 750~1050L。

（5）播种

播期以出苗时不受霜冻为宜。一般比当地露地栽培提前 10 天左右。在每条膜上播 2 行。按照计划好的行株距用打孔器交错打孔点籽，孔径 8~10cm，孔深 10~12cm，把土取出放在孔边，然后播种。播后再用原穴挖出的湿土将播种孔连同地膜一齐压严，并使地面平整洁净。播种时可 1 人打孔，1 人播种，1 人覆土。如果先播种后覆膜，播种技术完全与露地栽培相同。如果土壤墒情不足，播种时应在播种孔内浇水 0.5L 左右。

（6）田间管理

①及时破膜放苗：在先播种后覆膜的地块上，当苗出土时要及时破膜放苗，否则幼苗紧贴地膜高温层易被灼死。放苗时间以上午 8~10 时，下午 4 时至傍晚为好。放苗时可用一刀在播穴上方对准苗划"十"字口，划口不宜太大，以放出苗为度。划好后将膜下小苗细心扒出，然后在放苗部位把破口四周的膜展开，并用土封严。在先覆膜后播种的地块上，若因幼苗弯曲生长而顶到地膜上，亦应及时将苗放出，以免烧苗。

②防风护膜：播后要经常到田间检查，发现地膜破损要立即用土压严，防止大风揭膜。

③查苗补苗：在缺苗处及时补苗，可在临近多株苗的穴中选择生长健壮的植株，带根掰下，在缺苗处坐水补栽。

④浇水追肥：如果是足墒覆膜，由于地膜的保水作用，出苗后一个多月不会缺水，如果播后久旱不雨，有灌水条件的可在宽行间开沟灌水。在施足基肥和种肥的情况下，生育期间一般不再追肥。如果基肥、种肥不足，在开花后可以用 0.2%~0.4% 磷酸二氢钾或磷酸二氢铵进行叶面喷施。如果植株生长过旺，可用 0.1% 矮壮素进行叶面喷施，以控制植株旺长，促进块茎生长。

⑤中耕除草：生育期间在宽行间中耕除草培土，以疏松土壤，保墒、灭草。

⑥揭膜：马铃薯进入开花期后行间开始封垄郁闭，此时也正值多雨高温季节，马铃薯块茎进入迅速膨大阶段，要求凉爽的条件，地膜覆盖不仅对马铃薯块茎生长不利，而且影响浇水和除草。因此，应在马铃薯开花期揭开地膜或划开地膜，但注意不要伤害植株。

4.2.6.3　干旱区其他覆膜栽培技术

（1）膜侧沟播栽培技术

以 100cm 为一带，垄底宽 60cm，膜间距 40cm，垄高 10~15cm，垄面呈拱形。马铃薯集流沟内地膜两边缘处种植，一沟 2 行，行距 40cm，株距 40~60cm，播深 10~15cm，保苗 30000~45000 株/hm^2。

（2）全膜双垄沟播栽培技术

用划行器在距地边 20cm 处划行，大行靠地边，宽 70cm，小行宽 40cm。用步犁沿大行画线向中间来回翻耕起大弓形垄，垄高 5~10cm。两大弓形垄中间为 40cm 宽小垄。将起大垄时形成的犁沟沿土刮向中间形成小弓形垄，垄高 5cm。覆膜一周后左右，待地膜紧贴地面或降雨后，在垄沟内每隔 50cm 打微孔，及时集雨。在大垄垄侧集雨沟 10~15cm 处打孔种植。株距 40cm，保苗 45000~52500 株/hm^2。

（3）旱地马铃薯双垄黑膜全覆盖技术

旱地马铃薯双垄黑膜全覆盖技术是甘肃省定西市在推广玉米双垄全覆盖沟播技术和马铃薯垄作白膜全覆盖技术的基础上,通过改进形成的。如果说全膜双垄沟播技术引发了甘肃省旱作农业的一次根本性革命,打破了甘肃农业生产多年来小旱小灾、大旱大灾、年年遭灾、年年抗旱的困局,那么,如今脱胎于这项技术的马铃薯双垄黑膜全覆盖技术,可谓是定西旱作农业领域的二次革命。并且,双垄黑膜全覆盖技术能有效提高马铃薯的产量和质量。

2010 年 11 月 2 日,定西市农业局组织农业专家深入安定区葛家岔、石峡湾两乡镇的北坪、石峡湾等村,通过入户调查、田间测产、市场调查等方法,就露地马铃薯、全膜双垄沟播马铃薯(白膜、黑膜)、全膜双垄沟播玉米、露地小麦的产量和效益进行了实地测定和调查,现将结果总结分析如下:

表 4-3　　　　　　　露地马铃薯、全膜双垄沟播马铃薯(白膜、黑膜)、
　　　　　　　　　　全膜双垄沟播玉米、露地小麦的产量和效益

	平均亩产 (斤)	平均亩产值 (元)	平均亩投入 (元)	平均亩纯 收入(元)
露地马铃薯	1200	936	340	596
白色全膜马铃薯	2200	1584	430	1154
黑色全膜马铃薯	2600	2028	465	1563
全膜玉米	900	900	210	690
露地小麦	300	300	70	230

全膜马铃薯的产量最高、效益最好,均远远高于露地马铃薯、全膜玉米和露地小麦;全膜玉米的产量和效益次之,露地马铃薯居第三,露地小麦的产量和效益最差。

(1)增产原因

旱地马铃薯双垄黑膜全覆盖技术适合于海拔 2000 米左右地带,增产效果最为明显。其原因是:该地带海拔较高、气温较低、比较干旱,黑色地膜既起到了集雨、保墒、增温和抑制杂草的作用,同时由于黑色地膜有遮光作用,进一步解决了白膜覆盖造成"绿头薯"的难题。而且,不至于造成地温太高而抑制块茎膨大。而白色地膜在 7、8 月份造成地温过高而抑制了块茎的快速膨大,因此黑膜马铃薯产量高且中大薯率也高,而白膜马铃薯产量、大中薯率均不及黑膜马铃薯的高。

(2)技术要点

第一,地块选择、规格划行。

地块应选择地势较为平坦,土壤肥沃,土层较厚的梯田、沟坝、缓坡(坡度 15°以下)旱地,前茬以豆类、小麦茬口为佳。用木棍或木条制作一个划行器,在田间规格划行。距地边 25cm 处先划出一个大垄(70cm)和一个小垄(50cm),大小垄总宽 120cm。

第二,合理施肥、起垄覆膜。

①合理施肥:在划好的大垄中间开深约 10cm 的浅沟,将所用化肥集中施入大垄的垄底,一般施尿素 30~40kg/亩,过磷酸钙 40~50kg/亩,硫酸钾 20kg/亩。然后用步犁沿画

线来回耕翻起垄，用手耙整理形成底宽为 70cm，垄高 15~20cm 的大垄，并将起大垄时的犁壁落土用手耙刮至小垄间整理成垄底宽 50cm，垄高 10~15cm 的小垄，要求垄沟宽窄均匀，垄脊高低一致。

②起垄覆膜：施肥完成后，用 120~140cm 的地膜全地覆膜，两幅膜相接处在小垄中间，用相邻的垄沟内的表土压实，每隔 2m 膜压土腰。覆膜后一周左右，地膜紧贴垄面或在降雨后，在垄沟内每隔 50cm 处打一小孔，使垄沟内的集水能及时渗入土内。为保冬春的墒，起垄覆膜的时间可提早，一般在 2 月下旬解冻后就可进行，最好在上年整地卧肥秋季进行秋覆膜，但在冬季要保护好地膜。

第三，土壤处理、除虫除草。

①地下虫害防治：为防治地下虫害，整地起垄时，用 40% 的甲基异柳磷乳油 0.5kg/亩加细沙土，制成毒土后施撒。

②膜下除草：起垄后用 50% 的乙草胺乳油全地面均匀喷施，然后覆膜。如果土壤湿度较大，温度较高的地区，用乙草胺乳油 150~200g/亩，对兑水 40~50kg 喷施。为提高药效，不要全田喷完后再覆膜，一般喷两垄，覆盖地膜后再喷两垄，依此类推。

第四，选择良种、切刀消毒。

①选种：选择高产、抗逆性强的品种。如陇薯系列的陇薯 3 号、陇薯 6 号、新大坪、庄薯 3 号、抗疫白等。

②晒种：将种薯平摊于土质场上，晒种 2~3 天，忌在水泥地上晒种。晒种期间剔除病、烂、伤薯，以减轻田间缺苗，保证全苗，为丰产奠定基础。

③切刀消毒：在切种前要进行切刀消毒，以防切刀传染病菌。一般准备两把切刀，消毒可用高锰酸钾溶液、5% 来苏尔水溶液、75% 酒精、火烧、沸水消毒等。种薯切块不宜过小，切块重量不低于 30g，每块带有两个以上的芽眼。

第五，适时播种、合理密植。

①播种时机及方法：播种时间一般选择在 4 月中下旬，用打孔点播器进行种植。方法是：用点播器打开第一个播种孔，将土提出，孔内点籽，覆盖提出原土，依此类推。此做法对地膜损失较小，膜面干净没有浮土，且播种深度一致，出苗整齐均匀，提高功效。

②合理密植：种植密度可根据地域条件进行控制，肥力较高的川台地、梯田地，株距为 25~30cm，每亩保苗 3500~4000 株；肥力较低的旱坡地可适当放宽到 32~37cm，每亩保苗 3000~3500 株。

第六，加强管理、防治病害。

①苗期管理：出苗期间应注意观察，如幼苗与播种孔错位，应及时放苗，防止烧苗，播种后遇降雨，会在播种孔上形成板结破开，不利出苗。出苗后查苗、补苗和拔除病苗。

②发棵期管理：在植株生长封垄前，根据长势施尿素 10kg/亩或碳酸氢铵 30kg/亩。

③现蕾期管理：马铃薯现蕾期对硼、锌等微量元素比较敏感。在开花期和结薯期，每亩用 0.1%~0.3% 的硼砂或硫酸锌、0.5% 的磷酸二氢钾、尿素溶液进行叶面喷施。一般每隔 7 天喷一次，共喷 2~3 次。

④结薯期管理：结薯期若气温较高，马铃薯长势较弱，不能封垄时，可在地膜上盖土，降低垄内地温，为块茎膨大创造冷凉的环境，以利块茎膨大。

⑤病虫害防治：在雨水偏多和植株花期前后，最易发生晚疫病，因此应及早用 25%

瑞毒霉和甲霜灵 800 倍液体喷施，或主要虫害有蚜虫、蛴螬、浮尘子、大小地老虎、二十八星瓢虫等。

4.2.7 马铃薯机械化种植技术

马铃薯种植机械的应用，能够提高作业速度，节省劳力，降低成本，提高产量。

4.2.7.1 技术要点

1. 选地与整地

选择机械化种植马铃薯的地块，主要应注重地势平坦，最好是平地，缓坡地也行，但坡度要小要缓。垄向要与坡地的等高线相垂直（垄向顺坡）。切忌高低不平和斜坡。垄头要长。

选定的地块要进行深翻，深度达到 20~25cm。耙压要用重耙，并与垄向成一定的角度，以消除墒沟。

2. 施好底肥和农药

按规定的数量，把作底肥的农家肥和化肥以及要基施的农药，均匀地撒于地面。撒后结合耙地，把肥料和农药耙入土壤中。也可用装有施肥器的播种机，在播种的同时施入化肥和农药。

3. 种薯准备

对种薯必须按种植要求，做好挑选、困种等工作。最关键的是切好芽块，使每一芽块达到 40~50g 重，并且大小均匀。不要有过长或腐片状的芽块，以减少空株和双株率，保证播种质量达到农艺要求。

4. 播种

使播种做到标准化、规格化，是机械化种植马铃薯丰产的基础。播种条件与一般种植一样。用马铃薯播种机播种，可将开沟、点种和覆土一次完成。使用马铃薯播种机播种时，一定调好播种深度和覆土厚度，使播深为 10cm，覆土厚 15cm。垄（行）距为 90cm、株距 20cm，垄（行）距为 80cm、株距 22cm，种植密度为每 55500 株/hm²（3700 株/亩）左右。行距必须均匀一致，否则在用拖拉机中耕培土时易伤苗，使株数减少，造成减产。

5. 田间管理

机械化种植马铃薯的田间管理，与一般种植相同。播后 1 周内，进行 1 次苗前拖耙，可使土碎地实，起到提温保墒作用。中耕培土，追肥和灭草进行两次，第一次在齐苗后进行，第二次在苗高 15~20cm 时进行，每次上土 5cm 左右。中耕培土时，必须调好犁铲和犁铧角度、深度和宽窄，才能保证既不切苗而又培土严实。

6. 收获

收获前 10 天左右，先轧秧或割秧，使薯皮老化，以便在收获时减少破损。采用机械收获的关键，是收获机进地前要调整好犁铲入土的深浅。入土浅了易伤薯块，收不干净；入土太深则浪费劳力，薯土分离不好，容易丢薯。另外，要调整好抖动筛的速度，以保证薯土分离良好并且不丢薯。如果土壤湿度大，收获机可以慢走，使薯土分离开来，不然薯块容易落到土里被埋。要配好捡薯人员，确保收获干净。

4.2.7.2　马铃薯种植机械简介

1. 2BMF-2 型马铃薯播种机

该机与 8.8～12 千瓦的小四轮拖拉机配套，可 1 次完成开沟、施肥、播种、覆土等多项作业，具有省工、省力和调整使用方便等特点。主要技术参数：

种子破率≤1%

双株率 8%

空穴率≤2%

生产率为 0.27hm^2/h

2. 2BXSM-1B 型马铃薯播种机

该机是旱地平作地区较理想的马铃薯播种机，采用单向双铧犁作为施肥机构和排种机构的载体，增加驱动地轮作为施肥排种的动力源。与小四轮拖拉机配套使用，可 1 次完成开沟、施肥、下种、覆土等作业。主要工作部件包括单向双铧犁、勺式排种机构和齿杆排肥机构。主要技术参数：

配套动力：11～13 千瓦

作业速度：2.09km/h（Ⅰ档）

行距：36～50cm（可调）

株距：25～45cm（可调）

播深：10～18cm（可调）

生产率：667m^2/h

漏种率：<2%

最大施肥量：900kg/hm^2

整机重量：179kg

3. 2BSF-2 型马铃薯栽种机

由山西省沁源县大型农机站研制生产。该机与 8.8～13 千瓦的小四轮拖拉机配套使用，可根据农户的要求调整种植株距和栽种深度，1 次可完成施肥、栽种、覆土和镇压等工序。主要技术参数：

行距：50～70cm

株距：40～50cm

栽植深度：10～15cm

生产率为：0.3hm^2/h

4. 2C-2 型马铃薯种植机

由江苏省海门市农机推广站研制，主要适用于南、北方地区的马铃薯、萝卜及块根类药材的种植作业。该机以 S195 型柴油机为动力，匹配东风-12 型拖拉机底盘完成种植作业，具有转向灵活、移动方便，工作效率高等特点。应用该机不仅在种植、收获时省时省力，而且经打洞后种植的作物产量大幅度提高。主要技术参数：

洞径：8cm

洞深：12cm

行距：40cm

间距：可调。

4.3 马铃薯特殊栽培技术

在我国引进马铃薯种植的 400 余年历史中，我国农民创造和积累了许多先进而实用的种植技术。近年来，随着科学技术的进步，广大农民和农业科技人员不断学习探索，使很多先进技术在马铃薯种植上得到了应用，并取得了良好的效果。

4.3.1 马铃薯的选种留种技术

马铃薯是无性繁殖作物，许多病害极易感染马铃薯并通过块茎世代传递并累积，扩大危害，使良种变为劣种，从而失去种用价值。因此，为了防止或减轻马铃薯生产中出现的种性退化问题，采取合适的选留种措施是十分必要的。

4.3.1.1 留种方式

1. 高山留种

在各地选择海拔高、气候冷凉、风速较大的山地进行留种，可以减少薯块内病毒的含量。

2. 秋薯春播

将在秋季冷凉条件下生产、带病毒较少的择优薯块，作为第二年春薯生产用种。

3. 保护地冬播留种

利用温床或冷床在头年 10 月下旬~11 月进行马铃薯冬播，将马铃薯的结薯时间调整到春季温度比较低的时间内，利用这些小薯块作为来年秋播的种薯，后代长势整齐、退化轻、产量高而稳定。

4. 从科研单位购买脱毒苗或微型薯原原种进行自繁原种和一代种薯

5. 利用实生种子生产种薯

马铃薯实生种子具有摒弃若干病毒的作用，因此利用实生种子生产种薯可以大大降低种性退化问题。

4.3.1.2 留种技术

马铃薯留种除要求更严格的地块选择，肥水管理条件外，还应在以下几方面加以注意。

1. 去杂去劣

在马铃薯整个生育期中一般要进行 3 次去劣去杂。第一次是在出苗后半个月，将卷叶、皱缩花叶、矮生、帚顶等病株拔除，这次病株拔除是至关重要的，因该阶段幼苗最易感病，早拔除病株可以早消灭毒源，防止扩大浸染。第二次是在开花期拔除田间退化株、病株及花色、株型不同的杂株。第三次是在收获前将植株矮小或早期枯死的病株拔除，连病薯、劣薯以及不符合本品种特性的杂薯一起运走。

2. 单株混合选择

单株混合选择也称集团选，选符合该品种特征的性状，生长健壮，无退化现象的植株，做上标记，在生育期复查 1~2 次，发现植株出现异常的将标记去除。在收获时进行地下部块茎选择，选结薯集中、薯块大小整齐、薯皮光滑的单株。单株选、单株收，混合保存，作为下季种子田用种。

3. 单株系选

单株系选也称株系选、系统选。因同一马铃薯品种单株间染病情况不同，从而在产量上表现较大差异。通过单株选择，单株保存，株系比较，选优去劣，优中选优，优系扩大繁殖，经过 4~6 代的对比选优及繁殖，可选出高产、退化轻、种性好、无病的株系。该方法既防止了退化，病害，又进行了品种复壮。其具体办法是：第一年进行单株选择，其方法与前述的单株混选相同。将收获的单株块茎分别装袋储藏。第二年进行株系比较，连续进行 2~3 代比较。每个入选单株块茎种 10~20 株，形成一个株系（最好用整薯播种）。生育期间经常观察，淘汰感病株系，选择高产、生长整齐一致、无"退化"症状的株系作为下一代的入选优良株系。第三年或第四年将选得的优良株系块茎扩繁后作种薯。

4. 严格病虫防治，及早收获

留种地加强植株病虫防治，力争不出病株或少出病株。及早防蚜，避免病毒传播。在保证适当产量的前提下较商品薯提早收获 20 天左右，避免种薯受到高温或低温危害。

4.3.2　马铃薯掰芽育苗补苗繁殖技术

4.3.2.1　循环切芽快繁技术

1. 催芽

方法与"马铃薯种薯催壮芽技术"中温床催芽相同，不同的是要让芽长到 2~3cm 时，才在散射光下处理 2~3 天。

2. 作畦

选择背风向阳不积水的地方，按宽 1m，长依种薯量而定。挖深 40cm 的池，下铺 15cm 的腐熟马粪或干草，洒水使粪湿润，上面再铺 3~5cm 混合土（1 份有机肥，2 份大粒砂子均匀混合）浇湿后，将已催芽种薯尾部向下置于混合土上，种薯与种薯之间间隔 1cm。大小不同的种薯要分开。然后覆盖湿润的混合土 10~12cm。用竹片薄膜制作的小拱棚封闭。棚内温度 25℃以下即可，（地温 15~20℃为宜）。注意浇水不可太湿。

3. 切芽移栽

当幼芽出土时，将种薯取出，切下 5~6cm（2~3 节）的芽，栽入装满营养土（1 份有机肥，2 份风沙土）的营养钵置于小拱棚，芽顶叶和地平面一致，或直接栽入露地需补苗处，浇水保持湿度，温度不超过 25℃。将母薯再栽入原池盖膜。约 10~15 天，再进行第二次剪芽，依此类推。一般用 5~10kg 种薯可繁殖 4000 株，种植 667m^2。

4. 掰芽移栽

为了简便也可采取掰芽的方法，即当幼芽出土时，将种薯取出，从幼芽基部带根毛一起掰下，栽入装满营养土（1 份有机肥，2 份风沙土）的营养钵，置于小拱棚，芽顶叶和地平面一致，或直接栽入露地需补苗处，浇水保持湿度，温度不超过 25℃。将母薯再栽入原池盖膜。约 10~15 天，再进行第二次掰芽，依此类推。一般用 25kg 种薯可繁殖 4000 株，种植一亩。

5. 移栽补苗

露地切芽和掰芽移栽补苗时，注意尽量多利用田间已发芽的幼芽长相健康的种薯，尽量保持在最短时间内补齐苗。

4.3.2.2 分苗移栽技术

当田间苗高 6cm 左右时，把植株基部的土扒开，将侧枝带根从基部掰开，移栽到准备好的地块，并立即浇水。分苗移栽最好选择在下午或者阴雨天进行，这样移栽成活率高。

4.3.2.3 单芽繁殖

种薯催出芽后可将每个芽眼纵切 2 块后播种，这样比一般切块方法提高繁殖系数一倍，但大田栽培易引起缺苗，可以利用网棚种薯繁殖。

4.3.3 脱毒苗温网室栽培技术

4.3.3.1 壮苗处理

首先遇到的是移栽成活问题。一是在人工培养基上产生的幼苗，由原来的异养变为自养，叶片的光合功能不能适应；二是培养基上长出的幼苗根系不发达，基本无根毛；三是在人工培养条件下，瓶内湿度大，叶片没有蜡质层，很易失水；四是幼苗茎秆细弱，移栽成活率较低。因此必须首先进行壮苗处理。

常用的壮苗方法有两种：一是把培养温度降低到 15℃ 以下，提高光照强度 3000Lx；另一种方法是加入生长延缓剂 B_9（5～10mg/L）。B_9 处理后叶色浓绿，植株健壮，移栽成活率高，且方法简便。

4.3.3.2 网室移栽

即使经过壮苗处理的小苗，直接种在大田也不易成活，必须先在塑料棚中栽种过渡。塑料棚容易控制温湿度，便于创造适宜小苗生长的条件。另外，脱毒苗生育期较长，而栽种脱毒苗的基地大多在冷凉地区，不能满足脱毒苗生长期的要求，提前一个多月栽植在塑料棚中，待晚霜过后再移植大田，就能解决这个问题。

1. 制作网室

棚的大小以宽 2.2m，长 5.5m，高 1.5m 为宜；用钢筋或竹片做支架均可，上用塑料布覆盖，四周用土封严，棚的两端留门。

棚的方向以南北向为好，既可以避免太阳直射，又可防止大风吹倒。扣棚应在移苗前 15～20 天进行，以便提高地温，创造适宜的移栽温度条件。

2. 整理苗床

扣棚后一周左右，即可进行浇水、施肥、耕翻土地、整地做畦。每棚纵向做畦两个，中间留 20cm 宽的畦垄。

3. 小苗移栽

先把脱毒苗从三角瓶的培养基中取出，取苗前，最好倒少量自来水，使培养基变软，然后用镊子轻轻夹取，再用自来水将根部琼脂冲洗干净，然后放入大烧杯中，烧杯底部垫上滤纸，小苗顶部盖上滤纸，即可运送。将运送来的小苗取出撒入水盆中，让其漂浮散开，然后即可移栽。移栽的行株距为 6×5cm，每 m^2 约 300 株。移栽前用开沟器开沟，沟深 2cm，沟底浇水，待水渗完后把小苗按要求的株距摆在沟内，轻轻覆土，立即用喷壶浇水。

4. 移栽后的管理

大体可分为三个阶段：

第一阶段是移栽后 7 天以内。这时，小苗光合作用能力很低，根少而无根毛，管理的重点是防止小苗失水干枯，促进早生新根，因此必须维持较高的空气湿度。但土壤湿度不宜太大，否则土壤透气性差对发根不利。棚内温度维持在 20℃ 左右，最高不超过 30℃，温度超过 30℃ 时则要遮阴降温，防止小苗徒长。

第二阶段是在 7~25 天内。此时成活的小苗已长出新根和新叶，应加强光照，促进叶片发育，同时可以逐渐揭开塑料棚以降低棚内温度锻炼幼苗。

第三阶段是 25 天以后到移栽定植大田，这时植株已形成较大的叶面积和发达的根系，开始进入迅速生长期，如果温湿度太高，光照不足，很易形成徒长。因此除继续加强水肥管理外，应开始注意蹲苗，控制水分，加强光照，揭开塑料棚。株高达到 15cm 左右，有 6~7 片真叶时即可定植大田。

4.3.3.3　定植大田

定植前，先做好大田耕翻施肥，整地做畦工作。行株距为 50×33cm，40000 株/hm^2。栽苗后立即浇水，过 1~2 天后再复浇一次水，以利缩短苗期，提高成活率。

定植后的几天之内，应保持土壤湿润，以后的管理应根据脱毒苗的生长特点进行。在开始阶段，植株的根茎叶都很小，所以生长速度很慢。到现蕾阶段，植株已具备足够的叶片制造养分，生长速度迅速加快，长势旺盛，很快就能赶上用块茎培育的植株。后期脱毒苗比块茎培育出来的植株粗壮繁茂。在管理上要求水肥集中在前期使用，主攻早发，在现蕾开始注意蹲苗，控制营养生长，促进块茎形成膨大。

4.3.3.4　脱毒苗保存

经过病毒鉴定的脱毒苗需长期进行保存，可供进一步扩大繁殖用，或作为国内外品种交换的材料。另外，"试管苗"体积小，占用空间小，也是保存品种资源的好办法。

长期保存试管苗的方法有两种：

1. 继代培养

每个品种可以接种 2~3 瓶。保存用的容器可以选用较大容量的三角瓶（150ml），在三角瓶中加 1/2 以上的培养基，培养基中的琼脂含量（7g/L）高于一般切段繁殖，每瓶接种 2~3 个切段，加入 10mg·L^{-1}B$_9$ 以延缓小苗生长。保存用的培养基要求全成分（除去植物生长调节剂），培养温度范围为 5~25℃，在较低的温度下，保存时间可以更长。光照强度 1000Lx，隔 2~3 代培养一次。

2. 低温保存

将切段在试管培养基上培养，待植株长至 2cm 左右，即放入 4℃ 冰箱中，于暗处保存，可达 1 年左右。

保存用的切段最好在液体培养基上培养，保存一段时间后，植株黄化，顶部膨大形成气生块茎。如果以气生块茎保存，能保存更长的时间。气生块茎不呈休眠状态，如需作进一步扩大繁殖，把气生块茎放在常温培养室中，能立即生芽长根形成植株。①

4.3.4　马铃薯多层覆盖高效栽培技术

马铃薯多层覆盖栽培技术是相对于马铃薯地膜栽培来讲的。我们将马铃薯地膜覆盖栽

---

① 柯利堂，郭英，杨新争. 马铃薯的繁种与栽培技术［M］. 武汉：湖北科学技术出版社，2009：6.

培称为一层覆盖。将二层、三层等覆盖形式统称为马铃薯多层覆盖栽培。其管理技术类同。

4.3.4.1 马铃薯多层栽培的理论依据

马铃薯生长发育需要较冷凉的气候条件。10cm 地温 7~8℃，幼芽即可生长；幼苗可耐-2℃气温，即使幼苗受到冻害，部分茎叶枯死、变黑，但在气温回升后还能从节部发出新的茎叶，继续生长；茎叶生长最适宜的温度为 21℃；地下部块茎形成与膨大最适宜的温度为 17~18℃，超过 20℃生长渐慢。

4.3.4.2 适宜地区

暖温带季风大陆性气候，四季分明，年平均气温为 13.6℃，年平均地温为 16.3℃。月平均气温以 1 月份最低，一般在-1.8℃，7 月份最高，一般在 26.9℃。最高气温≥35℃的炎热天气一般开始于 5 月中旬，终止于 9 月下旬，以 7 月份出现最多；日最低气温≤-10℃的严寒期一般终止于 2 月上旬。降水量多年平均为 801mm，年内降雨多集中于 6~9 月份，占全年降水量的 71.66%；7、8 月份占 49.15%。

多层农膜覆盖早期可以提高地温、气温。利用多层农膜覆盖进行早春马铃薯栽培，可以适当提早播种期，适当早收获，以避开高温、高湿季节，同时使马铃薯块茎膨大期处于凉爽、干燥、昼夜温差大的时间段，产量高，品质好。

4.3.4.3 操作流程

1. 选用优良品种和高质量的脱毒种薯——打好高产基础

根据二季作区的气候特点，应选用结薯早、块茎膨大快、休眠期短、高产、优质、抗病、适应市场需求的早熟品种，如荷兰 15、鲁引 1 号、荷兰 7、费乌瑞它等。

2. 精耕细作——创造适宜的生长条件

选择土壤肥沃、地势平坦、排灌方便、耕作层深厚、土质疏松的沙壤土或壤土。前茬避免黄姜、大白菜、茄科等作物，以减轻病害的发生。前茬作物收获后，及时清洁田园，将病叶、病株带离田间处理，冬前深耕 25~30cm 左右，使土壤冻垡、风化，以接纳雨雪，冻死越冬害虫。立春前后播种时及早耕耙，达到耕层细碎无坷垃、田面平整无根茬，做到上平下实。

3. 催芽播种，保证全苗——拿全苗夺高产

播种前 30~35 天切块后催芽。催芽前将种薯置于温暖有阳光的地方晒种 2~3 天，同时剔除病薯、烂薯。

4. 药剂拌种，防虫防病——出苗早、苗齐、苗壮

通过药剂拌种可以很好地预防苗期黑痣病、干腐病、茎基腐。同时能预防苗期蚜虫、地下害虫蛴螬、金针虫的危害。三种常用配方有：

配方 1：扑海因 50mL + 高巧 20mL/100kg 种薯。即将 50g 扑海因 50%悬浮剂混合高巧 60%悬浮种衣剂 20mL 加到 1L 水中摇匀后喷到 100kg 种薯上，晾干后切块。

配方 2：安泰生 100 克+高巧 20mL/100kg 种薯。方法同上。

配方 3：适乐时 100mL+硫酸链霉素 5~7g/100kg 种薯。方法同上。

5. 适期播种——将产品形成期安排在最适宜季节

马铃薯播种时应做到适期播种，使薯块膨大期处在气候最适合的时间段，以获取最大产量。

6. 宽行大垄栽培——创造良好的田间生长微环境实行栽培，改善通风状况

宽行大垄栽培：一垄双行，垄距由原来的 70cm 加宽到 75~80cm，亩定植 5000~5500 株；一垄单行，垄距由原来的 60cm 加宽到 70cm，亩定植 4500~5000 株。大垄栽培：培大垄，减少青头，增加产量。

7. 加强田间管理

及时破膜，播种后 20~25 天马铃薯苗陆续顶膜，应在晴天下午及时破孔放苗，并用细土将破膜孔掩盖。防止苗受热害。加强拱棚温度管理，拱棚内保持白天 20~26℃，夜间 12~14℃。经常擦拭农膜，保持最大进光量。随外界温度的升高，逐步加大通风量，当外界最低气温在 10℃ 以上时可撤膜，鲁南地区可在 4 月中旬左右。早期温度低，以提高地温为主。通风的时间长短、通风口的大小由棚内温度决定。三膜覆盖中内二膜出苗前不必揭开。出苗后应早揭、晚盖。只要外界最低气温在 0℃ 以上夜间就可以不盖。

马铃薯的灌溉应是在整个生育期间，均匀而充足地供给水分，使土壤耕作层始终保持湿润状态。掌握小水勤灌的原则，切忌大水漫灌过垄面，以免造成土壤板结，影响产量。坚持绿色植保理念，在病虫害防治上以农业防治为主，物理防治、生物防治、化学防治为辅。

4.4　马铃薯增产措施

4.4.1　合理密植技术

合理密植是增产的重要环节。所谓"合理密植"就是正确解决个体生长与群体生长之间的关系，不仅要使个体生长发育良好，而且要最大限度地利用光能和地力，充分发挥群体的增产作用。

4.4.1.1　马铃薯的产量结构

马铃薯的产量由单位面积上的株数、单株结薯数和薯重构成。单位面积上的株数决定于种植密度，单株结薯数又是由单株主茎数决定的。单位面积产量具体可用下式表示：

$$每~hm^2~产量=株（穴）数×单株（穴）结薯数×平均薯重$$

$$式中单株（穴）结薯数=单株主茎数×平均每主茎结薯数$$

4.4.1.2　合理密植增产原理

密度是构成马铃薯产量的基本要素，增加种植密度，可使单位面积上的株数、茎数和结薯数增加。因此，在密度偏低的情况下，增加密度可有效地提高单位面积上的产量。但是，只有使上述三个产量因素协调起来，才能获得高产，过稀过密都会造成减产。密度过稀，单株生长发育好，产量高，但由于株数太少，不能充分利用地力和阳光，单位面积产量就会受到影响。密度过大，单位面积株数增多，地力和阳光可以充分利用，但由于植株相互遮阴，通风透光受到影响，甚至会形成只长秧子不结薯的"疯长"现象，同样达不到增产目的。合理密植在于既能发挥个体植株的生产潜力，又能形成合理的田间群体结构，达到合理的叶面积指数，从而有利于光合作用的进行和群体干物质积累，获得单位面积上最高产量。

马铃薯产量的高低，主要取决于光合产物积累的多少。而光合产物积累的数量又与光

合作用主要叶片的数量（叶面积系数）、光合效率（净光合生产率）、光合时间有密切关系。三者的乘积越大，马铃薯产量就越高。

叶面积的大小由密度所控制。在一定范围内，随着叶面积系数的增大，产量也相应增加；超过一定范围，由于叶面积过大，遮阴严重而改变了田间的光照、温度、水分、空气、养分等状况，使光合生产率和光合时间严重受到影响，在这种情况下，产量不但不会增加，反而会下降，所以必须正确地确定合理密度。实践证明，马铃薯叶面积系数应控制在 3.5~4.5 的范围内，并维持较长的时间对增产最为有利。常用确定叶面系数的方法来确定合理的密度，其具体步骤是：先根据当地的具体条件确定出所需要的叶面积系数。如水肥条件较好，叶面积系数可定得低一些，以免后期雨水过多导致徒长，以 3.5~4.5 比较适宜。如水肥条件差，则可定得稍高些，以 3.8~4.5 较好。叶面积系数确定后，即可用品种的单株叶面积，按公式计算出每亩应种的株数。

每 hm^2 株数 = 叶面积系数 × 10000 / 单株叶面积（m^2）

单株叶面积早熟品种一般为 $0.3~0.5m^2$，中晚熟品种为 $0.5~0.7m^2$。

4.4.1.3 合理密植的原则

马铃薯播种密度的确定应依品种、土地肥力、栽培季节、栽培措施的栽培方式、生产目的而定。一般来讲，早熟品种宜密，中晚熟品种宜稀；瘠薄地宜密，肥沃地宜稀；秋播宜密，春播宜稀；一穴单株宜密，一穴多株宜稀；生产种薯宜密，生产商品薯宜稀。

4.4.1.4 适宜的密度范围

近年来，随着栽培技术的提高和管理措施的改善，种植密度都有所增加，已由过去 30000~45000 株/hm^2，增加到 60000 株/hm^2 左右。目前合理的种植密度是一季作春薯 52500~67500 株/hm^2；二季作春薯 75000~90000 株/hm^2，秋薯每亩 105000~120000 株/hm^2。

4.4.1.5 种植方式

主要种植方式可以概括为以下三种形式。

1. 一穴单株法

就是每穴只放一个种薯。株、行距的搭配及种植密度是：一季作区采用行距 50cm，株距 26~33cm，60000~75000 株/hm^2；春秋二季作区，春马铃薯采用行距 45~50cm，株距 20~22cm，82500~112500 株/hm^2；秋马铃薯应适当缩小株、行距，增加种植密度，120000 株/hm^2。

2. 一穴双株法

在水肥条件好的地方可采用这种种植方式。具体做法是：等行距播种，一穴双株，双籽单埯，间距 7~9cm，行距 55~60cm，穴距 40cm 左右。一季作区 60000~82500 株/hm^2，二季作区根据春播宜稀、秋播宜密的原则，适当增加密度。这种播种方式的好处是通过调节株行距，较好地解决了密植与通风透光的矛盾，且便于中耕培土。

3. 大小垄栽培法

为了协调株数、薯数和薯重三者的关系，合理解决密度和通风透光、中耕培土之间的矛盾，目前试验推广了大小垄（宽窄行）种植，双行培土的种植方法。即大垄背宽 66cm，小垄背宽 33cm，株距 25~28cm，进行交错点种，结合中耕将小垄背上的两行植株培土成垄。从而为马铃薯合理密植，提高单产提供了科学的种植方式，有效地解决了通风透光和中耕培土问题。

4.4.2　配方施肥技术

配方施肥亦即测土配方施肥。马铃薯的配方施肥，与其他作物的配方施肥一样，即根据土壤和所施农家肥中可以提供的氮、磷、钾三要素的数量，对照马铃薯计划产量所需要的三要素数量，提出氮、磷、钾平衡配方，再根据配方用几种化肥搭配给以补充，来满足计划产量所需的全部营养。

4.4.2.1　马铃薯配方施肥的意义

肥料是调节农作物营养、提高土地肥力、获得农业持续稳定高产的必不可少的物质基础。但是，施肥量与作物产量之间不是简单的、机械的增减关系。在一定范围内，多施肥可以多增产，但若超出这个范围，盲目地多施肥、滥施肥，则不仅造成肥料和资金的浪费，作物还会出现贪青倒伏、病虫害严重等问题，从而造成减产。马铃薯种植中的施肥，也存在同样的问题。实行配方施肥是解决上述问题的好办法。

在一些农业发达国家，配方施肥早已成为一种常规的农业技术，被普遍应用。我国当前的农业经济基础还比较薄弱，特别是马铃薯主产区的农民还不富裕，同时我国的化肥产量还满足不了生产上的需求。通过配方施肥技术的推广应用，实行合理施肥、科学施肥，就能有效地减少营养成分的损失，提高肥料的利用率，不仅节省了肥料，减少了生产投入，降低了生产成本，还使有限的化肥得到充分利用，取得理想的产量。同时还能改良和培肥土壤，使地力不断提高，为农业生产连续丰收，创造可靠的物质基础。

4.4.2.2　马铃薯配方施肥的实施要点

实行马铃薯的配方施肥，既要考虑马铃薯的需肥特点，又要考虑到当地的土壤条件、气候条件和肥料特性，特别还要考虑当地的技术水平、施肥水平、施肥习惯和经济条件等综合因素。

1. 测土

进行土壤营养成分和所施用的农家肥营养成分的化验，测出土壤和农家肥中的氮、磷、钾的纯含量，再按有效利用率计算出可以供给马铃薯生长利用的氮、磷、钾数量（每种有效成分×有效利用率）。

2. 配方

依据马铃薯每生产 1000kg 块茎，需纯氮 5kg、纯磷（P_2O_5）2kg、纯钾（K_2O）11kg 的标准，计算出预计达到产量的氮、磷、钾的总需要量，再减去土壤和农家肥中可提供的氮、磷、钾数量，即得出需要补充的数量（即分别需用氮、磷、钾的总数量，减去土壤和农家肥中可分别提供的氮、磷、钾数量，就是需要分别补充的氮、磷、钾数量）。最后根据当地的施肥水平和施肥经验，对需要补充的各种肥料元素数量进行调整，提出配方。

3. 施用

按照化肥的有效成分和有效利用率，计算出需要施用的不同品种的化肥数量。根据施肥经验，决定基肥和追肥分别施用的品种和数量。

4.4.2.3　配方实例

例：某一农户（某村），种植马铃薯，计划单位面积产量要达到 2000kg/667m²（1亩）。

1. 马铃薯块茎的需要元素纯量

马铃薯块茎吸收氮、磷、钾的比例约为 2.5：1：5.5。

每产 1000kg 需要的元素纯量：纯氮 5kg、纯磷 2kg、纯钾 11kg。因此，每产 2000kg 块茎，需纯氮 10kg、纯磷 4kg、纯钾 22kg。

2. 土壤和农家肥中的元素纯量

经取土样和农家肥样化验，并按营养成分利用率计算得出：土壤和农家肥中当年可以提供纯氮 5kg、纯磷 2kg、纯钾 14kg。

3. 需要补充元素纯量

每产 2000kg 块茎需要的元素纯量与土壤和农家肥中当年提供的元素含量，即得知每生产 2000kg 块茎需补充的元素纯量：纯氮 5kg、纯磷 2kg、纯钾 8kg。

4. 所需肥料的施用量

当地习惯使用磷酸二铵、尿素、硫酸钾或氧化钾等肥料。按不同化肥种类的不同元素含量及当年有效利用率，计算（一般应先计算多元素的复合肥，再计算单质肥料）所使用肥料的施用量：

①磷酸二铵：含磷 46%、氮 18%，磷当年利用率为 20%，氮当年利用率为 60%。根据以下公式：

需化肥数量=需补充元素纯量/（化肥含量×当年利用率）。可以得出：

需磷酸二铵数量=2/（0.46×0.2）=21.7（kg）

21.7kg 磷酸二铵中含可利用的氮量为：21.7×0.18×0.6=2.3（kg）

②尿素：含氮 46%，当年利用率为 60%，需补充 5kg 纯氮，减去磷酸二铵中可提供的纯氮 2.3kg，实缺纯氮 2.7kg。

需尿素数量=2.7/（0.46×0.6）=9.8（kg）

③硫酸钾或氧化钾：含钾 60%，当年利用率为 50%，需补充钾 8kg。

需硫酸钾或氧化钾数量=8/（0.6×0.5）=26.6（kg）

5. 施用配方

根据当地施肥水平和施肥经验，可对上述计算得出的化肥用量加以适当调整，提出每 $667m^2$（亩）化肥施用配方：

磷酸二铵 20kg

尿素 10kg

硫酸钾或氧化钾 25kg

硫酸锌 2kg

硅酸镁 1kg

6. 施用方法

在施用方法上，除尿素留 5kg 在发棵期之前追施外，其余在播种前均匀掺混后，全部撒于地表，耙入土中做基肥。或顺垄撒于垄沟做基肥。

4.4.3 早熟高产措施

4.4.3.1 选用早熟品种

选用具有生育期短、抗病性强，芽眼浅，产量高等特点的品种。参见第 4 章马铃薯品种种质现状与主要品种介绍有关内容。

4.4.3.2 催芽晒种，小整薯播种

选择背风向阳的地方先做一阳畦，深 33cm，宽 1m，长根据种薯数量而定。早春将种薯提前出窖，平铺畦底，上盖 3cm 厚的土，畦上再覆盖塑料布，晚上加盖草帘防冻。待种薯长出 1cm 左右的幼芽时，即可将种薯上面的土去掉进行日晒，塑料布早揭晚盖，以利培养短壮芽。

小整薯播种，一是可以利用顶端优势，早出苗，出全苗，苗壮苗齐；二是可以防止病菌病毒借切刀传染，减少病害，防止烂种，增强抗旱能力；三是主茎数多，根系发达，生长快，叶面积大，光合效能高，增产显著。

4.4.3.3 薄膜覆盖，合理密植

实践证明，地膜覆盖具有提高土壤温度、保持土壤水分、促进生长发育、延长生育时间、提高单位面积产量的效果，是马铃薯早熟高产的重要措施。随着我国塑料工业的不断发展，广泛利用塑料薄膜是很有前途的。盖膜栽培中值得注意的几个问题有：

1. 整地盖膜问题

整地、作畦、盖膜要尽量提早，并连续作业，防止跑墒。如遇墒情不好，要先灌水后盖膜。在不受晚霜危害的前提下，播种期可适当提前。

2. 除草问题

盖膜栽培除草不便，因此防除杂草不容忽视。盖膜前必须用安全、长效的除草剂进行喷撒，以防草荒。

3. 风害问题

我国北方春季多风，如果盖膜不严不紧，就容易被风刮开，影响盖膜效果。因此盖膜必须封严踩实。

4. 盖膜机械化问题

盖膜栽培工序多，时间紧，费工费时，还往往达不到质量要求，因此，大面积推广应用，必须解决机械化问题。

4.4.4 黄土高原沟壑山区高产措施

1. 秋季深耕

马铃薯比其他农作物更要求深厚、松软而湿润的土层，以利根系的发育和块茎的形成膨大。种植马铃薯的田块，在前茬作物收获后应立即进行秋深耕，并在春季土壤解冻后进行浅耕和耙耱。这一地区春冬雨雪少，十年九春旱，秋耕后还应立即进行耙耱，并在严冬期碾压 1~2 次，解冻后碾耙各一次。

各地实践证明，加深秋耕深度并行春季耙耱，对提高马铃薯的产量有很大作用。

2. 选用抗旱品种

凡抗旱能力强的品种，其根系拉力、根鲜重和植株覆盖度均较抗旱能力差的品种为高，马铃薯的单位面积产量也将随着抗旱性的增强而增高。因此，选用抗旱品种是黄土高原沟壑山区实现马铃薯高产的经济有效措施。目前，表现抗旱能力强，适宜旱作栽培的品种有晋薯 1 号、系薯 1 号、中心 24、乌盟 851、坝薯 10 号、紫花白、陇薯 3 号、新大坪等，各地可因地制宜选择推广应用。

3. 集中施用基肥

基肥中以腐熟良好的厩肥对马铃薯的增产效果最大，在沙土中效果尤为显著。这首先是因为厩肥肥效慢而持久，能不断满足马铃薯各生育期对养分的需要；其次是厩肥能改善土壤物理结构和植株周围的空气条件。

集中施用基肥的方法，是在春季种植时开沟条施或穴施。这种施肥法，在我国目前厩肥及矿物质肥料来源不足的情况下，对提高肥效和经济利用肥料是极为合理的。青海省的实践表明，耕地前施厩肥 22500kg/hm² 和播种时每亩穴施厩肥 7500kg/hm²，比耕前一次撒施 30000kg/hm² 增产 11.4%。由此可见，集中施肥的好处在于改善马铃薯的营养，而为其后的块茎形成膨大奠定了营养基础。

4. 增加种植密度

国内外大量的生产实践证明，合理密植是提高单位面积马铃薯产量的有效措施之一，前文已有讨论。山西省宁武县，近年来马铃薯种植密度由过去每 45000 株/hm² 左右增加到现在的 75000~90000 株/hm²，密度增加了将近 1 倍，单产翻了一番还多，单产提高到 21000kg/hm²。在干旱瘠薄的沟壑山区适当增加马铃薯种植密度，增产效果尤为显著。

4.4.5 植物生长调节剂在马铃薯种植中的应用

4.4.5.1 膨大素

膨大素是江苏省淮阴市农科所发明的一种植物生长调节剂的复配剂。它能提高叶片制造营养的能力，增加光合效率，较多地把制造的营养运送到薯块里去。它还能促进根系生长，增强抗旱能力。

1. 增产效果

据许多地方的试验资料显示，马铃薯施用膨大素后，可增产 10%~30%，一般能增产 15% 左右，并能提高大薯率 5% 左右，增加切片率 0.2%~1%。

2. 施用方法

膨大素使用简便。河北省秦皇岛市农业技术推广总站推行的使用方法是"一沾一喷"。"一沾"，就是用膨大素 1 包（10g），兑水 20L，溶化后加黏性土适量，和成稀泥浆，沾在 150kg 左右即 667m²（1/15hm²）地用种量的芽块上，使每个芽块都均匀沾上泥浆，然后堆在一起，用麻袋或塑料布覆盖 12~24 小时。然后进行催芽或直接播种。据调查，沾膨大素的芽块比不沾膨大素的提前 3 天出苗，且出苗整齐一致，苗全苗壮。"一喷"就是在马铃薯开花前 5~7 天，用 1 包膨大素（10 克）兑水 20~30L 配成水溶液，用喷雾器均匀周到的喷在 667m²（1/15hm²）马铃薯植株上。也可根据情况灵活掌握，只沾不喷或只喷不沾，同样有增产效果，但增产幅度要小一些。

据其他资料介绍，用 1 包膨大素对水 3L 左右，用喷雾器喷在 150kg 芽块上，并随喷随翻动，使所有芽块都均匀着药。喷后堆积芽块，用麻袋、塑料布盖严，闷种 12 小时，晾干后播种，效果也很好。

四川省国光农化有限公司生产的马铃薯专用的国光膨大素，只能用于喷施植株，严禁用于拌种。

4.4.5.2　多效唑

多效唑是一种较强的生长延缓剂。它有明显的抑制植株疯长（徒长）的作用，可以调整植株外形结构，使植株高度降低，生长紧凑，茎秆变粗，叶色深绿，叶片增厚，增加营养物质积累。

马铃薯在开花期进入块茎增长时，地上部生长已达到高峰，不宜继续增长，营养分配应主要面向地下的块茎，做到"控地上，促地下"。可是往往由于天气因素及管理不当等原因，使地上部分仍继续旺长，因而影响了地下块茎的增长和干物质的积累，此时喷施多效唑，就可以抑制植株生长，起到"控上促下"的作用，保证产量的增加。

1. 增产效果

有关专家对马铃薯喷施多效唑问题的研究表明：多效唑使马铃薯增产的机理，在于它能改善叶子的光合性能和条件，增加叶绿素的含量，提高光合能力，抑制和延缓叶片的衰老，改变营养物质在植株各部位的分配，促进向块茎运转，使产量提高。据各地示范资料介绍，喷施多效唑，可使马铃薯产量增加 10%~20%。

2. 施用方法

多效唑剂型为 15% 可湿性粉剂、25% 乳油。施用时期在花蕾期为最佳。喷施浓度为 90~120ppm。喷施剂量为每 hm^2 15% 粉剂 360~480g，25% 乳油 216~288mL，兑水 600L。施用时，用喷雾器把兑好的药液均匀地喷在马铃薯茎叶上。

3. 注意事项

①喷施时期不能过早或过晚，否则效果不好。

②浓度一定要准确，以保证效果。

③喷药时，注意不要把药液喷在地上，以防止对下一茬作物产生不良影响。

4.4.5.3　增产灵

增产灵是中国林业科学院林业研究所在 1981 年研制成 ABT 生根粉的基础上，根据农作物的特殊需要，而研制成的又一种复合型植物生长调节剂。用增产灵处理农作物种子，能提高发芽率，加速幼苗生长。对根用茎用作物可促进生长，提高抗旱能力。所以在农作物和特种经济作物上使用，都获得了提高成活率和增加产量的效果。

1. 增产效果

据报道，许多地方在马铃薯种植上应用增产灵，效果都非常理想，可增产 20% 左右。

2. 施用方法

选用的剂型为 5 号增产灵或 6 号增产灵。使用的浓度，浸种用 5~15ppm，闷种用 5~10ppm，喷施用 5~10ppm。施用时间，浸种和闷种在播种前，喷施在开花初期。用量为每 1g 增产灵可处理芽块 400~600kg（约为 1667~26667m^2 即 0.1667~0.2667hm^2）地用种量，平均每 hm^2 地用 3.75~6g，每 1g 增产灵作叶面喷施可用于 0.4~0.47hm^2 地的马铃薯，平均每 hm^2 用量为 2.25g 左右。

施用的方法是：

①把切好的、伤口阴干后的芽块，放入 5~15ppm 的增产灵溶液中浸泡 0.5~1 小时，捞出稍干后即可播种。

②把增产灵 5~10ppm 的溶液，用喷雾器均匀喷在芽块上，然后用麻袋、塑料布覆盖，闷 12~24 小时后直接播种。

③在晴天早晨露水干后，用喷雾器把 5~10 ppm 浓度的增产灵溶液，均匀喷在植株茎叶上。

近年来，除上述几种药剂外，还有许多植物生长调节剂和叶面肥，被应用于农业生产，如叶面宝、喷施宝、助壮素、矮壮素和健生素等。根据当地条件，这些药剂均可以试用。但试用时必须注意：产品必须是正式厂家或科研单位研制的；有效成分含量准确，并在说明书上作了标明；使用时掌握好用量，配准浓度；正确把握施用时间，防止出现不良后果。

4.4.6 马铃薯规范化栽培

4.4.6.1 品种标准化

根据栽培目的和用途选用产销对路品种，是实现马铃薯品种标准化的基础和前提；采用脱毒薯作种，小整薯播种，是实现马铃薯高产稳产，防止病毒重新再感染的有效措施。

4.4.6.2 种植规范化

要正确处理好个体与群体的关系，既要发挥个体的增产潜力，又要发挥群体的增产优势，从而实现单位面积上的最高产量。本着肥地宜稀、薄地宜密的原则，种植密度为肥地 60000~67500 株/hm^2，薄地 75000~82500 株/hm^2 为宜。种植方式为：肥地宜采用宽窄行种植，薄地宜采用等行距种植，这样利于中耕培土和通风透光，实现增株增产。

4.4.6.3 施肥定量化

即按照土壤肥力和计划产量指标，确定施肥的数量和配方。为此，必须首先测定土壤肥力，然后再根据产量要求指标，按照每生产 1000kg 块茎，需要从土壤中吸收纯氮 5kg、磷 2kg、钾 11kg 的需肥量进行施肥。一般中等肥力的地块，每 hm^2 需施农家肥 22500kg，过磷酸钙 750kg，与农家肥混合施用，以提高磷肥效果。我国北方土壤中含钾量较多，一般是缺氮少磷，因此增施氮、磷即可满足马铃薯的需肥要求。施肥的原则是以农家肥为主，化肥为辅，基肥为主，追肥为辅，这样既可满足马铃薯整个生育期的需肥要求，又可达到培肥地力的目的，达到用养结合，持续增产。

4.4.6.4 管理科学化

即按照马铃薯的生长发育阶段，进行科学的管理。马铃薯具有苗期短，生长发育快的特点。幼苗期的管理主要是疏松土壤，提高地温，促进根系发育。管理措施是早中耕、深中耕、分次培土。块茎形成期的管理重点是在壮苗的基础上，促下控上，促控结合，以利块茎形成膨大。主要措施是适时追肥浇水，浅中耕，高培土，促进块茎迅速膨大。淀粉积累期的管理重点是促进块茎增长和淀粉积累，提高单位面积产量。主要措施是叶面喷肥，及时浇水和防治病虫害，以延长绿色部分的功能期，防止早衰。对发生徒长的田块，要及时喷打矮壮素（1500mg/L）或摘心，防止养分消耗，以利块茎膨大。

◎本章小结：

本章包括马铃薯常规栽培技术、高产栽培技术、特殊栽培技术和增产措施四个模块。从播前准备（选种和种薯处理、深耕整地、合理轮作）、播种期选择、播种方法介绍、田间管理、科学施肥、病虫害防治、收获和储藏等方面介绍常规栽培技术。以此为基础，进一步详细介绍"一晚四深"栽培法、"抱窝"栽培法、间作套种栽培法、二季栽培法等马铃薯高产栽培技术。并且，结合我国劳动人民长期栽培马铃薯过程中，根据本地实际创造和积累的行之有效的特殊栽培技术，从而总结能使马铃薯增产的措施。

第5章 马铃薯主要品种介绍

☞ 提要：

1. 了解马铃薯优良品种的标准及分类；
2. 掌握马铃薯优良品种的选种和引种原则；
3. 了解常用马铃薯优良品种的特性及其适种范围。

品种是非常重要的农业生产资料，选用良种是获得马铃薯高产的物质基础，也是一项经济有效的增产措施。优良品种之所以能够增产，主要是由它对环境条件有较强的适应性，对病毒病菌有较强的抵抗力及其所具有的丰产特性所决定的。值得指出的是，马铃薯的品种区域性较强，每个品种都有一定的适应范围，并非对各种自然条件都能够适应。只有科学选择适应当地条件的品种才能更好地发挥良种的增产作用。

5.1 马铃薯优良品种的标准与选用

5.1.1 马铃薯优良品种的标准及分类

5.1.1.1 优良品种的标准

优良品种就是人们所说的好品种。优良品种应符合以下标准：

1. 丰产性强

丰产性强即块茎的产量高。如单株生产能力强，块茎个大，单株结薯个数适中等。

2. 抗逆性强

适应性广，耐性强。在同样情况下，感病轻，少减产或不减产，对自然灾害的抵御能力强，能抗旱、抗涝、抗冻等；对不同土质、不同生态环境有一定的适应能力，在不同的自然地理条件、气候条件及生长环境中，都能很好地生长。

3. 品质优良

块茎的性状优良，薯形好，芽眼浅，耐储藏等；干物质高，淀粉含量高或适当，食用性好，大中薯率高，商品性好，有市场竞争力。

4. 特殊优点

有其他特殊优点，如极早熟，赶上市场最高的行情，又不耽误下一茬植物种植；薯形长得特殊，比如特别长，含还原糖低，非常适合油炸薯条用等。总之，符合高产、优质、高效的马铃薯品种，就是优良品种。

5.1.1.2 品种分类

1. 根据熟期分类

栽培上根据出苗至茎叶枯萎期的长短，来划分品种的熟期类别，分为极早熟品种、早熟品种、中熟品种、中晚熟品种、晚熟品种 5 个类别（见表 5-1）。

表 5-1　　　　　　　　　　　　　　马铃薯的熟期类别

品种类型	生育期（天）	代 表 品 种
极早熟品种	50~60	东农 303、费乌瑞它（Favoriat）、中薯 2 号、早大白、超白、鲁马铃薯 1 号
早熟品种	60~80	中薯 3 号、中薯 5 号、豫马铃薯 2 号、黄麻子、春薯 5 号
中熟品种	80~100	大西洋、克新 1 号、夏坡地、鄂马铃薯 1 号、晋薯 5 号、乌盟 684、晋薯 2 号、春薯 3 号、榆薯 1 号、克新 12 号、蒙薯 9 号、内薯 7 号、斯诺登（Snowden）、鄂马铃薯 3 号、尤金、冀张薯 4 号
中晚熟品种	100~120	米拉（Mira）、坝薯 10 号、陇薯 3 号、春薯 4 号、晋薯 8 号、合作 88
晚熟品种	120 以上	下寨 65 号、青薯 168 号、晋薯 7 号、宁薯 4 号、高原 4 号

2. 根据用途分类

根据不同用途来分，马铃薯品种主要分为 2 大类（还有一类为特色马铃薯品种），一类为鲜食品种；一类为加工类品种。加工类品种又细分为 4 种类型：炸片加工品种、炸条加工品种、淀粉加工品种、全粉加工品种。全粉主要用于生产复合薯片、马铃薯泥和其他方便食品（见表 5-2）。

表 5-2　　　　　　　　　　　　　　马铃薯的用途分类

用途	品 质 要 求	代 表 品 种
鲜食	要求：薯形和大小整齐、色泽好、芽眼浅、肉色好，食味优良，炒、煮、蒸口感好，干物质含量中等，一般在 15%~17%，蛋白质、维生素 C 含量一般每 100 克鲜薯大于 25 毫克，粗蛋白质含量 2.0% 以上，商品薯率 8.5% 以上，耐储藏，耐长途运输。	费乌瑞它、东农 303、中薯 2 号、会-2、克新 13 号、豫马铃薯 1 号、豫马铃薯 2 号、克新 1 号、鄂马铃薯 1 号、晋薯 5 号、乌蒙盟 684、晋薯 2 号、米拉（Mira）、春薯 4 号、青薯 168 号、晋薯 7 号、宁薯 4 号、陇薯 3 号、榆薯 1 号
薯片加工	要求：薯形整齐，块茎圆形或近圆形，大小适中，表皮光滑，芽眼少而且浅、薯肉白，块茎不空心，相对密度大于 1.085，淀粉分布均匀，较耐低温储藏。还原糖含量低，一般低于 0.25%。符合出口标准。	大西洋、斯诺登（Snowden）、抗疫白、春薯 5 号、鄂马铃薯 3 号、尤金、中甸红、白花大西洋、中薯 4 号以及杂交实生种子中的 B16、B18

用途	品质要求	代表品种
薯条加工	要求：薯形整齐，块茎长圆或长椭圆形、大小适中，表皮光滑，芽眼少而浅、薯肉白，炸条色泽浅，薯条食味好，还原糖含量低，一般低于0.25%，相对密度大于1.090，淀粉粒结晶状，分布均匀，较耐低温储藏。	夏坡地、克新1号、冀张薯4号、阿克瑞亚（Agria）、美加二号、Linkage04-01
淀粉加工	要求：品种中淀粉的含量要比较高，一般应在18%以上，结薯集中，大小中等，芽眼少浅，最好是白皮薯，休眠期长，块茎不空心，耐储藏，品种单产高、相对稳定。	克新12号、合作88、内薯7号、蒙薯9号、呼薯8号、米拉、会-2、陇薯3号、陇薯6号、冀张薯6号、云薯2号、紫花白、晋薯2号、高原4号、榆薯1号、晋薯8号
全粉加工	要求：品种单一、纯正，干物质含量高，一般在20%以上，比重在1.085以上；还原糖含量低，最好在0.2%以下；肉色浅，白色或淡黄色；外形圆滑，芽眼少而浅，单个薯块重量在70克以上，耐低温储藏。	大西洋、大92062-1、宁薯8号、宁薯9号、内薯7号、美国5号、陇薯3号、青薯2号、鄂薯3号

1. 鲜食品种

薯形好，芽眼浅，薯块大。干物质含量中等（15%～17%），高维生素C含量（>25mg/100g鲜薯），粗蛋白质含量2.0%以上。炒食和蒸煮风味、口感好。耐储运，符合出口标准。

2. 炸片加工品种

还原糖含量低于0.25%，耐低温储藏，比重介于1.085～1.100之间，浅芽眼，圆形块茎。

3. 炸条加工品种

还原糖含量低于0.25%，耐低温储藏，比重介于1.085～1.100之间，浅芽眼，长椭圆形或长圆形。

4. 淀粉加工品种

淀粉含量在18%以上，白肉，耐储。

5. 全粉加工品种

还原糖含量低于0.25%，耐低温储藏，比重在1.085以上，浅芽眼。

5.1.2 优良品种的选用

马铃薯优良品种的选用，要根据以下三个方面来确定。

1. 种植目的

种植者可依据市场的需求，决定是种植鲜食型马铃薯供应市场，还是种植加工型马铃薯供应加工厂。据此来确定选用哪种类型的优良品种。

2. 当地条件

种植者可依据当地自然地理、气候条件和生产条件，以及当地的种植习惯与种植方式等，来选用不同的优良品种。如城市的远近郊区或有便利交通条件的地方，可选用早熟鲜食优良品种，以便早收获，早上市；在二季作区及有间套作习惯的地方，可考虑下一茬种植以及植株高矮繁茂程度是否遮光等问题，选用早熟株矮，分枝少、结薯集中的优良品种。在北方一季作区，交通不便、无霜期较短的地方，可选用中晚熟品种，以便充分利用现有的无霜期，取得更高的产量。

3. 品种特性

根据优良品种的特性来选用。比如在降雨较少、天气干旱的北部和西北部地区，可用抗旱品种，在南方雨水较多的地方，可选用耐涝的品种，在晚疫病多发地区可选用抗晚疫病的品种等。

5.1.3　优良品种的引种

引种是指不同农业区域，不同省、市、自治区，或不同国家，相互引进农作物品种或品系，进行试验种植和大田示范，并把表现高产、抗病、优质的品种直接用于生产。引种的方法简便易行见效快，是把科技成果尽快转化为生产力的有效办法。马铃薯是一种适应性很广泛的作物，引种非常容易成功，但是，每个品种都是在一定的环境条件下培育出来的，只有在与培育环境条件一致或接近时，引种才能获得成功。马铃薯引种需要掌握如下的原则：

1. 气候要相似

在地理位置距离较远的地方，主要看两地的气候条件是否接近。一是指在同一季节两地气候是否相似，二是指在不同季节两地的气候条件相似，比如南方的冬季和北方的夏季气候有相似之处，气温特别接近，雨量也相差不多。这样，引种地的气候与原产地的气候相似，进行品种引种就非常容易获得成功。

2. 要满足光和温度的要求

马铃薯是喜光，并对光敏感的作物。由长日照地区引种到短日照地区，往往不能开花，但对地下块茎的生长影响不是太大，而短日照品种引种到长日照地区后，有时则不结薯。温度对马铃薯生长关系极大。特别是在结薯期，如果土温超过了 25℃，块茎基本停止生长。因此，引种时必须注意品种的生育期长短，特别是由北方向南方引种，一定要引早熟、中早熟品种，争取在气温升高之前收获；而由南向北引种，早熟或晚熟品种均可以。

3. 要掌握由高到低的原则

由高海拔向低海拔、高纬度向低纬度引种，容易成功。其原因是在高海拔、高纬度种植的马铃薯病毒感染轻，退化轻，引到低海拔、低纬度地区种植一般表现良好，成功率高。

4. 要按照试验、示范、推广的顺序进行

同一气候类型区内，在距离较近的地方引进品种，一般可以直接使用，不会出现大问题。但气候类型区不一样，距离较远的地方，引进的品种必须经过试验和示范的过程。品种引进后首先要与当地主栽品种进行比较试验，在 1~2 年的试验中，引进的品种如果在产量、质量和抗病等方面都优于当地品种，下一步就可以适当扩大种植面积，进行大田示范，进一步观察了解其在试验阶段的良好表现是否稳定，同时总结相应的种植技术经验。如果大田示范中的表现与试验结果相符，就可以确定在当地进行推广应用。

5. 要严格植物检疫

引种和调种时，要有对方植物检疫部门开具的病虫害检疫证书，防止引进危险性病虫草害，危害生产。

5.2 马铃薯优良品种介绍

5.2.1 鲜食品种

5.2.1.1 东农 303——极早熟鲜食品种

品种来源：由东北农业大学农学系于 1967 年用白头翁（Anemone）作母本，"卡它丁"（Katahdin）作父本杂交，1978 年育成。1986 年经全国农作物品种审定委员审定为国家级品种。

特征特性：株高 45cm 左右，茎干直立粗壮、开展度 40cm×50cm，绿色，分枝中等，叶绿色，复叶较大，生长势强，花冠白色，花药黄绿色，雄性不育，不能天然结实。块茎长圆形，黄皮黄肉，表皮光滑，芽眼浅，结薯集中，且部位高，易于采收。薯块中等大小而整齐，长 6~8cm，横径 5~6cm，单株结薯 6~7 个，单株产薯 0.4kg 左右。休眠期 70 天左右，耐储藏，二季作栽培需要催芽。块茎形成早，出苗后 50~60 天即可收获。品质较好，淀粉含量 13%~14%，粗蛋白质含量 2.52%，维生素 C 含量为 142mg/kg 鲜薯，还原糖 0.03%，适合食品加工和出口。植株高抗花叶病毒，易感晚疫病，轻感卷叶病毒病和青枯病。退化慢、怕干旱、耐涝，因此不适宜干旱地区种植，适宜水田种植。该品种产量高，春播，每亩产薯 26865~29850kg/hm^2，秋播，亩产薯 13432~14925kg/hm^2。早熟，播种至初收 85~90 天，地膜覆盖栽培，4 月中旬即可采收。秋播，11 月可采收。该品种品质优，食味佳。

适宜范围：适应性广，在东北地区、华北、中南及广东等地均可种植，适宜出口。

栽培要点：

1. 种薯处理　播前将种薯薄摊于温暖见光处或阳光下曝晒数日，使幼芽和薯皮绿化，再切块播种，可提早 3~5 天出苗。

2. 适期早播，覆膜栽培　东北地区于 2 月上旬播种，地膜覆盖可提前到 1 月底播种；欲抢季节早上市，可采取双膜覆盖措施，即地膜加弓棚，播期还可提早。秋播，8 月下旬播种。

3. 高畦栽培，强调培土　东农 303 结薯集中，且结薯部位高，出苗至封垄前结合锄草培土 2~3 次，防止薯块裸露。

4. 株型较小，宜密植　东农 303 适宜密度 59701~67164 株/hm^2，地膜覆盖栽培密度可增至 89552 株/hm^2。播前起 85~90cm 宽的高畦，畦上双行栽，株距 25~30cm。

5. 重施基肥，及早追肥　要求土壤有中上等肥力，且生长期需肥水充足。栽培前施足基肥，每 667㎡ 基肥为栏肥 1500~2000kg，过磷酸钙 20~25kg，硫酸钾 10~15kg，结合施用焦泥灰、草木灰更有利多结薯、结大薯。齐苗后及时浇施人粪尿 250~400kg，以后 7~10 天再追加尿素 7.5kg，硫酸钾 7.5kg。

5.2.1.2　鲁马铃薯一号——极早熟鲜食品种

品种来源：山东省农业科学院蔬菜研究所于 1976 年用"733"（Anemone×克新 2 号）为母本，"6302-2-28"（Fortuna×Katahdin）为父本杂交，1980 年育成，1986 年经山东省农作物品种审定委员会审定命名，并于当年推广。

特征特性：株型开展，分枝数中等，株高 60~70cm 茎绿色，生长势中等；叶绿色，茸毛中等多，复叶大，叶缘平展，侧小叶 4 对，排列疏密中等；花序总梗绿色，花柄节有色，花冠白色，瓣尖无色，大小中等，无重瓣，雄蕊黄绿色，柱头 2~3 裂，花柱中等长，子房断面无色，花粉量极少，无天然结实，易落花落蕾；块茎椭圆形，顶部平，皮黄色肉浅黄色，表皮光滑，块大小中等、整齐，芽眼数目及深度均为中等，结薯集中；半光生幼芽基部圆形、紫红色，顶部钝形、黄绿色，茸毛多；块茎休眠期短，耐储藏。早熟，生育期 60 天左右。食用品质较好，干物质 22.2%，淀粉含量 13% 左右，粗蛋白质含量 2.1%，维生素 C 含量为 19.2mg/100g 鲜薯，还原糖 0.01%，可用于食品加工炸片和炸条。植株抗皱缩花叶病毒，耐卷叶病毒，较抗疮痂病，抗退化。一般产量约 22500kg/hm²，高产可达 45000kg/hm² 左右。

栽培要点：适宜栽植密度 60000~75000 株/hm²，秋播比春播密度增加 30%，不能脱水脱肥。

适宜范围：适宜于中原二季作区种植，主要分布于山东省。

5.2.1.3　费乌瑞它（Favorita）——极早熟鲜食品种

品种来源：为荷兰品种，用 ZPC50-35 作母本，ZPC55-37 作父本杂交育成。1980 年由农业部种子局从荷兰引入。又名津引薯 8 号、鲁引 1 号，粤引 85—38 和荷兰 15。

特征特性：株高 60cm 左右，株型直立，分枝少，半光生幼芽顶部较尖，呈浅紫色，中部黄色，基部椭圆形、浅紫色、茸毛少。幼苗开展，深绿色，植株繁茂，生长势强。茎紫褐色，横断面三棱形，茎翼绿色，微波状。复叶大，圆形，色绿，茸毛少。小叶平展，大小中等，顶小叶椭圆形，尖端锐，基部中间型。侧小叶 3 对，排列较紧密。次生小叶 2 对，互生，椭圆形。聚伞花序，花蕾卵圆形，花冠蓝紫色。萼片披针形，紫色；花柄节紫色，花冠深紫色。五星轮纹黄绿色，花瓣尖白色。有天然果，果形圆形，较大，果色浅绿色，有种子。块茎长椭圆形，表皮光滑，芽眼少而浅，薯皮色浅黄。薯肉黄色，致密度紧，无空心。单株结薯数 5±2 个，单株产量 0.55kg，单薯平均重 0.2kg。产量 25500kg/hm²，高产可达 45000kg/hm² 左右。芽眼浅，芽眼数 6±2 个；芽眉半月形，脐部浅。结薯集中，薯块整齐，耐储藏，休眠期短，为 80±10 天。早熟，生育期 60 天。较抗旱、耐寒、耐储藏。植株对 A 病毒和癌肿病免疫，抗 Y 病毒和卷叶病毒，易感晚疫病，不抗环腐病和青枯病，退化快。块茎食味品质好，淀粉含量 12%~14%，粗蛋白质含量 1.6%，维生素 C 含量 13.6mg/100g 鲜薯，还原糖 0.03%，适合炸片和炸条用，适合出口。

栽培要点：植株较矮，宜密植，适宜密度为 60000~67500 株/hm²，块茎对光敏感，应及早中耕培土，及早管理，喜水喜肥。

1. 间套复种　选择前作无茄科及胡萝卜等作物，排灌良好，质地疏松、肥力中上的壤土种植。

2. 种子处理　每 667m² 用种薯 125~150kg。一般要求整薯播种，较大的种薯可按芽眼切块播种，纵切成 25~50g 的薯块，每块带 1~2 个芽眼，切块时要剔除烂种，同时须用95% 的酒精对切刀和切板进行消毒。薯块切口沾上草木灰。种薯可用 5mg/kg 赤霉素溶液浸泡 10min 左右或用 1%~2% 的硫脲喷洒种薯，选择阴凉处，埋入湿沙中催芽，注意不宜浇水过多，防止烂种烂薯。

3. 适时播种和栽培密度　冬种宜在 11 月中旬至 12 月上旬播种，种植适宜密度每667m² 为 4000~4500 株。

4. 肥水管理　重施基肥，基肥以农家肥为主，每 667m² 施 1500~3000kg。种肥每667m² 施复合肥 25~50 公斤，撒施于种植沟内。播种后 25~30 天，结合施肥培土，每667m² 追施尿素 4~5kg；现蕾期结合中耕除草培土，每 667m² 施硫酸钾 15kg、尿素 10kg；块茎膨大期用 0.3% 的尿素与 0.3% 的磷酸二氢钾混合或 0.3% 的硝酸钾进行叶面喷施。土壤要保持湿润。

5. 注意病虫害防治　栽种期要注意病毒病、晚疫病、蚜虫、马铃薯瓢虫、地老虎等病虫的危害。

6. 适时收获　当马铃薯生长停止，茎叶逐渐枯黄时，即可采收。

适宜范围：该品种适宜性较广。黑龙江、河北、北京、山东、江苏和广东等地均有种植，是适宜于出口的品种。

5.2.1.4　早大白——极早熟鲜食品种

品种来源：由辽宁省本溪市马铃薯研究所育成，亲本组合为五里白×74-128。

特征特性：株型直立，繁茂性中等，株高 48cm 左右，单株结薯 3~5 个。叶片绿色，花白色。薯块扁圆，大而整齐，大薯率达 90%。薯块扁圆形，白皮白肉，表皮光滑，芽眼较浅，休眠期中等，耐储性一般。早大白，极早熟品种，生育期为 60 天以内。结薯集中、整齐，芽眼深度中等，薯块膨大快。产量 30000kg/hm² 左右。块茎干物质含量21.9%，含淀粉 11%~13%，还原糖 1.2%，含粗蛋白质 2.13%，维生素 C 含量 12.9mg/100g，食味中等。对病毒病耐性较强，较抗环腐病和疮痂病，易感晚疫病。一般每亩29850kg/hm²，高产可达 59701kg/hm² 以上。该品种品质好，适口性号，用于鲜薯食用。

栽培要点：适宜栽植密度 60000 株/hm² 左右，在地势高、温度高、排水良好的沙质土及中等以上肥水条件下种植。要深栽浅盖，现蕾前完成 2 次中耕除草，注意防治七星瓢虫和晚疫病。

适宜范围：适宜于二季作及一季作早熟栽培，目前在山东、辽宁、河北和江苏等地均有种植。

5.2.1.5　超白——极早熟鲜食品种

品种来源：属极早熟菜用型品种，由辽宁省大连市农业科学研究所育成，1993 年经辽宁省农作物品种审定委员会审定为推广品种。

特征特性：植株直立，生长繁茂，生长势强，株高平均 40cm 左右，茎绿色粗壮。叶片肥大平展，叶色浓绿。花冠白色。结薯集中，块茎圆形，白皮白肉，表皮光滑，芽眼较深，块大而整齐。大中薯率 71%~84%，块茎食用品质较好，平均淀粉含量 12.5%~13.4% 左右。植株病毒性退化轻，耐 X 病毒，较耐 Y 病毒和 M 病毒。产量 22500kg/hm²

左右。

栽培要点：种植适宜密度 75000 株/hm² 左右。适时早播，种植中要加强管理，及时灌溉，重施优质腐熟基肥。

适宜范围：适合城市郊区早播、早收、早上市和二季作区种植。在辽宁、吉林、黑龙江、河北、江苏及内蒙古等省（区）大面积种植。

5.2.1.6　郑薯 3 号——极早熟鲜食品种

品种来源：由河南省郑州市蔬菜研究所育成。

特征特性：早熟品种，生育期 58 天左右。株型直立，分枝中等，株高 40cm，主茎数 1.2 个左右，匍匐茎短。茎绿色长势中等，少花，花白色，有结实。块茎椭圆形，白皮白肉，表皮光滑，大而整齐，牙眼多而浅。结薯集中。生育期为 60 天左右。薯块含淀粉 12.5%，还原糖含量低。抗卷叶病毒病、花叶病毒病，抗环腐病，抗晚疫病。易感晚疫病、环腐病和疮痂病，退化快，不耐涝。产量 22500kg/hm²。

栽培要点：适宜栽植密度 82500～90000 株/hm² 为宜，要加强生育中期肥水管理。秋季栽培适宜晚播。

适宜范围：适宜于二季作栽培及间套作。

5.2.1.7　克新 4 号——早熟鲜食品种

品种来源：由黑龙江省农业科学院马铃薯研究所用"白头翁"作母本，"卡它丁"作父本进行有性杂交，在子代实生系中选择优良单株经无性繁殖而成的马铃薯品种，品种审定编号为鄂审薯 2012003。

特征特性：属早熟马铃薯品种，生育期 70 天左右。株型直立，分枝较少，株高 65cm 左右，单株主茎数 2.2 个，茎绿色，有淡紫色素，茎翼波状，宽而明显，匍匐茎较短。复叶中等大小，叶色浅绿，无蕾，生长势中等。花冠白色，花药黄绿色，花粉少，一般无浆果。块茎扁圆形，黄皮有网纹，薯肉淡黄色，芽眼中等深度。结薯集中，单株结薯数 6.3 个，单薯重 71.5g，薯块中等大小较整齐，表皮光滑，休眠期短，耐储藏。块茎食味好，干物质含量为 19.7%，淀粉含量 13.9% 左右，粗蛋白质含量 2.23%，维生素 C 含量 14.8mg/100g 鲜薯，还原糖 0.13%。植株易感晚疫病、花叶病毒病，但块茎抗病性较好，对 Y 病毒过敏，轻感卷叶病毒。一般产量约 22500kg/hm²，高产可达 37500kg/hm²。

栽培要点：

1. 选用脱毒种薯适时播种　元月中下旬播种，适宜栽植密度 60000～75000 株/hm²。

2. 配方施肥　施足底肥，注意氮、磷、钾配合施用，及时追肥。秋播需要催芽，增施农家肥，促其早发棵早结薯。

3. 加强田间管理　及时中耕培土，清沟排渍。

4. 注意轮作换茬　加强晚疫病、环腐病等病害防治。

适宜范围：适于湖北省平原、丘陵地区种植。城郊二季作区种植，适应范围较广。在黑龙江、吉林、辽宁、河北、山东、天津和上海等省（市）均有种植。

5.2.1.8　泰山 1 号——早熟鲜食品种

品种来源：由山东农业大学育成。

特征特性：株型直立，分枝少，株高 60cm 左右，茎绿色，基部有紫褐色斑纹，复叶中等大小，叶深绿色，生长势中等。花冠白色，花药黄色，花粉量少，一般无浆果。块茎椭圆形，皮肉均为淡黄色，芽眼较浅。结薯集中，块茎大，较整齐，休眠期短，较耐储藏。生育期 65 天左右。块茎蒸食品质较好，淀粉含量 13%～17%，粗蛋白质含量 1.96%，维生素 C 含量 14.7mg/100g 鲜薯，还原糖 0.4%。植株较抗晚疫病，抗疮痂病，对 Y 病毒过敏，耐花叶病毒，感卷叶病毒。一般产量约 22500kg/hm²，高产可达 52500kg/hm²。

栽培要点：适宜栽种密度 67500～75000 株/hm²，春季种植要注意水肥充足，秋季种植要事先催芽并注意排水。

适宜范围：适宜于中原二季作栽培和间套作。主要分布于山东、江苏、河南和安徽等省。

5.2.1.9 春薯 2 号——早熟鲜食品种

品种来源：由吉林省农业科学院蔬菜研究所育成，1983 年通过省级审定、命名，1985 年大面积推广。

特征特性：株型开展，茎绿色，株高 50cm 左右，生长势强。叶绿色，复叶大，侧小叶 3～4 对。花冠白色，花粉少，不能天然结果。块茎圆形，白皮白肉，表皮光滑，块大而整齐，芽眼中等深，结薯集中。块茎休眠期短，耐储藏。生育期为 70 天左右。食用品质好，块茎淀粉含量 14%左右，还原糖 0.11%，粗蛋白质 1.7%，维生素 C 含量 9mg/100g 鲜薯。植株抗晚疫病和环腐病，抗卷叶病毒病，较抗花叶病毒病，退化慢。块茎形成较早，但膨大速度慢，产量高。一般产量 22500 kg/hm²（1500kg/亩），高产田可达 45000kg/hm² 左右。

栽培要点：适宜栽植密度 60000～67500 株/hm²，适宜于与高秆作物间套作。可按早熟品种栽培。

适宜范围：适宜于二季作种植及一季作早熟栽培。主要分布在吉林、辽宁和河北等省种植。

5.2.1.10 鲁马铃薯 2 号——早熟鲜食品种

品种来源：由山东省农科院蔬菜研究所用钴-60 辐射处理育成的品种。1990 年经山东省农作物品种审定委员会审定为推广品种。

特征特性：株型扩散，株高 70cm 左右，分枝较少，生长势强。叶绿色，复叶大，小叶光合面积大。花冠白色。块茎椭圆形，黄皮黄肉，表皮光滑，芽眼中等深度，块大而整齐，结薯集中，单株结薯 7～8 块。块茎休眠期较短，耐储藏。食用品质好，淀粉含量 12%～13.5%，维生素 C 含量 16.4mg/100g 鲜薯。植株不抗晚疫病，对皱缩花叶病毒病有较强的抗性，轻感卷叶病毒病。植株块茎形成的早，膨大速度快。一般产量 22500 kg/hm² 以上。

栽培要点：不宜密植，适宜栽植密度 45000～60000 株/hm²。种植中要提早管理，做到早播早收。

适宜范围：适合二季作地区春季早播、早收、早上市。在山东省已大面积种植。

5.2.1.11 克新 9 号——早熟鲜食品种

品种来源：由黑龙江省农科院马铃薯研究所育成的品种。1985 年经黑龙江省农作物品种审定委员会审定为推广品种。

特征特性：株型直立，分枝多，生长势强，株高 55cm 左右，茎绿色带紫褐色斑纹。复叶大，叶色深绿，侧小叶 4 对。花冠白色，雄蕊花药橙黄色，花粉多，育性高。雌蕊柱头无裂痕，花柱长，天然结实性强。块茎椭圆形，黄皮黄肉，表皮光滑，芽眼浅，结薯集中。块茎休眠期长，耐储藏。生育期为 65 天左右。食用品质优良，淀粉含量 13% ~ 15%，粗蛋白质 1.33%，维生素 C 含量 11.8mg/100g 鲜薯，还原糖 0.04%。植株抗 X 病毒和 Y 病毒，轻感晚疫病，退化慢，抗倒伏。产量 18000kg/hm^2 左右。

栽培要点：适宜栽植密度 60000 ~ 67500 株/hm^2。该品种喜肥，抗倒伏，要提早管理。易天然结果，在开花结果多的地区，可采取摘花措施，以免大量结果影响块茎产量。

适宜范围：适宜于二季作栽培，主要分布在黑龙江省。

5.2.1.12　豫马铃薯 1 号（郑薯五号）——早熟鲜食品种

品种来源：由河南省郑州市蔬菜研究所育成的品种。1993 年经河南省农作物品种审定委员会审定为推广品种，并命名为豫马铃薯 1 号（原名为郑薯 5 号）。

特征特性：植株直立，株高 60cm 左右，茎粗壮，分枝 2~3 个，叶片较大，绿色。花冠白色，花药黄色，能天然结实。薯块圆或椭圆形，黄皮黄肉，表皮光滑，芽眼浅而稀。单株结薯 4 块左右，结薯集中，块茎大而整齐，大薯率 90% 以上。块茎食用品质好，淀粉含量 13.42%，粗蛋白质 1.98%，维生素 C 含量 13.87mg/100g 鲜薯，还原糖 0.089%，适合食品加工和外贸出口。块茎休眠期短。生育期 65 天左右。植株较抗晚疫病和疮痂病，退化轻。一般春薯产量 30000 kg/hm^2（2000kg/亩）左右，高产可达 60000 kg/hm^2；秋薯产量 22500 kg/hm^2 左右，高产达 37500kg/hm^2。

栽培要点：适宜栽植密度 60000 ~ 75000 株/hm^2，适合水肥条件好的地区种植。

适宜范围：适合于二季作地区种植。在河南、河北、山东、四川、广东、吉林等 13 个省（市）均表现良好。

5.2.1.13　川芋早——早熟鲜食品种

品种来源：由四川省农科院作物研究所育成。1991 年经四川省农作物品种审定委员会审定为推广品种。

特征特性：植株开展，株高 58cm 左右，通常主茎 2~3 个，茎粗壮，分枝 3~4 个，复叶较大，侧小叶 4 对，生长势强。花冠白花，开花较少。薯形椭圆，薯皮光滑，皮肉浅黄色，芽眼浅，块茎大而整齐，商品薯率 80% ~ 85%。块茎休眠期短，夏收后 35 ~ 40 天，冬收后 50 天左右，生育期 75 天左右。食用品质好，块茎淀粉含量 12.71%，维生素 C 含量 15.55mg/100g 鲜薯，还原糖 0.47%。植株抗 X 病毒和卷叶病毒，较抗晚疫病。产量 30000kg/hm^2（2000kg/亩）左右。

栽培要点：适宜栽植密度 75000 株/hm^2 左右，适宜于间、套作种植。

适宜范围：适合于我国西南地区二季作种植。

5.2.1.14　尤金（88-5）——早熟鲜食品种

品种来源：由辽宁省本溪市马铃薯研究所育成。

特征特性：株型直立，分枝较少，株高 65cm 左右。茎浅紫色，叶小而密，正面有蜡质光泽，花白色。块茎椭圆形，黄皮黄肉，芽眼少而浅。结薯集中，块茎大而整齐，大薯率达 90%，休眠期短，较耐储藏。生育期 70 天左右。含淀粉 14.3%，还原糖 0.02%。植株不抗晚疫病，块茎抗晚疫病和环腐病，退化不快。耐涝。产量 22500kg/hm^2。

栽培要点：适宜栽植密度 60000 株/hm^2 左右，水肥管理要早，适宜于中上等地力栽培。

适宜范围：适宜于二季作区种植。目前在辽宁省已大面积推广。

5.2.1.15 金冠——早熟鲜食品种

品种来源：由华南农业大学和河北省张家口市坝上农科所育成。

特征特性：株型直立，分枝较少，株高 60cm 左右。薯块肾型，薯皮光滑，芽眼少而浅，浅黄皮浅黄肉。含淀粉 14% 左右，结薯集中。生育期为 65 天左右。茎绿带紫色，花冠白色。薯块较大，商品率达 90% 以上。不抗晚疫病。产量 22500~30000kg/hm²。

栽培要点：本品种分枝较少，可适当密植，栽植密度 82500 株/hm² 以上。种植要选择肥沃土壤，提早管理，防治晚疫病。

适宜范围：适合广东、广西、浙江和福建等省（区）冬作。

5.2.1.16 川芋 39——中早熟鲜食品种

品种来源：四川省农科院作物研究所育成。

特征特性：株型开展，株高 50.9cm。分枝多，茎叶绿色。花淡紫色，开花量少。薯形卵圆，芽眼浅，表皮光滑，黄皮黄肉，含淀粉 15% 左右，还原糖 0.31%。生育期为 80 天左右，抗青枯病、晚疫病。耐瘠，耐旱。平均产量 24000 kg/hm² 左右。

栽培要点：适宜栽植密度 52500~60000 株/hm²。选择排水性好的沙土、壤土和坡台地种植，以农家肥为主要底肥，配施氮、磷、钾化肥，避免贪青晚熟，生长过旺。

适宜范围：目前在四川省山区及坪坝地区种植，也适宜于四川以南省份作一季或春秋两季栽培。

5.2.1.17 郑薯 4 号——中早熟鲜食品种

品种来源：由河南省郑州市蔬菜研究所育成。

特征特性：株型开展，分枝 4~5 个，株高 60~70cm，茎绿色，复叶大，叶绿色，生长势较强。花冠白色，花药橙黄色，可天然结果，浆果中等大，有种子。块茎圆形，黄皮黄肉，表皮较粗糙，芽眼中等深度。结薯集中，块茎大而整齐，大中薯率占 90% 左右，休眠期短，较耐储藏。生育期 75 天。食用品质好，淀粉含量 13% 左右，粗蛋白质含量 1.56%，维生素 C 含量 12.7mg/100g 鲜薯，还原糖 0.1%。植株较抗晚疫病和环腐病，轻感花叶病毒和卷叶病毒，感疮痂病，较耐涝。一般产量约 25500kg/hm²，高产可达 45000kg/hm² 以上。

栽培要点：适宜栽植密度 60000 株/hm² 左右。要加强前期管理，后期忌过多施氮肥，以免引起枝叶徒长，影响产量。

适宜范围：适合二季节作地区栽培，主要分布于河南、山东和安徽等省。

5.2.1.18 万芋 9 号——中早熟鲜食品种

品种来源：由重庆市万州区农科所育成。

特征特性：株型直立，株高 45cm 左右。茎绿色，复叶中等大小，叶绿色，生长势较强。花冠浅紫色，花药橙黄色，花粉量少，能天然结果，浆果绿色、较小，有种子。块茎扁圆形，白皮淡黄肉，芽眼较浅，表皮光滑。结薯集中，块茎中等大小、整齐，休眠期短、耐储藏。生育期 75 天左右。食用品质优良，淀粉含量 14% 左右，粗蛋白质含量 1.50%，维生素 C 含量 14.2mg/100g 鲜薯，还原糖 0.1%。植株高抗晚疫病，抗环腐病，轻感皱缩花叶病毒病，抗旱性强。一般产量 22500 kg/hm² 左右，间套作产量约 18000kg/hm²，秋薯产量 15000kg/hm² 左右。

栽培要点：适当密植，春薯适宜栽植密度 90000 株/hm²，间套作 60000 株/hm² 左右。早追肥，早中耕，分次培土。

适宜范围：主要适宜于春秋二季作栽培，主要在四川省及湖北省西部地区种植。

5. 2. 1. 19　中薯 3 号——中早熟鲜食品种

品种来源：由中国农业科学院蔬菜花卉研究所育成。亲本组合为京丰 1 号×BF77A。1994 年经北京市农作物品种审定委员会审定为推广品种。2004 年贵州省和广西省农作物品种审定委员会分别审定，2005 年国家农作物品种审定委员会审定，2007 年湖南省农作物品种审定委员会审定，2008 年福建省农作物品种审定委员会审定。

特征特性：出苗后生育期为 67 天左右，日照长度反应不敏感。株型直立，株高 55～60cm，分枝较少，单株主茎数 3 个左右，生长势强。叶茎绿色，复叶较大，茸毛少，侧小叶 4 对，叶缘波状。花冠白色，花药橙色，雌蕊柱头 3 裂，能天然结实。匍匐茎短，结薯集中，单株结薯 3～6 块。块茎扁圆或扁椭圆形，表皮光滑，皮肉均为黄色，芽眼浅。薯块大而整齐，耐储藏。商品薯率 90% 左右。块茎休眠期短，春薯收后 55～65 天可通过休眠期，较耐储藏。食用品质佳，薯块干物质 19.6%，含淀粉 13.5%，粗蛋白质含量 2.06%，维生素 C 含量 21.1mg/100g 鲜薯，还原糖 0.29%。植株抗卷叶病和 Y 病毒，不抗晚疫病。产量 25500kg/hm² 左右。植株不抗晚疫病，轻抗马铃薯花叶病毒病 PVX、中抗重花叶病毒病 PVY。

产量表现：1996—1997 年参加国家马铃薯品种早熟组区域试验，两年每 667 ㎡ 产 1501kg，比对照郑薯 4 号增产 39.9%；2004 年生产试验每 667 ㎡ 产 1796kg，比对照东农 303 增产 27.84%。2005—2006 年福建省马铃薯区试，平均鲜薯每 667 ㎡ 产分别为 1811kg 和 2128kg；2007 年度生产试验 3 个试点平均鲜薯每 667 ㎡ 产 2034kg。

栽培要点：适宜于水浇地种植，栽植密度 60000～67500 株/hm²。

1. 播前催芽　二季作区春季 1～3 月中下旬播种，播前催芽。春季地膜覆盖可适当提前播种和收获，5～6 月下旬收获。秋季 8 月上中旬～9 月上旬整薯播种，播前用 5ppm 赤霉素水溶液催芽，防止烂种烂薯，10 月下旬～12 月初收获。冬作 11 月上、中旬抢晴早播，1～3 月收获。

2. 轮作换茬　栽种选择土质疏松、灌排方便的地块，忌连作，不能与其他茄科作物轮作。

3. 加强田间管理　掌握"施足基肥、早施少施追肥、多施钾肥"的原则，及时中耕培土。齐苗后，结合培土及时进行第 1 次追肥，促进植株发棵；生育期保持土壤湿润。雨水较多的季节，要及时排除积水，避免后期干旱或积水造成畸形和裂薯，后期还要防止茎叶徒长。收获前 10 天控水。

4. 病害防治　及时防治晚疫病，在花期用 800～1000 倍瑞毒霉锰锌或甲霜灵或雷多米尔每隔 10 天喷 1 次，连续 3～4 次对叶背进行喷施。

5. 适时收获　薯块成熟，要及时收获，以免薯块营养流失或烂薯，影响产品品质，造成经济损失。

适宜范围：适宜北京、山东、河南、浙江、江苏、安徽等中原二季作区春秋两季种植和福建、广西、贵州、湖南等冬季栽培。

5.2.1.20　东农 304——中早熟鲜食品种

品种来源：由东北农业大学育成。1990 年经黑龙江省农作物品种审定委员会审定为推广品种。东北农学院育成。东北农业大学经杂交育成的马铃薯品种。母本为高代自交系 S4-5-3-9-125-（5），父本是经多次轮回选择的优良新品系 NSl2-156-（1）。1990 年通过黑龙江省农作物品种审定。

特征特性：株型直立，茎绿色，枝叶繁茂，长势强，株高 55cm 左右。叶色浓绿，花白色，无天然浆果。块茎圆形，黄皮黄肉，芽眼深度中等。结薯集中，单株结薯 7~8 个，大中薯块占 87% 左右。块茎休眠期长，耐储藏。含淀粉 14% 左右，还原糖含量低于 0.4%。植株抗晚疫病，抗 Y 病毒，轻感卷叶病毒病。产量 30000kg/hm² 左右。株型直立，繁茂，特别是苗期生长势强。茎绿，粗壮，株高 55 厘米左右。叶色浓绿，顶叶心状，复叶大小中等。开花正常，花冠白色，无天然结实。单株结薯 7~8 个，黄皮黄肉，薯形圆，穿眼中深。块茎休眠期长。鲜薯食用品质好，适宜加工；大中薯率为 87%。中早熟，从出苗至收获约 75~80 天。茎叶抗晚疫病，抗马铃薯 Y 病毒，轻感卷叶病毒。一般亩产 2000 公斤以上。丰产性能好。

栽培要点：适宜栽植密度 52500~60000 株/hm²，适宜在中上等水肥条件下种植。前期植株发育与产量有密切关系，苗期及孕蕾期不宜缺水，要加强前期管理。在黑龙江省南部地区适宜 4 月中旬、北部地区为 5 月上旬播种。密度以每亩 3500~4000 株为宜。块茎形成早，宜早收。适应二季作区栽培。黑龙江省南部地区 4 月中旬播种，北部地区 5 月上旬播种。亩保苗 3500~4000 株，块茎形成早，宜作早熟栽培。

适宜范围：该品种在黑龙江省南部已推广种植。

5.2.1.21　川芋 56 号——中早熟鲜食品种

品种来源：由四川省农科院作物研究所育成。1987 年经四川省农作物品种审定委员会审定为推广品种。

特征特性：株型开展，株高 50cm 左右，主茎粗壮，分枝 3~4 个。叶绿色，花冠白色，花药橙黄色，花粉多，花少，通常不结果。块茎椭圆，表皮光滑，黄皮黄肉，芽眼较浅。块茎大而整齐，大中薯率 80% 以上，结薯集中。块茎休眠期短，耐储藏。食用品质好，淀粉含量平均为 13.5%，维生素 C 含量 14.4mg/100g 鲜薯，还原糖 0.19%。植株抗癌肿病，感晚疫病，不抗青枯病，花叶病毒病轻。一般产量 22500kg/hm² 左右，高产可达 30000kg/hm²。

栽培要点：适宜栽植密度 60000 株/hm² 左右，不宜在长日照地区种植。否则会造成结薯晚或没有产量。适合与玉米等作物间套作。

适宜范围：适合二季作南方地区栽培，四川省有种植。

5.2.1.22　克新 l 号——中熟鲜食品种

品种来源：由黑龙江省农科院马铃薯研究所育成。

特征特性：分枝较多，株高 70cm 左右，茎绿色，复叶大，叶绿色，生长势强。花冠淡紫色，花药黄绿色，无花粉，雌雄蕊均不育。块茎椭圆形，白皮白肉，表皮光滑，芽眼较多、中等深。结薯集中，块茎大而整齐，休眠期长，耐储藏。食用品质中等，淀粉含量 13%~14%，粗蛋白质含量 0.65%，维生素 C 含量 14.4mg/100g 鲜薯，还原糖 0.52%。植株抗晚疫病（块茎易感病），高抗环腐病，抗 Y 病毒和卷叶病毒病，退化慢，较耐涝。一般产量约 22500kg/hm^2，高产可达 37500kg/hm^2 以上。

栽培要点：适宜栽植密度 52500~60000 株/hm^2，适宜于进行高水肥管理。二季作区春季催大芽早播，秋季要早催芽。

适宜范围：块茎前期膨大快，适应范围较广，一季作、二季作均可种植。在黑龙江、吉林、辽宁、内蒙古、河北、山西、上海、江苏和安徽等省（区、市）均有种植。

5.2.1.23　呼薯 1 号——中熟鲜食品种

品种来源：由内蒙古自治区呼伦贝尔盟农科所育成。

特征特性：植株半直立，分枝少，株高 50cm 左右。茎绿色带紫褐色斑纹，复叶较大，叶深绿色，生长势强。花冠淡紫红色，花药黄色，花粉少，天然结果较少，浆果浅紫褐色、较大、有种子。块茎圆形，皮肉淡黄色，表皮光滑，芽眼较浅。结薯集中，块茎较大而整齐，大中薯率占 90% 左右。休眠期 90 天左右，耐储藏。食用品质优良，淀粉含量 12%~16%，粗蛋白质含量 1.67%，维生素 C 含量 10.6mg/100g 鲜薯，还原糖 0.53%。植株抗 Y 病毒，较抗卷叶病毒病，感晚疫病和环腐病。耐涝，块茎前期膨大快。一般产量约 22500kg/hm^2，高产可达 37500kg/hm^2 以上。

栽培要点：品种耐涝。适宜栽植密度 70500 株/hm^2 左右。秋播要早催芽。

适宜范围：适宜一季作早熟和二季作栽培。在内蒙古、黑龙江、辽宁、河北和江苏等省（区）种植。

5.2.1.24　内薯 6 号——中熟鲜食品种

品种来源：由内蒙古自治区伊克昭盟农科所育成。

特征特性：株型扩散，株高 60cm 左右。叶、茎绿色，花紫色。块茎圆形，表面光滑整齐，芽眼浅而稀，淡黄皮肉。结薯集中。薯块含淀粉 14.7%。抗旱，耐瘠薄，适应性强。产量 22500kg/hm^2，水浇地产量 30000kg/hm^2。

栽培要点：适宜栽植密度 60000 株/hm^2 左右，适宜于中等以上肥力的土地种植。

适宜范围：在内蒙古西部地区种植，其他地区可以试种。

5.2.1.25　新芋 4 号——中熟鲜食品种

品种来源：由湖北省恩施南方马铃薯研究中心育成。

特征特性：株型直立，分枝多，株高 50cm 左右。茎绿色，复叶大，叶深绿色，生长势强。花冠紫红色，花药橙黄色，花粉多，可天然结果，浆果绿色、中等大小、有种子。块茎筒形，皮和肉均为淡黄色，表皮光滑，芽眼中等深度。结薯集中，块茎大而整齐，休眠期较短，耐储藏。生育期 105 天左右。食用品质较好，淀粉含量 16% 左右，粗蛋白质含量 1.76%，还原糖 0.84%。植株较抗晚疫病、青枯病和粉痂病，轻感花叶病毒病。产量 22500~30000kg/hm^2，高产可达 45000kg/hm^2 以上。

栽培要点：该品种耐肥，栽培中要注意增施肥料。要注意防治晚疫病。宜间套作，单作适宜栽植密度 60000~75000 株/hm^2，间套作 36000 株/hm^2 左右。

适宜范围：适宜南方二季作栽培，在湖北、湖南、四川、云南、贵州等省均有种植。

5.2.1.26　坝薯 9 号——中熟鲜食品种

品种来源：由河北省农科院高寒作物研究所育成。

特征特性：株型半直立，主茎粗壮，分枝中等，株高 50cm 左右，茎绿色，复叶较大，叶绿色，生长势强。花冠白色，花药黄色，有花粉但不结浆果。块茎长椭圆形，白皮白肉，表皮光滑，芽眼中等深度。结薯较集中，块茎较整齐，休眠期短，耐储藏。生育期85天左右。食用品质较好，淀粉含量14%左右，粗蛋白质含量1.67%，维生素C含量13.8mg/100g鲜薯，还原糖0.31%。植株较抗晚疫病（块茎抗病性好），轻感环腐病和疮痂病，较抗花叶病毒病和卷叶病毒病，抗退化。产量22500kg/hm² 左右，高产在30000kg/hm² 以上。

栽培要点：适宜栽植密度52500~60000 株/hm²。要提早进行水肥管理，秋播需要催芽。

适宜范围：适宜一季作及二季作春播或间套作。主要分布于河北、北京和山东等地。

5.2.1.27 克新10号——中晚熟鲜食品种

品种来源：由黑龙江省农科院马铃薯研究所育成。1990年经黑龙江省农作物品种审定委员会审定为推广品种。

特征特性：株型直立，茎秆挺拔不易倒伏，株高55~65cm，茎上波状翼翅比较明显，心叶有较深的紫色为其特征。复叶中等大小，叶绿色，侧小叶3~4对。花冠淡紫红色，花粉较多，天然结果性弱。块茎椭圆形，黄皮黄肉，表皮光滑，芽眼较浅。块茎休眠期长，耐储藏。食用品质优良，淀粉含量13%~15%，维生素C含量17.8mg/100g鲜薯，还原糖0.35%。植株对晚疫病有高度的田间抗性，较抗环腐病和花叶病毒病，退化轻。产量22500kg/hm² 左右，高产可达37500kg/hm²。

栽培要点：适宜栽植密度60000~67500 株/hm²。应在中等以上地力的土壤中栽培。

适宜范围：适合一季作区种植，已在黑龙江省推广。

5.2.1.28 宁薯6号——中晚熟鲜食品种

品种来源：由宁夏回族自治区固原地区农科所育成。1994年经宁夏回族自治区农作物品种审定委员会审定为推广品种。

特征特性：株型直立，株高70cm左右，茎秆粗壮，主茎分枝2~3个，生长势强。复叶较大，小叶深绿色，叶面光滑平展。花冠浅红色，花粉少。块茎扁圆形，皮淡黄，肉白色，芽眼较深。结薯较分散，单株平均结薯3~4块。块茎食用品质好，干物重20.9%，淀粉含量14.3%，粗蛋白质2.3%，维生素C含量17.1mg/100g鲜薯，还原糖0.16%。植株感晚疫病但块茎抗病，对Y病毒免疫，抗卷叶病毒病，退化慢。抗旱性强。产量24000kg/hm²。

栽培要点：适宜栽植密度52500~60000 株/hm²。

适宜范围：适宜于宁夏南部山区半干旱及干旱地区种植。

5.2.1.29 坝薯8号——中晚熟鲜食品种

品种来源：由河北省张家口市坝上农科所育成。

特征特性：株型直立，分枝较多。茎绿色，叶深绿色，长势强。花白色。块茎椭圆形，白黄皮，淡黄肉，表皮光滑，大薯多而整齐。结薯较集中。块茎休眠期短，耐储藏。薯块含淀粉12.2%~15%，还原糖0.08%。植株对晚疫病具有田间抗性，块茎较抗病，抗环腐病，轻感黑胫病，退化慢，较抗旱。产量22500~30000kg/hm²。

栽培要点：适宜栽植密度45000~52500 株/hm²。基肥要充足，追肥要早。在现蕾结薯期，水肥管理要及时。

适宜范围：适宜于一季作区土质肥沃、降雨较多的河川区种植。主要分布于河北省张家口地区。

5.2.1.30 克新 11 号——晚熟鲜食品种

品种来源: 由黑龙江省农业科学院马铃薯研究所育成。1990 年经黑龙江省农作物品种审定委员会审定为推广品种。

特征特性: 株型直立,茎绿色,一般可生主茎 2~3 个,不倒伏,株高 45~55cm。叶淡绿色,新生叶稍有淡紫色,复叶较大,侧小叶 3~4 对。花冠白色,雄蕊花药黄色,雌蕊柱头 3 裂,天然结果很少。块茎圆或椭圆形,黄皮黄肉,表皮光滑,芽眼浅,块大而整齐,商品薯率 80%~85%。休眠期较长,耐储藏。食用品质好,淀粉含量 13%~15.5%,维生素 C 含量 17.82mg/100g 鲜薯,还原糖 0.28%,适合食品加工利用。植株高抗晚疫病,较抗卷叶病毒病和花叶病毒病,耐退化。产量 22500kg/hm²,高产可达 37500kg/hm² 以上。

栽培要点: 适宜栽植密度 60000 株/hm² 左右。要选择较肥地块种植,多施农家肥料,进行围种催芽播种可提高产量。

适宜范围: 适合一季作区种植,在黑龙江省各地推广。

5.2.2 鲜食和淀粉加工兼用型品种

5.2.2.1 中薯二号——极早熟鲜食和淀粉加工兼用型品种

品种来源: 由中国农业科学院蔬菜花卉研究所育成。

特征特性: 株高 65cm 左右,整薯播种一般有 3~4 个茎,分枝较少,茎浅褐色,株型扩散,复叶中等大小,叶色深绿,生长势强。花冠紫红色,花药橙黄色,花粉多,天然结果性强,花多,浆果大,种子多。块茎近圆形,皮肉淡黄,表皮光滑,芽眼深度中等。结薯集中,块茎大而整齐,单株结薯 4~6 块,休眠期短,2 个月即可通过休眠,秋播一般不用药剂催芽。块茎品质好,淀粉含量 14%~17%,粗蛋白质含量 1.4%~1.7%,维生素 C 含量 27~32mg/100g 鲜薯,还原糖 0.2%左右。植株抗 X 病毒,田间不感染卷叶病毒,感染 Y 病毒和疮痂病,退化轻。春薯产量 22500~30000kg/hm²,高产可达 52500kg/hm²。

栽培要点: 适宜栽植密度 52500~60000 株/hm²。对肥水要求较高,干旱后易发生二次生长。可与玉米、棉花等作物间套作。

适宜范围: 目前在河北、北京等地推广种植。适宜于二季作及南方地区冬作种植。

5.2.2.2 呼薯 4 号——早熟鲜食和淀粉加工兼用型品种

品种来源: 由内蒙古自治区呼伦贝尔盟农科所育成。1987 年经内蒙古自治区农作物品种审定委员会审定为推广品种,并命名。

特征特性: 株型直立,株高 60cm 左右。分枝少,茎粗壮,叶色深绿,花冠淡紫色,花粉多,能天然结实。块茎椭圆形,黄皮黄肉,芽眼中等深度,块茎大而整齐。大中薯率 90%以上,单株薯数一般 4~5 块,结薯集中。块茎休眠期长,耐储藏。食用品质好,薯块含淀粉 15%左右。植株抗 X 病毒和 Y 病毒,感卷叶病,晚疫病不重。苗期较耐旱,生育期 75 天左右。产量 22500~30000kg/hm²,高产可达 41250kg/hm²。

栽培要点: 适宜栽植密度 60000~67500 株/hm²。天然结实多影响产量,必要时摘蕾摘果可增产。

适宜范围: 适宜在吉林、辽宁和内蒙古等省(区)种植。

5.2.2.3　陇薯一号——中早熟鲜食和淀粉加工兼用型品种

品种来源：由甘肃省农科院粮食作物研究所育成。

特征特性：株型较开展，株高 80~90cm，茎绿色，复叶中等大小，叶绿色，生长势强。花冠白色，花药黄色，花粉多，但天然结果少。浆果绿色、较小，有种子。块茎扁圆形，皮和肉淡黄色，表皮粗糙，芽眼较浅。结薯集中，块茎大而整齐。休眠期短，耐储藏。生育期 85 天左右。食用品质好，淀粉含量 14%~16%，粗蛋白质含量 1.55%，维生素 C 含量 10.5mg/100g 鲜薯，还原糖 0.2%。植株抗 X 病毒和 Y 病毒，耐卷叶病毒，轻感晚疫病，感环腐病和黑胫病，退化慢。产量 22500~30000kg/hm^2，高产田达 37500kg/hm^2 以上。

栽培要点：适宜栽植密度 75000 株/hm^2 左右。二季作可适当稀植。施足基肥，早中耕培土，加强田间管理。

适宜范围：适应性较广，一、二季作均可种植。主要分布在甘肃、宁夏、新疆、四川和江苏等省（区）。

5.2.2.4　安农 5 号——中早熟鲜食和淀粉加工兼用型品种

品种来源：由陕西省安康地区农科所育成。

特征特性：株型开展，分枝少，株高 60cm 左右。茎浅紫褐色，复叶大，叶绿色，生长势强。花冠淡紫色，有重瓣，花药橙黄色，花粉多，能天然结果，浆果绿色，有种子。块茎长椭圆形，红皮黄肉，表皮光滑，芽眼较浅。结薯较集中，块茎中等大小，较整齐，休眠期短，耐储藏。食用品质好，淀粉含量 12%~18%，粗蛋白质含量 2.28%，维生素 C 含量 8.5mg/100g 鲜薯，还原糖 0.5%左右。植株较抗晚疫病（块茎高抗），抗环腐病和卷叶病毒病，轻感花叶病毒病。产量 22500kg/hm^2 左右，高产达 37500kg/hm^2 以上。

栽培要点：适宜栽植密度 67500 株/hm^2 左右，较抗旱，耐瘠薄。

适宜范围：适宜于二季作及间套作，在陕西、四川等省均有栽培。

5.2.2.5　冀张薯 3 号（无花）——中熟鲜食和淀粉加工兼用型品种

品种来源：由河北省张家口市坝上农科所从荷兰品种奥斯塔拉（Ostara）的组织培养变异植株中选育而成。1994 年经河北省农作物品种审定委员会审定推广，并定名。

特征特性：株型直立，株高 75cm 左右。主茎粗壮、深绿色，分枝数中等。叶色浓绿，复叶肥大，侧小叶 4 对。花冠很小、白色，一般落蕾不开花，又称"无花"。块茎椭圆形，皮肉均为黄色，芽眼少而浅，薯形美观。薯块大而整齐，商品薯率在 80%以上，休眠期中等，储藏性较差。生育期 100 天左右。块茎食用品质中等，干物重 21.9%，淀粉含量 15.1%，粗蛋白质 1.55%，维生素 C 含量 21.2mg/100g 鲜薯，还原糖 0.92%。植株中抗晚疫病，感卷叶病毒病，感环腐病，易退化。产量 30000kg/hm^2，高产可达 45000kg/hm^2 以上。

栽培要点：适应性广，适合土壤肥力较高的地方种植。适宜栽植密度 52500~60000 株/hm^2 左右。

适宜范围：适合北方一季作区和西南山区种植。目前在河北、山东和北京等地种植。

5.2.2.6　克新 2 号——中熟鲜食和淀粉加工兼用型品种

品种来源：黑龙江省农科院马铃薯研究所育成的品种。1968 年经黑龙江省农作物品种审定委员会审定为推广品种。

特征特性：株型直立，生长势强。茎粗壮，分枝多，株高 65cm 左右，茎绿色带淡紫褐色斑纹。叶绿色，复叶大，侧小叶 5 对。花冠淡紫红色，雄蕊花药橙黄色，花粉育性高，可天然结实。块茎圆形至椭圆形，皮黄色，肉淡黄色，表皮较光滑或有网纹，芽眼中等深度，结薯集中。块茎休眠期长，耐储藏。生育期 90 天左右。食用品质优良，淀粉含量 16% 左右，粗蛋白质 1.5%，维生素 C 含量 13.8mg/100g 鲜薯，还原糖 0.86%。植株抗晚疫病，抗 Y 病毒病和 X 病毒病，轻感卷叶病毒病，退化轻，抗干旱。产量 22500kg/hm^2，高产可达 37500kg/hm^2 以上。

栽培要点：适宜栽植密度 52500 株/hm^2 左右。适于干旱地区种植，不宜过密种植。

适宜范围：适应范围广。主要分布于黑龙江、吉林、山东、广东和福建等省。

5.2.2.7　克新 3 号——中熟鲜食和淀粉加工兼用型品种

品种来源：黑龙江省农科院马铃薯研究所育成的品种。1968 年经黑龙江省农作物品种审定委员会审定为推广品种。

特征特性：植株直立，株型扩散，生长势强，分枝多，株高 65cm 左右，茎绿色。复叶较大，叶绿色，小叶片平展；侧小叶 4~5 对。花冠白色，雄蕊花药橙黄色，花粉多，雌蕊柱头 2 裂，花柱长，花粉孕性较高，天然结实性强。块茎扁椭圆形，黄皮有细网纹，肉淡黄色，芽眼较深，块大而整齐，结薯集中。块茎休眠期长，耐储藏。生育期为 95 天左右。食用品质好，含淀粉 15%~16.5%，粗蛋白质 1.37%，维生素 C 含量 13.4mg/100g 鲜薯，还原糖 0.01%。植株对晚疫病有较强的田间抗性，高抗卷叶病毒病，并抗 X 病毒病和 Y 病毒病，退化轻，耐涝。产量 22500kg/hm^2 左右，栽培条件好时增产潜力大。

栽培要点：适宜栽植密度 52500~60000 株/hm^2。适于降水多的地方种植。

适宜范围：适应范围广。在黑龙江、吉林、山东、广东和福建均有种植。

5.2.2.8　鄂芋 783-1——中熟鲜食和淀粉加工兼用型品种

品种来源：湖北省恩施南方马铃薯研究中心育成的品种。1990 年经湖北省农作物品种审定委员会审定为推广品种。

特征特性：株型开展，株高 60cm 左右，生长势强。茎、叶均为绿色，花冠白色。块茎扁圆或扁椭圆形，黄皮黄肉，表皮光滑，芽眼较浅，大中薯率 80% 以上，通常中等块茎较多，结薯集中。块茎食用品质好，淀粉含量 16.4%，粗蛋白质含量 1.7%，还原糖 0.43%，维生素 C 含量 12.7mg/100g 鲜薯。块茎休眠期长，耐储藏。生育期 100 天左右。综合抗病性好，抗晚疫病、青枯病、环腐病、粉痂病，轻感普通花叶病毒病。比较高产、稳产。产量 37500kg/hm^2 左右，增产潜力大。

栽培要点：适宜栽植密度 52500~60000 株/hm^2。种植中要加强肥水管理。可与玉米等作物间作套种。

适宜范围：适合我国西南地区种植。现已在湖北西部大面积种植。

5.2.2.9　集农 958——中熟鲜食和淀粉加工兼用型品种

品种来源：由黑龙江省集贤农场育成。河北省围场县引入后河北省予以认定和推广。

特征特性：植株开展，分枝少，株高 40~60cm。茎、叶浅绿，花浅紫色。块茎圆形，黄皮黄肉，芽眼中等。结薯集中，薯块较整齐。生育期 105 天。薯块含淀粉 15% 左右。感晚疫病、环腐病较轻，退化轻。产量 22500kg/hm^2。

栽培要点：适宜栽植密度 52500~60000 株/hm^2，适于在中等以上地力的土地上种植。

适宜范围：适合一季作区种植和南方地区冬作。在河北、广东和浙江等地均有种植。

5.2.2.10 高原 7 号——中晚熟鲜食和淀粉加工兼用型品种

品种来源：由青海省农林科学院育成。

特征特性：株型直立，分枝 3~5 个，株高 80cm 左右，茎绿色，复叶大，叶浓绿色，生长势强。花冠白色，花药黄色，花粉不育，无天然果。块茎椭圆形，黄皮黄肉，表皮光滑，芽眼较深；结薯集中，块茎大而整齐，休眠期很短，耐储性中等。生育期 120 天左右。食用品质中等，淀粉含量 14%~18%，粗蛋白质含量 1.53%，维生素 C 含量 7.7mg/100 g 鲜薯，还原糖 0.2%。植株轻感晚疫病，较抗环腐病，抗卷叶病毒病，感花叶病毒病，耐涝。产量 22500~30000kg/hm^2，高产田、水浇地产量 45000~60000kg/hm^2。

栽培要点：适宜栽植密度 52500~57000 株/hm^2。种植时要施足底肥，选择水肥条件好的地块，提早管理。宜于等行距种植。

适宜范围：结薯早，块茎膨大快，休眠期短，可提前催芽处理作为二季作栽培。分布在青海、甘肃、宁夏、等省（区）一季作区及山东、河南、江苏等省二季作区。

5.2.2.11 宁薯 2 号——中晚熟鲜食和淀粉加工兼用型品种

品种来源：由宁夏回族自治区固原地区农业科学研究所育成。

特征特性：株型直立，分枝少，株高 70cm 左右。茎、叶绿色，长势强，花紫红色。块茎扁圆形，皮红色，肉黄色，表皮光滑。块茎中等大小，整齐，芽眼中深，结薯集中。块茎休眠期长，耐储藏。生育期 110 天左右。薯块含淀粉 14.4%~17.8%，还原糖 0.22%。抗晚疫病，高抗环腐病，后期易感早疫病。产量 22500~30000kg/hm^2。

栽培要点：适宜栽植密度 37500~45000 株/hm^2，该品种丰产喜肥，苗期要加强水肥管理。

适宜范围：主要分布在宁夏回族自治区。

5.2.2.12 中心 24 号——中晚熟鲜食和淀粉加工兼用型品种

品种来源：中国农科院 1978 年从国际马铃薯中心引入的 B-71-240·2，试管苗编号 24。

特征特性：株型直立，分枝多，株高 75cm 左右，茎绿色带紫褐色斑纹，叶绿色，生长势强。花冠蓝紫色，花药橙黄色，花粉少，天然结果少。浆果绿色、中等大小、有种子。块茎椭圆形，皮肉均为淡黄色，表皮光滑，芽眼浅。结薯集中，块茎大而整齐，休眠期中长，不耐储藏。食用品质优良，淀粉含量 15% 左右，粗蛋白质含量 2.28%，还原糖 0.4%。植株中抗晚疫病和卷叶病毒病，高抗癌肿病，不抗 X 病毒病和 Y 病毒病，感青枯病，易退化。产量 22500kg/hm^2 左右，高产田达 37500kg/hm^2 以上。

栽培要点：适宜栽植密度 63000~70500 株/hm^2。

适宜范围：适宜一季作区栽培。主要分布于内蒙古、山西和甘肃等省（区）。

5.2.2.13 晋薯 9 号——中晚熟淀粉加工和鲜食兼用型品种

品种来源：由山西省农业科学院育成。

特征特性：株型直立，株高 70cm 左右，分枝少。叶色淡绿，花白色。结薯集中。薯块扁椭圆形，大而均匀，黄皮淡黄肉，表皮光滑，芽眼浅。长势强，较抗旱，耐退化，感晚疫病轻，略感黑胫病和疮痂病。不耐储。块茎含淀粉 15%~17%。产量 22500kg/hm^2。

栽培要点：适宜栽植密度 52500~60000 kg/hm^2。应选择深厚肥沃砂壤土或壤土种植，分次培土。

适宜范围：宜在山西高寒山区及高海拔地区推广种植。

5.2.2.14 宁薯 5 号——晚熟淀粉加工和鲜食兼用型品种

品种来源：宁夏回族自治区固原地区农业科学研究所育成的品种。1994 年经宁夏回族自治区农作物品种审定委员会审定为推广品种。

特征特性：株型直立，株高 50cm 左右，分枝 1~4 个，生长整齐而健壮。叶绿色，复叶较大，侧小叶 3~4 对，花冠白色，花粉少。块茎圆形，黄皮白肉，块茎大而整齐，芽眼浅。结薯集中，单株结薯 4~6 块。休眠期较短，冬储期间易发芽，宜进行低温储藏。块茎品质优良，食用口感好，干物重高，一般在 23.5% 左右，淀粉含量 15.1%，蛋白质 3.2%，维生素 C 含量较高，还原糖 0.13%。植株高抗晚疫病，抗花叶病毒病，耐卷叶病毒病，退化慢。产量 24000kg/hm²，高产田达 30000kg/hm² 以上。

栽培要点：适宜栽植密度 60000 株/hm² 左右。

适宜范围：适宜在宁夏南部山区和半干旱地区种植。

5.2.2.15 晋薯 7 号——晚熟淀粉加工和鲜食兼用型品种

品种来源：山西省农科院高寒作物所育成的品种。

特征特性：株型直立，茎秆粗壮，株高 60~90cm。叶绿色，复叶大，侧小叶 4 对左右。花冠白色，花药较大，花粉多，能天然结果。块茎扁圆形，黄皮黄肉，表皮光滑，芽眼较深。匍匐茎短，结薯集中，块茎大而整齐。休眠期较长，耐储藏。食用品质好，淀粉含量平均 17.5%，粗蛋白质 2.51%，维生素 C 含量 14mg/100g 鲜薯。植株高抗晚疫病，轻感环腐病和卷叶病毒病，抗旱性强。产量 22500~30000kg/hm²，最高产量 60000kg/hm²。

栽培要点：适宜栽植密度 60000 株/hm²。

适宜范围：适合半干旱一季作区种植。

5.2.2.16 渭薯 1 号——晚熟淀粉加工和鲜食兼用型品种

品种来源：由甘肃省渭源会川农场育成。

特征特性：株型直立，分枝中等。茎绿色，叶小，浅绿色，长势强，花白色。块茎长形，白皮白肉，中等大小，芽眼深，表皮光滑。含淀粉 16% 左右。结薯较集中。中抗晚疫病和黑胫病，感环腐病，退化慢。产量 30000kg/hm² 左右。

栽培要点：要求肥力较好地块栽培。适宜栽植密度 60000 株/hm² 左右。

适宜范围：适宜一季作地区栽培，在河北、甘肃和宁夏等地均有种植。

5.2.3 淀粉加工型品种

5.2.3.1 系薯 1 号——中早熟淀粉加工型品种

品种来源：由山西省农科院高寒作物研究所育成。

特征特性：株型直立，株高 40~50cm。茎绿色带紫色斑纹，叶片肥大，叶色深绿，花冠白色，开花少，柱头和花药常现畸形，花粉少。块茎圆形，紫皮白肉，芽眼中等深度。结薯集中，薯块大而整齐。食用品质好，蒸食易开裂，呈粉状，干物质含量 22% 左右，淀粉含量 17.5%，还原糖 0.35%。维生素 C 含量 25.2mg/100g 鲜薯。植株高抗晚疫病，对病毒病的皱缩花叶（PVX+PVY）过敏，抗干旱，耐瘠薄。产量 22500kg/hm²，高产可达 30000kg/hm² 以上。

栽培要点：适宜栽植密度 60000~67500 株/hm²。生育期短，块茎膨大速度快，田间管理工作应尽早进行，早中耕培土。水浇地种植，在现蕾、开花期及时浇水，视苗情增施氮肥。旱坡地种植可适当晚播，以便块茎膨大期与雨季吻合而获高产。因植株较矮，适合与玉米等作物间套作。

适宜范围：适合中原地区二季作及一季作栽培。

5.2.3.2 鄂马铃薯 1 号——早熟淀粉加工型品种

品种来源：由湖北恩施南方马铃薯研究中心育成。

特征特性：株型半扩散，茎叶绿色，花白色。生育期 70 天左右，长势强。薯块扁圆，表皮光滑，芽眼浅。结薯集中。薯块大而整齐，含淀粉 17%以上，还原糖 0.1%~0.28%。高抗晚疫病，略感青枯病，抗退化。

栽培要点：适宜栽植密度 75000 株/hm²。施有机底肥 75000kg，追施化肥 225kg/hm²，追施苗肥和蕾肥并配合中耕除草是管理的关键。

适宜范围：目前在湖北恩施地区种植，其他地区可以试种。

5.2.3.3 安薯 56 号——中早熟淀粉加工型品种

品种来源：陕西省安康地区农业科学研究所育成的品种。1994 年经全国农作物品种审定委员会审定为推广品种，并命名。

特征特性：株型半直立，株高 42~65.5cm，主茎 2~4 个，分枝较少，茎淡紫褐色，坚硬不倒伏。叶色深绿，复叶较大。花冠紫红色。块茎扁圆或圆形，皮黄色，肉白色，芽眼较浅，块茎大而整齐，结薯集中。块茎休眠期短（80 天左右），耐储藏。商品薯率高，食用品质好，蒸食干面，口感好。淀粉含量 17.66%，粗蛋白质 2.54%，属于高蛋白质类品种，维生素 C 含量 21.36mg/100g 鲜薯。植株高抗晚疫病，轻感黑胫病，抗花叶病毒病，退化轻，耐旱，耐涝。产量可达 45000kg/hm² 左右。

栽培要点：适宜栽植密度 52500~60000 株/hm²。可与玉米间套作。

适宜范围：适宜陕西省秦岭一带高山区种植，其他地区可推广试种。在生产上表现耐涝、耐旱，抗逆性强，适应性广，增产潜力大，大有推广前途。

5.2.3.4 晋薯 5 号——中熟淀粉加工型品种

品种来源：由山西省高寒作物研究所育成。

特征特性：株型直立，分枝多，株高 50cm 左右，茎深绿色，复叶大，叶深绿色，生长势强。花冠白色，花药橙黄色，花粉多，易天然结果，浆果绿色、较大、有种子。块茎扁圆形，黄皮黄肉，表皮光滑，芽眼多、中等深度。结薯集中，块茎中等大小、整齐，休眠期较长，耐储藏。生育期 105 天以上。食用品质好，淀粉含量 18%左右，粗蛋白质 1.27%，维生素 C 含量 11.6mg/100g 鲜薯，还原糖 0.15%。植株抗晚疫病、环腐病和黑胫病，轻感卷叶病毒病。适应性广，较耐旱。产量 27000kg/hm² 以上，增产潜力大。

栽培要点：适宜栽植密度 60000 株/hm² 左右。在土壤肥力高的条件下，块茎大、产量高，不耐瘠。在栽培中，要做到地块土层深厚，质地疏松良好，重施底肥，生育期间加强肥水管理，薯块膨大期分次培土。

适宜范围：华北一季作区均可种植。主要在山西、内蒙古、河北等省（区）种植。

5.2.3.5 内薯 7 号（呼 H8342—36）——中晚熟淀粉加工型品种

品种来源：由内蒙古自治区呼伦贝尔盟农科所育成。

特征特性：植株直立，分枝中等，茎粗壮，长势强，株高 65~70cm。叶片肥大深绿，花白色。生育期 98 天。结薯早而集中，膨大快，块茎圆形，芽眼较浅，皮肉浅黄，大中薯率 90% 以上。块茎耐贮。薯块含淀粉 20.3%，还原糖 0.27%。高抗晚疫病，退化轻，耐水肥。产量 30000kg/hm² 左右。

栽培要点：适宜栽植密度 57000~60000 株/hm²，适于岗坡、砂壤土、黑土等排水良好的地块。要增施农家肥、磷钾肥。

适应范围：适合在华北北部及黑龙江、辽宁等一季作区种植。

5.2.3.6 乌盟 684——中熟淀粉加工型品种

品种来源：由内蒙古自治区乌兰察布盟农科所育成。

栽培要点：株型开展，分枝较多，株高 50cm 左右，茎绿色，复叶大，叶深绿色，生长势强。花冠紫红色，花药橙黄色，花粉多，天然结果较少，浆果绿色、较小、有种子。块茎椭圆形，红皮白肉，表皮较粗糙，芽眼较多、中等深。结薯集中，块茎中等大小，比较整齐，休眠期短，不耐储藏。生育期 90~100 天。食用品质较好，淀粉含量 18% 左右，粗蛋白质 1.84%，维生素 C 含量 16.4mg/100g 鲜薯，还原糖 0.22%。植株抗晚疫病、花叶病毒病，易感环腐病和黑胫病，耐干旱。产量 22500kg/hm²，高产田达 30000kg/hm² 以上。

栽培要点：适宜栽植密度 52500~60000 株/hm²，水地、旱地均可种植，以肥沃砂壤土为宜。现蕾前期多培土。

适宜范围：适宜于西北干旱地区栽培、分布在内蒙古、山西、宁夏和甘肃等省（区）一季作地区。

5.2.3.7 晋薯 2 号（同薯 8 号）——中熟淀粉加工型品种

品种来源：由山西省农科院高寒作物研究所育成。

特征特性：株型直立，茎绿色、粗壮，分枝多，株高 80cm 左右。叶浅绿色，复叶大，侧小叶 4 对。花冠白色，花药橙黄色，花粉可育，柱头 3 裂，能天然结果。块茎扁圆形，黄皮白肉，表皮较粗糙，块茎中等大小、整齐，芽眼深度中等，结薯集中。块茎休眠期较长，耐储藏。生育期 93 天左右。食用品质中等，淀粉含量 19%，粗蛋白质 1.47%，维生素 C 含量 19.03mg/100g 鲜薯，还原糖 0.02%。中感晚疫病，抗环腐病，轻感卷叶病毒病，对皱缩花叶病毒病过敏，抗旱性较强。一般产量 22500kg/hm²，高产可达 37500kg/hm²。

栽培要点：适宜栽植密度 60000 株/hm² 左右。喜水肥，种植时应施足底肥，在现蕾开花期注意追肥浇水。结薯浅，开花后注意及时培土。块茎对光反应敏感，栽培时培土浅，块茎见光后易变绿，麻口，故要厚培土，防止块茎外露。收获后及时入窖储藏。

适宜范围：适宜于一季作区有灌溉条件的地区种植，旱地生长较差。山西、河北、内蒙古等省（区）均有种植。

5.2.3.8 米拉（mira 德友 1 号）——中晚熟淀粉加工型品种

品种来源：20 世纪 50 年代从民主德国引入的品种。

特征特性：株型开展，分枝较多，株高 60cm 左右，茎绿色带紫褐色斑纹，复叶中等大小，叶绿色，生长势强。花冠白色，花药橙黄色，可天然结果，浆果绿色、较小、有种子。块茎长圆形，黄皮黄肉，表皮稍粗，芽眼中等深度。结薯分散，块茎中等大小，休眠期长，耐储藏。生育期 115 天左右。食用品质优良，淀粉含量 17%～19%，粗蛋白质 2.28%，维生素 C 含量 14.4mg/100g 鲜薯，还原糖 0.25%。植株抗晚疫病和癌肿病，不抗粉痂病，轻感卷叶和花叶病毒病，退化慢。产量 22500kg/hm²，高产可达 37500kg/hm² 以上。

栽培要点： 适宜栽植密度 52500 株/hm² 左右。该品种耐肥，在种植中要注意增施肥料。南方可和玉米等间作，但需放宽行距，以防玉米遮阴影响产量。

适宜范围： 适于无霜期长、雨多湿度大、晚疫病易流行的西南一季作山区种植。分布在湖北、云南、贵州、四川等地，为西南地区主栽品种。

5.2.3.9　陇薯 3 号——中熟淀粉加工型品种

品种来源： 甘肃省农科院粮食作物研究所育成的品种。1995 年经甘肃省农作物品种审定委员会审定为推广品种，并命名。

特征特性： 株型半直立，株高 60～70cm，茎绿色、粗壮。叶深绿色，复叶大，侧小叶 3～4 对。花冠白色，花药黄色，花粉多半不育，天然不易结实。块茎扁圆或椭圆形，皮稍粗，块大而整齐，黄皮黄肉，芽眼较浅并呈淡紫红色，薯顶芽眼下凹。结薯集中，单株结薯 5～7 块，大中薯率 90%～97%。块茎休眠期较长，耐储藏。食用品质优良，口感好，淀粉含量高，平均 21.2%，最高 24.25%，粗蛋白质 1.88%，维生素 C 含量 26mg/100g 鲜薯，还原糖 0.13%。植株抗晚疫病、花叶病和卷叶病毒病。产量高，一般产量 45000kg/hm² 左右，高产可达 55500kg/hm²。

栽培要点： 适宜栽植密度 60000～67500 株/hm²。旱薄地以 45000 株/hm² 左右为宜。

适宜范围： 适宜于甘肃省种植。

5.2.3.10　虎头——中晚熟淀粉加工型品种

品种来源： 由河北省张家口市坝上农科所育成。

特征特性： 株型直立，分枝多，株高 60cm 左右，茎绿色带紫褐色斑纹，复叶较大，叶深绿色，生长势强。花冠白色，花药橙黄色，有花粉但结果少，浆果绿色、较小、有种子。块茎扁圆形，顶部下凹，皮肉淡黄色，表皮稍粗，芽眼较深。结薯较集中，块茎中等大小，较整齐。休眠期短，耐储藏。食用品质优良，淀粉含量 18% 左右，粗蛋白质 1.74%，维生素 C 含量 17.2mg/100g 鲜薯，还原糖 0.2%。植株高抗晚疫病，抗环腐病和黑胫病，轻感卷叶病毒病和潜隐花叶病毒病。抗旱性强。产量 22500kg/hm² 左右，高产可达 45000 kg/hm²。

栽培要点： 适宜栽植密度 52500～60000 株/hm²。后期块茎形成晚，要注意施肥。

适宜范围： 适合一季作栽培。分布于河北、山西、内蒙古等省（区）和陕西省西北部地区，为华北一季作区主栽品种。

5.2.3.11　凉薯 14——中晚熟淀粉加工型品种

品种来源： 由四川省凉山彝族自治州农科站育成。

特征特性： 株型直立，株高 85～90cm。茎粗，茎叶绿色，花白色。薯块椭圆形，皮肉淡黄色，芽眼中等。结薯集中，大中薯率 85%～90%，块茎含淀粉 20%。抗晚疫病、青枯病。产量 30000kg/hm²。

栽培要点：应选择土层深厚、肥沃、排水良好的砂壤土栽培，加强水肥管理。适宜栽植密度 52500 株/hm²。

适宜范围：在四川省凉山彝族自治州种植，其他一季作区可以试种。

5.2.3.12　晋薯 10 号——中晚熟高淀粉加工型品种

品种来源：由山西省农业科学院育成。

特征特性：株型直立，株高 45～70cm。茎粗叶茂，生长势强，花白色。结薯集中，薯块均匀，扁圆形，黄皮白肉，芽眼深浅中等。生育期 110 天左右。块茎含淀粉为 19%左右。抗病抗旱，产量 27000kg/hm² 左右。

栽培要点：应选择土层深厚、肥力中上等地块种植。早播，深中耕要早，及时培土。适宜栽植密度 60000～67500 株/hm²。

适宜范围：在山西省种植。其他地区可试种。

5.2.3.13　戎芋 3 号——中晚熟淀粉加工型品种

品种来源：由云南省种子管理站育成。

特征特性：株型半直立，植株茂盛，生长势强，株高 73cm。茎秆绿色粗壮，叶片绿色，花白色。结薯集中。薯块大，长筒形，黄皮黄肉，芽眼中等深度，表皮具网纹，休眠期短，含淀粉 19.2%。抗晚疫病，轻感卷叶病及花叶病，高抗癌肿病。产量 30000kg/hm²。

栽培要点：适宜栽植密度 52500～60000 株/hm²，适宜在中上等肥力地块种植。

适宜范围：在云南省种植，其他地区可试种。

5.2.3.14　陇薯 2 号——中晚熟淀粉加工型品种

品种来源：甘肃省农科院粮食作物研究所育成的品种。1990 年经甘肃省农作物品种审定委员会审定为推广品种。

特征特性：株型开展，茎粗壮，株高 60～70cm。叶色浓绿，复叶较大。花冠淡紫红色，花粉少，孕性低，偶尔能天然结实。块茎扁椭圆形，黄皮黄肉，表皮光滑，块大而整齐，芽眼较浅，结薯集中。块茎休眠期短，较耐储藏。食用品质好，淀粉含量 18.62%，粗蛋白质 1.8%，维生素 C 含量 14.02～18.21mg/100g 鲜薯，还原糖 0.65%。植株抗晚疫病，轻感环腐病和青枯病，不抗 X 病毒病和 Y 病毒病，退化快。产量 30000kg/hm²，高产可达 45000 kg/hm² 以上。

栽培要点：适宜栽植密度 60000～67500 株/hm²。适合水肥条件好的地块种植。

适宜范围：适合一季作区种植。在甘肃省的定西、会宁、陇西等地已大面积种植。

5.2.3.15　高原 4 号——中晚熟淀粉加工型品种

品种来源：青海省农林科学院育成的品种。1984 年经全国农作物品种审定委员会审定为国家级品种。

特征特性：株型直立，茎绿色，株高 80cm 左右，生长势强。叶绿色，复叶大，侧小叶 4～5 对。花冠白色，雄蕊花药橙黄色，花粉较多，雌蕊柱头 3 裂，通常能结少数天然果。块茎圆形，黄皮黄肉，表皮粗糙，块大而整齐，芽眼较深，结薯集中。休眠期较长，耐储藏。生育期 120 天左右。食用品质好，淀粉含量 17%～19%，粗蛋白质 1.45%，维生素 C 含量 16.2mg/100g 鲜薯，还原糖 0.49%。植株中抗晚疫病，轻感环腐病和卷叶病毒病，较抗雹灾。丰产性好，产量 30000kg/hm²，高产可达 60000kg/hm²，旱地种植产量

22500kg/hm² 左右。

栽培要点： 适宜栽植密度 52500 株/hm² 左右。植株粗壮高大，根系发达，适宜于等行距种植。要求在水肥条件好的地块种植。

适宜范围： 适应西北地区水浇地种植。在青海、甘肃、陕西、宁夏等省（区）均有栽培。

5.2.3.16　坝薯 10 号——中晚熟淀粉加工型品种

品种来源： 河北省张家口地区坝上农科所育成的品种。1990 年经河北省农作物品种审定委员会审定为推广品种。

特征特性： 植株直立，株高 80cm 左右。复叶大，小叶绿色，侧小叶一般 4 对。花冠白色，花药橙黄色，有花粉，天然结果少。块茎扁圆形，皮肉淡黄色，表皮光滑，芽眼较浅。块茎大中薯率 80% 以上，结薯集中。休眠期较长。耐储藏。食用品质好，淀粉含量 17% 左右，维生素 C 含量 13.15mg/100g 鲜薯，还原糖 0.2%。植株抗晚疫病，较抗环腐病，感疮痂病，病毒性退化轻，田间表现耐 X 病毒病和 Y 病毒病。抗旱性强。产量 22500kg/hm² 以上，高产田可达 30000kg/hm² 以上。

栽培要点： 适宜栽植密度 52500~60000 株/hm²。

适宜范围： 适于一季作半干旱地区种植。在河北省张家口地区大面积种植。

5.2.3.17　宁薯 3 号——中晚熟淀粉加工型品种

品种来源： 宁夏回族自治区固原地区农业科学研究所育成的品种，1988 年经宁夏回族自治区农作物品种审定委员会审定为推广品种。

特征特性： 株型直立，株高 45~50cm，茎粗壮。叶色浓绿，复叶较大。花紫红色，能天然结果。块茎椭圆或圆形，红皮白肉，芽眼较深，结薯集中。耐储藏。块茎食用品质好，淀粉含量 17.2% 左右。植株抗 Y 病毒病和 A 病毒病，耐花叶病毒病。退化轻。产量 22500kg/hm² 以上，高产可达 30000kg/hm² 以上。

栽培要点： 适宜栽植密度 49500~60000 株/hm²。结薯较浅，田间管理要注意厚培土，防止块茎外露变绿，影响品质。

适宜范围： 主要在宁夏地区种植。

5.2.3.18　下寨 65 号——中晚熟淀粉加工型品种

品种来源： 青海省互助县农业科学研究所育成的品种。1984 年经青海省农作物品种审定委员会审定为推广品种。

特征特性： 株型直立，分枝多，株高 90cm 左右，生长势强，茎绿色。叶色浅绿，复叶小，侧小叶 3~5 对。花冠浅紫色，花药橙黄色，柱头 3 裂，天然不结实。块茎长椭圆形，表皮较光滑，皮肉均浅黄色，块茎较大而整齐，芽眼较浅，结薯集中。休眠期长，耐储藏。食用品质好，淀粉含量 15%~18%，粗蛋白质 1.13%，维生素 C 含量 11.4mg/100g 鲜薯，还原糖 0.23%。植株较抗晚疫病，轻感黑胫病和花叶病毒病，中抗卷叶病毒病，退化较轻。产量高，水浇地产量 30000~37500kg/hm²，旱地产量 22500kg/hm² 左右。

栽培要点： 水浇地适宜栽植密度 48000~52500 株/hm²，旱地 51000~55500 株/hm²。

适宜范围： 在青海、甘肃和宁夏等省（区）种植。

5.2.3.19　高原 3 号——中晚熟淀粉加工型品种

品种来源： 由青海省农林科学院育成。

特征特性: 株型直立,株高 85cm 左右,茎绿色,复叶大,叶深绿色,生长势强。花冠紫色,花药橙黄色,花粉较多,天然结果中等,浆果绿色、较小、有种子。块茎圆形或卵圆形,黄皮黄肉,表皮光滑,芽眼较浅。结薯集中,块茎中等大小、整齐,休眠期短,耐储藏。食用品质优良,淀粉含量 18% 左右,粗蛋白质 1.83%,维生素 C 含量 9.5mg/100g 鲜薯,还原糖 0.1%。植株抗晚疫病、环腐病,耐花叶病毒病,轻感卷叶病毒病,退化轻、抗旱。产量 22500kg/hm² 左右,高产可达 37500kg/hm² 以上。

栽培要点: 适宜栽植密度 52500 株/hm² 左右。

适宜范围: 主要分布在青海、甘肃、宁夏等省(区)。

5.2.3.20　渭会 2 号——晚熟淀粉加工型品种

品种来源: 由甘肃省农科院粮食作物研究所育成。

特征特性: 株型开展,分枝多,株高 95cm 左右,茎绿色带淡紫色斑纹,复叶中等大小,叶绿色,生长势强。花冠白色,花药黄色,易天然结果,浆果绿色、较大、有种子。块茎椭圆形,白皮白肉,表皮光滑,芽眼中等深度。结薯较集中,块茎大而整齐。休眠期长,较耐储藏。生育期 120 天以上。食用品质优良,淀粉含量 19%,粗蛋白质 1.18%,维生素 C 含量 17.4mg/100g 鲜薯,还原糖 0.24%。植株高抗晚疫病,中抗环腐病,感黑胫病、花叶病毒病和卷叶病毒病,退化快。产量 22500 ~ 30000kg/hm²,高产田达 37500kg/hm² 以上。

栽培要点: 适宜栽植密度 60000 株/hm² 左右。适宜在水肥条件好的地块种植,增施肥料,及时浇水,早培和多培土。

适宜范围: 适宜于灌区生长。在甘肃、四川和宁夏等省(区)种植。

5.2.3.21　晋薯 8 号——晚熟淀粉加工型品种

品种来源: 山西省农科院高寒区作物所育成的品种,1990 年经山西省农作物品种审定委员会审定为推广品种。

特征特性: 植株直立,株高 60 ~ 90cm。叶深绿色,复叶大。花冠蓝色。块茎圆形,黄皮浅黄肉,表皮较光滑。块茎大而整齐。商品薯率 90% 左右,芽眼较深,结薯集中。休眠期较长,耐储藏。食用品质好,淀粉含量 19.4%,粗蛋白质 3.03%,维生素 C 含量 9.26mg/100g 鲜薯。为高蛋白质型品种。植株抗病性好,病毒病轻,抗旱性强。产量 30000kg/hm² 左右。

栽培要点: 适宜栽植密度 60000 株/hm² 左右。

适宜范围: 适宜一季作区种植。在山西北部已大面积推广。

5.2.3.22　春薯 4 号——晚熟淀粉加工型品种

品种来源: 由吉林省蔬菜研究所育成。

特征特性: 株型直立,生长势强,株高 80 ~ 100cm。茎粗壮,分枝多,横断面为三棱形。叶深绿,花淡紫色。单株结薯多,薯块形成早。薯块扁圆,大而整齐,肉白色,白皮或麻皮,芽眼深度中等。薯块含淀粉 19.5%,还原糖 0.46%。耐储藏,抗晚疫病。产量 30000kg/hm² 以上。

栽培要点: 适宜栽植密度 52500 株/hm² 左右,高度喜肥水,适宜在地力条件好的地块种植。

适宜范围: 适宜一季作区种植。在黑龙江、吉林、福建和河北北部等地均有种植。

5.2.3.23 互薯202——晚熟淀粉加工型品种

品种来源：由青海省互助土族自治县农技推广中心育成。

特征特性：株型直立，株高90cm。植株繁茂，茎横断面为三棱形。茎绿色，叶深绿色，花乳白色。结薯集中。块茎扁椭圆形，皮肉浅黄，表皮光滑。抗环腐病、黑胫病，高抗晚疫病，抗退化、耐旱、耐霜冻、耐雹灾。薯块含淀粉20%左右，还原糖0.865%。产量30000kg/hm²。

栽培要点：要选择中上等肥力地块种植，适宜栽植密度49500~60000株/hm²。要分次培土。

适宜范围：在青海省种植。其他地区可以试种。

5.2.4 薯片加工型品种

5.2.4.1 大西洋（Atlantic）——中熟薯片加工型品种

品种来源：美国从Wauseon XB5141-6杂交后代中选育的，1978年由美国农业部审定，1980年由我国农业种子局引进。

特征特性：株型繁茂，叶片肥大，茎粗，中等长势。花淡蓝紫色，花量中等，花粉孕性低，不能天然结实。块茎圆形，大中薯率高且整齐，薯皮浅黄，有麻点网纹，薯肉白色，芽眼较浅，结薯集中。块茎耐储藏。生育期100天左右。干物质23%，淀粉含量18%左右，还原糖0.16%以下。是炸片的最佳品种。对马铃薯普通花叶病毒（PVX）免疫，较抗卷叶病毒病和网状坏死病毒，不抗晚疫病，感帚顶病、环腐病，在干旱季节薯肉会产生褐色斑点，退化快。产量22500kg/hm²左右。

栽培要点：适宜栽植密度67500株/hm²左右。增加肥水，注意防治晚疫病。

适宜范围：适宜晚疫病发生较轻的一季作区或二季作区种植。

5.2.4.2 春薯3号——中晚熟淀粉及薯片加工兼用型品种

品种来源：吉林省蔬菜研究所育成的品种。1989年经吉林省农作物品种审定委员会审定为推广品种，并命名。

特征特性：植株直立，生长势强。株高80~100cm，茎秆粗壮，分枝数中等，茎绿色，翼翅直型。叶浅绿色，复叶较大。花冠白色，很少天然结实。块茎圆形，黄皮白肉，表皮有网纹，芽眼少、较浅，中等大的块茎多，结薯集中。休眠期较长，耐储藏。食用品质好，淀粉含量18%以上。高抗晚疫病，抗干腐病，中度退化，抗旱性强。产量30000kg/hm²左右，高产田达50550kg/hm²，历年高产、稳产。

栽培要点：高度喜肥水，要求分层培土。适宜栽植密度52500株/hm²左右。

适宜范围：适应性广，在内蒙古、辽宁、吉林和四川等省（区）种植。其他一季作区可试种。

5.2.4.3 春薯5号（春薯3—1）——早熟鲜食和薯片加工兼用型品种

品种来源：由吉林省蔬菜研究所育成。

特征特性：株型开展，生长势强，株高60~70cm。茎粗壮，黄绿色，三棱形。叶片大，黄绿色，花白色。结薯集中。薯块肩圆，薯皮白色，有斑点，芽眼浅。薯块整齐，商品率高，结薯早。薯块膨大时间长，薯肉白色，含淀粉14.7%，还原糖0.18%。中抗晚疫病，退化中等速度，抗疮痂病，耐储藏。产量22500kg/hm²。

栽培要点：适宜栽植密度 60000 株/hm² 左右。

适宜范围：适宜一季作早熟栽培和二季作种植。在吉林、辽宁、河北、浙江和内蒙古等地已开始种植。

5.2.4.4　斯诺登（Snowden）——中熟薯片加工型品种

品种来源：美国威斯康星大学于 1990 年育成，1992 年注册。1994 年由中国农业科学院蔬菜花卉所引进试种。

特征特性：株型直立，植株绿色，生长旺盛，茎和叶片有层细茸毛，叶片浅绿，株高 35~40cm，花白色稍有浅黄，不结浆果。地下匍匐茎稍长，结薯集中性中等，块茎圆形，芽眼浅且少，皮肉均为白色，薯皮有轻度网纹。耐储。生育期 95 天左右。大中薯率 85% 左右，单株结薯 4~5 个。块茎干物质含量 21%~22%；淀粉含量 16% 左右，还原糖低，且在低温下增加慢。植株易感晚疫病。产量 22500kg/hm² 左右。

栽培要点：适宜密植，一般栽植密度 67500 株/hm² 左右。应选择土层深厚、肥力中等以上、排水通气良好的地块，加强肥水管理，并注意晚疫病防治。

5.2.5　薯条加工型品种

5.2.5.1　豫马铃薯 2 号（郑薯六号）——早熟薯条加工型品种

品种来源：由河南省郑州市蔬菜研究所育成。1994 年经河南省农作物品种审定委员会审定为推广品种，并命名为豫马铃薯 2 号（原名郑薯 6 号）。

特征特性：株型直立，株高 75cm 左右，分枝 3 个左右，叶绿色，叶片较大，复叶中等大小。花冠白色，能天然结实。块茎椭圆形，黄皮黄肉，表皮光滑，块大而整齐，芽眼极浅。单株结薯 3~4 块，结薯集中，大中薯率 90% 以上。休眠期短，耐储藏。生育期 65 天左右。块茎食用品质好，干物重含量 20.35%，淀粉 15% 左右，粗蛋白质 2.25%，维生素 C 含量 13.62mg/100g 鲜薯，还原糖 0.177%。植株抗病毒性退化，无花叶病，有轻微卷叶病，较抗疮痂病，较抗霜冻。在中原及南方一些省（区）种植均表现高产。产量 30000kg/hm² 左右，高产田达 45000kg/hm² 以上。秋薯产量 18000~22500kg/hm²。

栽培要点：春薯适宜栽植密度 60000 株/hm² 左右，秋薯可适当加大密度，达 75000 株/hm² 左右。加强前期水肥管理，不脱水脱肥可获高产。

适宜范围：适合二季作栽培，在河南、山东、四川、江苏等省表现高产。在广东种植适合出口外销。

5.2.5.2　夏波蒂（Shepody）——中熟薯条加工型品种

品种来源：加拿大福瑞克通农业试验站经有性杂交育成，1987 年引入我国试种。

特征特性：株型开展，株高 60~80cm，主茎绿色、粗壮，分枝数多。复叶较大，叶色浅绿。花冠浅紫色，花期长。块茎长椭圆形，白皮白肉，芽眼浅，表皮光滑，薯块大而整齐，结薯集中，商品薯率 80%~85%。生育期 100 天左右。块茎品质优良，鲜薯干物质含量 19%~23%，淀粉 18.4%，还原糖 0.2%。田间不抗晚疫病、早疫病，易感马铃薯花叶病毒（PVX、PVY）和疮痂病，退化快。不抗旱，怕涝。产量 22500kg/hm² 左右。

栽培要点：对栽培条件要求严格，不抗旱、不抗涝，对涝特别敏感。适宜在肥力中上等、排灌水方便，通透性好的砂壤土种植，适宜栽植密度 52500 株/hm² 以上。防治晚疫病。机械化栽培易于达到炸条原料薯性状要求。

适宜范围: 适宜北方一季作及干旱地区栽培。目前在河北、内蒙古、宁夏和甘肃等地种植。

5.2.5.3 布尔斑克(Burbank)——中晚熟薯条加工型品种

品种来源: 由国家农业部种子局从美国引入。

特征特性: 株型扩散,茎粗壮,有淡红紫色素,叶绿色,花白色,开花期短。块茎长形,薯块麻皮较厚,呈褐色,白肉,芽眼少而浅。耐储性良好。生育期120天左右。含淀粉17%,还原糖含量低于0.2%。易感晚疫病,怕涝,怕旱。产量15000kg/hm² 左右。

栽培要点: 喜水肥,宜在中上等肥力的地块种植,适宜机械化作业。要注意排灌水。适宜栽植密度52500 株/hm² 左右。

适宜范围: 适于北方一季作干旱、半干旱、有灌溉条件的地区种植。

5.3 马铃薯新品种介绍

在马铃薯种植过程中,各栽培区根据其地理环境、气候特点及栽培方式,培育出适宜本地栽培的新品种,并得以推广。下面将近年来我国各地区培育的马铃薯新品种作一介绍。

1. 晋薯13 号

品种来源: K299×晋薯7 号,山西省农科院高寒作物研究所选育,2004 年1月经山西省品种审定委员会审定通过。

特征特性: 中晚熟品种,生育期105 天左右。株型直立,分枝中等,茎绿色,生长势强,植株整齐,叶淡绿色,花冠白色,株高80cm 左右,天然结实中等,浆果有种子。薯块圆形,黄皮淡黄肉,芽眼深浅中等,结薯集中,单株结薯5 块左右,大中薯率80%左右。淀粉含量15%左右,干物质含量22.1%,维生素C 含量13.1%,还原糖含量0.40%,粗蛋白2.7%,块茎休眠期适中、耐储藏。该品种产量高,抗病性强,抗旱耐瘠,平均产量30000kg/hm² 左右。

栽培要点: 种植密度一般要求45000~60000 株/hm²,土壤肥力较好的地块可以适当稀植。因地制宜、合理密植才能获得丰产丰收。

适宜范围: 该品种适应范围较广,在山西及河北、内蒙古、陕西北部、东北大部等地一季作区种植。

2. 晋薯14 号

品种来源: 9201-59×JS-7,山西省农科院高寒作物研究所选育,2004 年1月经山西省品种审定委员会审定通过。

特征特性: 中晚熟品种,生育期110 天左右,株型直立,分枝中等,生长势强,植株整齐,茎秆粗壮,叶片肥大,叶色深绿。株高75~95cm,茎粗1.40cm 左右,花冠白色,天然结实少,浆果有种子。薯块圆形,淡黄皮浅黄肉,芽眼深浅中等,匍匐茎短,结薯集中,单株结薯数4~6 个,大中薯率85%左右。淀粉含量15.9%,干物质含量22.8%,维生素C 含量14.9mg/100g,还原糖0.46%。块茎休眠期中等,耐储藏。抗病性强,抗旱耐瘠,平均产量22500kg/hm² 左右。在土壤肥力较高、土质较好的地方产量可高达37500~45000kg/hm²。

栽培要点： 种植密度在 52500 株/hm² 左右。因地制宜，根据土壤土质及肥力状况适当调整种植密度及施肥水平。

适宜范围： 适应范围广，在山西、河北、内蒙古东北等地一季作区种植。

3. 秦芋 30 号

品种来源： EPOKA（波友 1 号）×4081 无性系（米拉×卡塔丁杂交后代），陕西省安康地区农业科学研究所选育，2003 年 2 月 8 日经国家农作物品种审定委员会审定通过。

特征特性： 中熟，生育期 95 天左右。株型较扩散，生长势强，株高 36.1～78.0cm，花冠白色，天然结实少，块茎大中薯为长扁形，小薯为近圆形，表面光滑浅黄色，薯肉淡黄色，芽眼浅，芽眼少。结薯较集中，商品薯 76.5%～89.5%，田间烂薯率低（1.8% 左右）耐储藏，休眠期 150 天左右。在西南区试中，经雨涝、干旱、冰雹、霜冻考验仍增产显著，表现为抗逆性强，适应性广。淀粉含量 15.4%，还原糖含量收获后 7 天分析为 0.19%（收获后 85 天分析为 0.208%），维生素 C 含量 15.67mg/100g，鲜薯食用品质好，适合油炸食品加工及淀粉加工和食用。平均产量 25890kg/hm²。

栽培要点： 种植密度单作 67500～75000 株/hm² 左右，套种 45000～52500 株/hm²。

4. 青薯 4 号

品种来源： 牛头×底西瑞，青海省农林科学院作物所选育，2003 年 1 月 22 日青海省第六届农作物品种审定委员会第三次会议审定通过。

特征特性： 晚熟品种，全生育期 162±8 天。半光生幼芽顶部较尖，呈紫色，中部黄色，基部圆形，绿色，茸毛少。幼苗直立，深绿色，株丛繁茂，株型直立高大，生长势强。株高 110.00±8.24cm，叶色浅绿，中等大小。花冠白色，雌蕊花柱长，雄蕊 5 枚，聚合成圆柱状，黄色。无天然果。薯块椭圆形，表皮光滑，白色，薯内白色。芽眼浅，芽眼数 5～7 个。结薯集中，休眠期 35±4 天。单株产量 1.26±0.37kg，单株结薯数 9.20±2.08 个，单块重 0.13±0.07kg，块茎淀粉 17.12%，蒸食味好，维生素 C 含量 24.60mg/100g 鲜重，粗蛋白含量 1.86%，还原糖含量 0.538%。耐旱、耐寒、耐盐碱性强，薯块耐储藏。较抗晚疫病、环腐病、黑胫病、抗花叶病毒。平均产量 43862kg/hm²。

栽培要点： 种植密度，水地为 45000 株/hm²，旱地为 60000 株/hm²。

适宜范围： 该品种适宜青海省水地及中、低、高位山旱地种植，并适应我国北方一作区种植。

5. 威芋 3 号

品种来源： 克疫实生籽系统，贵州省威宁县农科所选育，2002 年 11 月通过贵州省农作物品种审定委员会审定。

特征特性： 中晚熟品种，生育期 95～105 天，中晚熟种，株型半直立，株高 50～70cm，茎叶绿色，花冠白色（大白花），天然结实性弱。结薯长圆，黄皮白肉，芽眼中等深，表皮网纹。大中薯率 80% 以上，淀粉含量 16.24%，食味品质中上等，耐晚疫病、抗癌肿病，轻感花叶病毒，耐储藏。该品种品质分析测定，淀粉含量 17.76%，还原糖 0.33%。

栽培要点： 单种密度 45000～60000 株/hm²，如与玉米套种 30000～37500 株/hm² 为宜。

适宜范围： 该品种适宜云南、贵州 1200m 以上马铃薯种植区推广种植，成为脱毒马铃薯的种子源。

6. 川芋 5 号

品种来源：（CIP）LT-1×3779703，四川省农业科学院作物研究所选育，2000 年通过四川省农作物品种审定委员会审定。

特征特性：中早熟品种，生长势较强，株型扩散，株高 54cm，叶绿色，复叶较小，花紫色，该品种结薯集中，块茎扁圆，黄皮黄肉，表皮光滑，芽眼较浅，有时显紫色，大中薯率 84.9%，休眠期较短为 59 天左右，耐储藏。据农业部定点单位四川省农业科学院中心实验室测试：干物质含量 19.4%，还原糖含量仅为 0.15%，维生素 C 含量 16.7mg/100g 鲜薯。该品种品质优良，商品性及食味好。高抗晚疫病并抗重型花叶病毒。平均产量 28050kg/hm²。

适宜范围：该品种适宜四川省主产区作一季和中低山、平丘区作春、秋季净作和间套作种植。

7. 鄂马铃薯 4 号

品种来源：克 6717236×鄂马铃薯 1 号，湖北省恩施南方马铃薯研究中心选育，2004 年通过湖北省农作物品种审定委员会审定。

特征特性：长势强，株型半扩散，株高 50cm 左右；熟期从出苗到成熟 76 天，茎叶绿色，白花；结薯集中，商品薯率 75% 左右；块茎扁圆形，黄皮黄肉，表皮光滑，芽眼浅，休眠期短；干物质含量为 20.12%，淀粉含量为 14.63%，维生素 C 含量为 16.35mg/100g 鲜薯，还原糖含量为 0.16%，食味中等，耐储藏。该品种抗晚疫病，病级为 0~2 级（对照米拉为 3~5 级），抗病毒病、青枯病。平均产量 17370kg/hm²。

栽培要点：合理密植，单作栽种 67500~75000 株/hm²，套作栽种 36000~42000 株/hm²。

适宜范围：该品种适宜在海拔 700m 以下的低山及平原湖区种植。

8. 富金

品种来源：8837-2×88-5（尤金），辽宁省本溪马铃薯研究所选育，2005 年 2 月通过辽宁省农作物品种审定委员会审定命名。

特征特性：早熟品种，生育期 85 天。植株属中间型，平肥地株高 50cm 左右，茎绿色，茎翼微波状，叶深绿色，花冠白色，柱头无分裂，花萼暗绿色，不结实；块茎圆形，黄皮黄肉，表皮光滑，老熟后薯皮呈细网纹状，芽眼浅，薯块大而整齐；休眠期中等。匍匐茎短，结薯集中，单株结薯 4~6 个，丰产性和稳产性好。对病毒病有较强的抗性和耐性，抗真菌、细菌性病害，耐湿性强，对晚疫病有较强的抗性，薯块不易感晚疫病，抗腐烂、耐贮运。经农业部农产品质量监督检验测试中心（沈阳）和辽宁省农业科学院测试分析中心测试结果：干物质 23.5%，淀粉含量 15.68%，还原糖 0.1%，粗蛋白 2.11%，维生素 C 含量 0.48mg/100g。平均产量 29226kg/hm²。

栽培要点：种植密度为 75000 株/hm²。

适宜范围：适应性较强，除了广大二季作区外，在北方一季作区和南方高海拔地区均可进行大面积生产。

9. 丽薯 2 号

品种来源：呼自 79-172×Ns79-12-1，云南省丽江市农业科学研究所太安基点选育，

2004 年通过云南省作物品种审定委员会审定定名。

特征特性： 晚熟品种，出苗至成熟日数 125 天。株型直立，株高 86cm，茎粗 1.36cm，茎、叶绿色、叶片较宽大、花冠白色、天然结实性中（其实生种子繁育、能产生高产单株）生长势强，结薯早，薯块膨大快，结薯集中，薯形扁圆，白皮白肉，芽眼浅而少，薯块外观商品性状好，商品率高达 90% 以上。田间晚疫病抗性强，薯块耐储性强。干物质含量 18.53%，淀粉 12.73%，蛋白质 2.3%，氨基酸总量 1.79%，还原糖 0.3%。平均产量为 35470kg/hm^2。

适宜范围： 由于整个选育都在海拔 2800m 的丽江太安高寒山区生态条件下进行，对产量及晚疫病抗性进行严格选择，因此更适宜于云南省冷凉山区作一季净作或间套作。

10. 同薯 23 号

品种来源： [8029-（S2-26-13-3）×NS78-4] ×荷兰 7 号，山西省农业科学院高寒区作物研究所选育，2004 年 10 月第一届全国农作物品种审定委员会第三次会议审定命名。

特征特性： 中晚熟品种，从出苗至成熟约 106 天。植株直立，茎绿色带紫斑，茎秆粗壮，分枝较少，株高 60~80cm。叶片较大，叶色深绿色。花冠白色，能天然结实，浆果有种子。块茎扁圆形，黄皮淡黄肉，芽眼深浅中等，薯皮光滑。适宜蒸食菜食，品质优，经农业部蔬菜品质监督检验测试中心品质分析：干物质 22.32%，淀粉含量 13.17%，还原糖 0.73%，维生素 C 含量 10.42mg/100g，粗蛋白 2.2%。植株抗病耐退化，抗 PVX、中抗 PVY，无环腐病和黑胫病发生，轻度感染晚疫病。根系发达，抗旱耐瘠。薯块大而整齐，耐储藏。商品薯率达 87% 左右。平均产量 33465kg/hm^2。

适宜范围： 在山西、内蒙古、东北大部及河北、陕西北部等我国马铃薯一季作区均可种植。适宜范围广，旱薄丘陵及平川种植均可获得较高产量。

11. 云薯 101

品种来源： S95-105×内薯 7 号，云南省农业科学院马铃薯研究开发中心选育，2004 年 10 月经云南省农作物品种审定委员会审定命名。

特征特性： 中晚熟品种，生育期 108 天。株型直立，株高 78.8cm 左右，茎秆绿色，全株无色素分布，叶绿色，叶腋、叶脉均无异色，花冠白色，花柄节无色素，偶有天然结实。结薯集中，块茎圆形，表皮光滑，芽眼较浅，淡黄皮淡黄肉，休眠期较短。商品薯率 85.7%，蒸食品质优。田间病虫害鉴定结果为：植株中抗晚疫病，无卷叶病，轻感普通花叶病和青枯病；块茎轻感粉痂病，疮痂病，无晚疫病、环腐病发生。干物质含量 27.6%，淀粉含量 21.55%，蛋白质含量 2.37%，还原糖含量 0.21%。平均产量 37455kg/hm^2。

适宜范围： 适宜在云南省东川区、寻甸县、昭阳区、鲁甸县等大春中、高海拔马铃薯产区及生态气候条件与这些地区类似的地区推广种植。另外，各小春马铃薯产区可适当引种试验、示范、推广。

12. 云薯 201

品种来源： S95-105×内薯 7 号，云南省农业科学院马铃薯研究开发中心选育，2004 年 10 月经云南省农作物品种审定委员会审定命名。

特征特性： 该品种生育期 107 天，中晚熟。株型半扩散，分支较少，株高 68.5cm，茎秆绿色，叶绿色，叶腋部位有紫色素分布，花冠白色，花柄节有色素，花梗有紫色素分布，偶尔有天然结实。结薯集中，薯形长椭圆，表皮较粗糙，芽眼较浅，黄皮黄肉，休眠期较短。商品薯率 78.3%，蒸食品质中等。田间病虫害鉴定结果为：植株中抗晚疫病，无卷叶病和青枯病表现，轻感普通花叶病；块茎未发现晚疫病、粉痂病和环腐病，轻感疮痂病。干物质含量 28.6%，淀粉含量 22.30%，蛋白质含量 2.24%，还原糖含量 0.13%。平均产量 38385kg/hm²。

适宜范围：该品种具有较强的适应性和稳定性，适宜在云南省马铃薯玉米间套作地区（宣威市、会泽县、昭阳区、鲁甸县等）和大春中海拔马铃薯产区及生态气候条件与这些地区类似的区域推广种植，即适合云南省昭通市、曲靖市和昆明市马铃薯淀粉、全粉加工优势区域种植。

13. 庆薯 1 号

品种来源：克新 2 号×86-6-3，甘肃省陇东学院农学系（农科所）选育，2004 年 11 月通过甘肃省农作物品种审定委员会审定定名。

特征特性：中晚熟品种，生育期为 112 天。株型半直立，平均株高 58.6cm，叶色浓绿，花冠紫色，薯块椭圆形，薯皮白色，薯肉白色，芽眼少而浅，月状芽眉浅红色是该品种的显著特征。单株平均结薯 4.5 个，平均单薯重 178.1g，大中薯重比率达 91.5%，商品率高，结薯集中，耐储藏。经甘肃省农业科学院测试中心分析，庆薯 1 号干物质含量 22.1%，淀粉含量 14.13%，粗蛋白含量 2.39%，维生素 C 含量 29.2mg/100g，品质优良。花叶病指数为 1.5，晚疫病病级为 2，田间未见环腐病、黑胫病株，属中抗类型。平均产量达 28850kg/hm²。

适宜范围：该品种对光反应敏感，适播期长，适宜陇东地区旱原山地及周边类似生态区种植推广。

14. 鄂马铃薯 5 号

品种来源：CIP-392143-12×Ns51-5，湖北恩施中国南方马铃薯研究中心选育，2005 年 3 月经湖北省品种审定委员会审定定名。

特征特性：中熟品种，从出苗至成熟 90 天左右，株型较扩散，生长势强，株高 60cm 左右。茎叶绿色（叶小），花冠白色，开花繁茂，天然结实较少，浆果有种籽。块茎大薯为长扁形，中薯及小薯为扁圆形，表皮光滑，黄皮白肉，芽眼浅，芽眼数量中等，结薯集中，单株结薯 10 个左右，大中薯率 80% 以上。植株田间高抗晚疫病，在鄂西山区常年中温、多雨、高湿的条件下，晚疫病田间植株发病程度均为 1 级；块茎对晚疫病抗性强，烂薯率在 1% 以下，抗花叶病和卷叶病，田间无花叶病株，卷叶病株率 0.4%。淀粉含量 18.9%（湖北省区试点采用粉碎过滤法测定平均数），还原糖含量收获后 10 天分析为 0.16%（收获后 70 天分析为 0.203%），维生素 C 含量为 18.4mg/100g 鲜薯，蛋白质含量 2.35%。鲜薯食用品质好，适宜油炸食品、淀粉、全粉等加工和食用。平均产量 28100kg/hm²。

栽培要点：种植密度为单作条件下种植 60000 株/hm²；套作条件下，可采用 160m 内双行马铃薯套双行玉米或其他作物，马铃薯种植 36000 株/hm²。

适宜范围：该品种在中国西南及南方等区域种植。适于间、套作，在海拔 600m 以上地区种植增产潜力更大。

15. 互薯 3 号

品种来源：下寨 65×8601503，青海省互助县农业技术推广中心选育，2005 年 1 月 10

日经青海省农作物品种审定委员会审定通过并命名。

特征特性：晚熟品种，全生育期 164 天左右，株型高大、直立，植株繁茂，根系发达，株高 73.2cm 左右，茎绿色，茎粗 1.54cm 左右，复叶大、长椭圆形、深绿色，叶缘平展，大小中等。花冠白色，雌蕊花柱长，柱头圆形，无分裂，绿色，雄蕊黄色，天然不结实。薯块圆形，薯皮浅黄色，致密度大，芽眼较深、芽眼数 7 个左右，脐部凹陷，深度中等。结薯集中，较整齐，商品率高，耐储藏，休眠期 45±2 天。单株结薯数 3～5 个，淀粉含量 17.64%，还原糖 0.387%，干物质 21.68%，维生素 C 含量 13.68mg/100g 鲜薯。

栽培要点：种植密度水地为 25250 株/hm^2，旱地为 26000 株/hm^2。

适宜范围：该品种适应范围广，在青海省东部农业区川水，低、中、高位旱地及海南藏族自治州共和县环湖地区都可种植。

16. 克新 17 号

品种来源：F81109×B5141-6，黑龙江省农业科学院马铃薯研究所选育，通过黑龙江省品种审定委员会审定推广。

特征特性：中晚熟品种，生育期 90 天左右。株型直立，株高 60cm 左右，分枝较少。茎绿色，复叶中等大小，花白色，开花正常。花粉可孕。块茎长筒形，整齐，白皮白肉，芽眼浅。耐储性强，结薯集中。商品薯率 85% 以上，干物质含量平均 23.37% 左右，维生素 C 含量 20.43mg/100g 鲜薯，还原糖平均 0.213%。田间中抗晚疫病，抗 PVX、中抗 PVY、感 PLRV。平均产量为 30329kg/hm^2。

适宜范围：该品种适应黑龙江省各生态区种植。

17. 克新 19 号

品种来源：克新 2 号×KP9S92-1，黑龙江省农业科学院马铃薯研究所选育，2006 年 2 月经黑龙江省农作物品种审定委员会审定定名。

特征特性：中晚熟品种，生育期 100 天左右。株型直立，株高 55cm 左右，分枝中等。茎绿色，茎横断面三棱形。叶绿色，叶缘平展，复叶较大，排列疏散。开花正常，花冠淡紫色，花药橙黄色，花柱长度中等，子房断面无色。块茎椭宽圆形，白皮白肉，芽眼浅，耐贮性较强，结薯集中。商品薯率 85% 以上，块茎大而整齐。淀粉含量 10.67%，维生素 C 含量 43.05mg/100g 鲜薯。块茎蒸食品质好。田间中抗晚疫病，较抗 PVY、PVX 病毒。一般产量 22964kg/hm^2，高者可达 33013kg/hm^2。

适宜范围：该品种适宜在黑龙江省各生态区种植。

18. 同薯 20 号

品种来源：Ⅱ-14［8408-22×（晋薯 6 号×Solanum chacoense）］/NS78-7，山西省农业科学院高寒作物研究所选育，经第一届国家农作物品种审定委员会第四次会议审定通过。

特征特性：株型直立，株高 70～95cm 左右，茎秆粗壮，分枝多，单株主茎数 2.3 个。叶色深绿，枝叶繁茂。花冠白色，天然结实性中等。块茎圆形，黄皮黄肉，薯皮光滑，芽眼深浅中等，结薯集中，单株结薯数 4.7 个。中晚熟种，出苗至成熟 100～110 天。蒸食菜食品质兼优，干物质含量 24.0%，淀粉含量 16.7%，鲜薯还原糖含量 0.50%，粗蛋白 1.90%，维生素 C 含量 18.4mg/100g。对病毒病具有较好的水平抗性，抗环腐病和黑胫病，植株轻感晚疫病。接种鉴定：中抗 PVX 和 PVY，重度感晚疫病。生长势强，抗旱耐瘤，块茎膨大快，产量潜力大；薯块大而整齐，商品薯率 60.8%~73.0%，商品性好，耐储藏。符合鲜薯出口和淀粉加工品质要求。平均产量 22386kg/hm²。

适宜范围： 本品种适宜范围广，在华北、西北、东北大部分一季作区均可种植。薯块大而整齐，商品性好，抗病性较好，经济效益较高，具有很大生产潜力及推广利用价值。

19. 青薯 8 号

品种来源： 青薯 2 号×脱毒 175，青海省农林科学院作物所选育，2005 年 12 月 9 日青海省第七届农作物品种审定委员会第一次会议审定通过。

特征特性： 中晚熟品种，全生育期 136±3 天。半光生幼芽顶部较尖，呈紫色，中部黄色，基部圆形，深绿色茸毛少。株高 67.20±8.72cm，茎粗 1.37±0.19cm，茎绿色，主茎数 3.00±1.00 个，叶色深绿，中等大小，边缘平展，复叶椭圆形，排列中等紧密，互生或对生。花冠紫色，雌蕊花柱长，柱头圆形，二分裂，绿色；雄蕊 5 枚，聚合成圆柱状，黄色。薯块圆形，表皮光滑，白色，薯肉白色，芽眼浅，芽眼数 5~7 个，芽眉半月形，脐部浅，结薯集中，耐储藏。单株产量 0.950±0.212kg，单株结薯数 4.83±2.22 个，单块重 0.137±0.09kg，块茎淀粉含量 17.819%，维生素 C 含量 23.60mg/100g，粗蛋白 2.68%，还原糖 0.208%，蒸食口味好。耐旱、耐寒、耐盐碱性强。抗晚疫病、环腐病、黑胫病，较抗马铃薯花叶、卷叶病毒。

栽培要点： 种植密度水地为 45000 株/hm²，旱地为 60000 株/hm²。

适宜范围： 该品种适宜于青海省水地及低、中、高位山旱地种植。

20. 泉引 1 号

品种来源： 7914-33 ×59-5-86，泉州市农科所选育，2005 年福建省农作物品种审定委员会审定通过。

特征特性： 早熟品种，生育期从出苗到成熟 55~70 天。株形半扩散，生长势强，较抗晚疫病。株高 45~55cm，茎秆粗壮，分枝数 4~6 个，茎叶淡绿色，薯形扁圆，薯皮淡黄色，薯肉白色，表皮光滑，芽眼浅，结薯稍迟，中期膨大迅速，结薯集中，单株结薯数 7~8 个，大、中薯率 80%以上。芽眼浅。块茎干物质含量 23.5%，淀粉含量 18.22%，还原糖 0.12%，100g 鲜薯维生素 C 含量 17.6mg/100g 鲜薯，粗蛋白 2.2%，食味上等。经切片油炸试验，外观好，松脆可口，炸片成品质量鉴评优，其炸片加工品质符合质量要求。

栽培要点： 种植密度为 40000~45000 株/hm²。

21. 新大坪

品种来源： 由甘肃省定西市安定区农业技术中心在历年马铃薯新品种（系）引进试验遗留品种（系）中选育而来，亲本不详，2005 年通过甘肃省农作物品种审定委员会审定。

特征特性： 中熟，生育期（出苗至成熟）100 天左右，幼苗长势强，成株繁茂，株型半直立，分枝中等，株高 40~50cm，茎粗 10~12mm，茎绿色，叶片肥大，叶墨绿色。薯块椭圆形，白皮白肉，表皮光滑，芽眼较浅且少。结薯集中，单株结薯 3~4 个，大中薯重率 95%以上，田间抗病毒病、中抗早疫病和晚疫病，薯块休眠期中等，耐储性强，抗旱耐瘠。食用品质好，薯块干物质含量 27.8%，淀粉含量 20.19%，粗蛋白质含量 2.673%，还原糖含量 0.16%。

栽培要点： 选择土层深厚，土壤疏松、富含有机质、排灌方便的地块种植。种植密度为旱薄地以 37500~45000 株/hm², 高寒阴湿和川水保灌区 60000~75000 株/hm² 为宜。播种时均采用宽窄行形式种植。

适宜范围: 该品种适宜范围广, 在华北、西北、东北大部分一季作区均可种植。薯块大而整齐, 商品性好, 抗病性较好, 经济效益较高, 具有很大生产潜力及推广利用价值。

22. 陇薯 6 号

品种来源: 武薯 85-6-14×陇薯 4 号, 甘肃省农业科学院粮食作物研究所选育, 2004 年 8 月 31 日通过甘肃省科技厅的技术鉴定, 2005 年 5 月 23 日通过国家农作物品种审定委员会审定。

特征特性: 晚熟品种, 生育期 115 天左右。株型半直立, 主茎分枝较多, 株高 70~80cm。茎粗 12~15mm, 茎绿色, 茎翼直状。叶深绿色, 茸毛中多, 叶缘平展; 复叶大, 侧小叶 4 对, 顶小叶正椭圆形, 托叶中间形。花序总梗绿色, 花柄节无色, 花冠乳白色, 花冠中肋黄绿色, 雄蕊黄色, 花粉量多, 柱头绿色 2 分裂, 子房断面无色, 无天然结实。薯块扁圆形, 美观整齐, 芽眼较浅, 淡黄皮白肉。结薯集中, 单株结薯 5~8 个, 大中薯率一般 90%~95%。薯块休眠期中长, 较耐储藏。薯块干物质总含量 27.47%, 淀粉含量 20.05%, 粗蛋白含量 2.04%, 维生素 C 含量 15.53mg/100g 鲜薯, 还原糖含量 0.22%。高抗晚疫病, 对花叶病毒和卷叶病毒病具有很好的田间抗性。

栽培要点: 播种密度因其株型高大繁茂可适当稀植, 一般 60000 株/hm², 旱薄地 37500~45000 株/hm² 为宜。

适宜范围: 不仅适宜甘肃省高寒阴湿、二阴地区及半干旱地区推广种植, 还适宜青海海南藏族自治州、河北张家口地区及承德地区、武川地区等北方一季作地区推广种植。

23. 黑美人——中熟鲜食彩色品种

品种来源: 兰州陇神航天育种研究所经过航天育种育成的品种。

特征特性: 幼苗直立, 株丛繁茂, 株型高大, 生长势强。株高 60cm, 茎深紫色, 横断面三棱型。主茎发达, 分枝较少。叶色深绿, 叶柄紫色, 花冠紫色, 花瓣深紫色。薯块耐储藏, 生育期 90 天。芽眼浅, 芽眼数中等。结薯集中, 单株结薯 6~8 个。薯体长椭圆形, 表皮光滑, 呈黑紫色, 乌黑发亮, 富有光泽, 外观颜色诱惑力强。薯肉深紫色, 致密度紧, 其本身含有丰富的抗氧化物质, 经高温油炸后不需要添加色素仍可保持原有的天然颜色, 口感香面品质好。淀粉含量 13%~15%, 粗蛋白质 2.3%, 维生素 C 含量 17mg/100g 鲜薯。耐旱耐寒性强, 适应性广, 抗早疫病、晚疫病、环腐病、黑胫病、病毒病。一般产量 30000~37500kg/hm²。

栽培要点: 黑色马铃薯宜稀不宜密, 适宜栽植密度 52500 株/hm² 左右。播种后及时镇压并整好垄形, 喷除草剂后覆盖地膜。防治晚疫病。根据市场供销情况适时收获。

适宜范围: 适宜全国马铃薯主产区、次产区栽培, 发展前景较好。

24. 凉薯 8 号

品种来源: 凉薯 97×A17, 四川省凉山州西昌农业科学研究所高山作物研究站选育, 2006 年 4 月通过四川省品种审定委员会审定。

特征特性: 中晚熟, 生育期 78~100 天。株型松散, 主茎弯曲, 株高一般 50~80cm 左右, 茎绿色, 叶绿色, 复叶大小中等, 花序总梗绿色, 花柄节有色, 花冠白色, 花冠大小中等, 无重瓣, 雄蕊黄色, 花粉量中等, 柱头长度中等, 天然结实性弱, 浆果绿色; 块茎椭圆形，黄皮黄肉，表皮光华，单株结薯一般 8~12 个左右，芽眼少而浅，结薯集中，大中薯率较高；块茎休眠期中，储性中等。干物质 23.51%，淀粉 17.8%，还原糖 0.19%，维生素 C 含量 11.91mg/100g 鲜薯，蛋白质 1.44%；烧、煮及油炸食口性好。抗 PVY、PVX 病毒病。高抗癌肿病。

栽培要点：种植密度一般为 60000~67500 株/hm^2。

适宜范围：该品种适宜在四川凉山州二半山、山区及云南、贵州类似地区和盆周山区种植。

25. 晋薯 15 号

品种来源：晋薯 11 号×9424-2，山西省农业科学院高寒区作物研究所选育，2006 年 3 月通过山西省农作物品种审定委员会审定并正式命名。

特征特性：中晚熟品种，生育期 110 天左右，株型直立，株高 85~100cm，茎秆绿色、粗壮，分枝多，生长势强。叶色深绿、叶卵圆形、复叶肥大、侧小叶 4~5 对、茎翼绿色，花冠白色，柱头 2 裂，天然结实性中等。平均单株结薯 4.9 个，薯型为扁圆形、淡黄皮、淡黄肉、芽眼深浅中等，结薯集中、薯块大小中等，整齐度高，商品薯率 80%（≥150g）以上。比重 1.0965，干物质含量 23.2%，淀粉含量 17.5%，鲜薯储藏 50 天后还原糖含量 0.49%，粗蛋白 2.2%，维生素 C 含量 12.4mg/100g 鲜重。抗 PVY、PLRV、晚疫病、耐盐碱。对环腐、黑胫病有较好的田间水平抗性，较抗疮痂病。

栽培要点：种植密度一般为 49500~52500 株/hm^2。

适宜范围：适宜山西省及华北地区马铃薯一季作区种植。

26. 冀张薯 8 号

品种来源：为国际马铃薯中心引进杂交组合 720087×X4.4 的实生种子，河北省高寒作物研究选育，2006 年 7 月经国家农作物品种审定委员会审定通过，定名。

特征特性：鲜薯食用型品种，生育期 99 天，株型直立，生长势强，株高 68.7cm 左右。茎、叶绿色，单株主茎数 3.5 个。花冠白色，花期长，天然结实性中等。块茎椭圆形，淡黄皮，乳白肉，芽眼浅，薯皮光滑。单株平均结薯数为 5.2 块，平均单薯重 102g。商品薯率 75.8%。生产试验中平均产量 20820kg/hm^2。高抗 PVX 和 PVY，轻度至中度感晚疫病。经农业部蔬菜品质监督检验测试中心（北京）分析，还原糖含量 0.28%，粗蛋白含量 2.25%，淀粉含量 14.8%，干物质含量 23.2%，维生素 C 含量 16.4mg/100g 鲜薯，蒸食品质优。

栽培要点：种植密度为 52500~60000 株/hm^2。

27. 宁薯 12 号

品种来源：中心 22 号×宁 88-8-306，固原市农科所选育，2007 年 3 月经宁夏回族自治区农作物品种审定委员会审定命名。

特征特性：中熟品种，生育期 106 天，株形直立，茎绿色，叶色浅绿，复叶大小中等，枝叶繁茂，长势强，株高 30~50cm，聚伞花序，花冠白色。主茎 2~3 个左右，分枝 6 个左右，单株结薯 4~5 个，薯块大小中等且整齐，匍匐茎较短，结薯集中，单株产量 450~750g，商品率 81%。薯块圆形，浅黄皮色，薯肉浅黄，芽眼浅。薯块休眠期长，耐储藏。经宁夏农科院质量分析中心化验：干物质含量 23.41%，淀粉含量 14.9%，粗蛋白 3.96%，还原糖 0.3%，维生素 C 含量 11.92mg/100g 鲜薯。花繁茂，天然果少，抗旱耐瘠薄，中抗晚疫病、环腐病，轻感花叶病毒和卷叶病毒。

28. 晋薯 16 号

品种来源：NL94014×9333-11，山西省农业科学院高寒区作物研究所选育，2006 年通过山西省品种审定委员会审定命名。

特征特性：中晚熟种，从出苗至成熟 110 天左右，生长势强，植株直立，株高 106cm 左右。茎粗 1.58cm，分枝数 3~6 个，叶片深绿色，叶形细长，复叶较多，花冠白色，天然结实少，浆果绿色有种子，茎绿色。薯形长圆，薯皮光滑，黄皮白肉，芽眼深浅中等，结薯集中，单株结薯 4~5 个。蒸食菜食品质兼优，经农业部蔬菜品质监督检验测试中心品质分析，干物质 22.3%，淀粉含量 16.57%，还原糖 0.45%，维生素 C 含量 12.6mg/100g 鲜薯，粗蛋白 2.35%，符合加工品质要求；植株抗晚疫病、环腐病和黑胫病，根系发达，抗旱耐瘠；薯块大而整齐，耐储藏，大中薯率 95%，商品性好，商品薯率高。

栽培要点：种植密度为 45000~52500 株/hm²。

29. 晋薯 17 号

品种来源：晋薯 7 号×（7xy. 1×R22-3-13），山西省农业科学院高寒区作物研究所选育，2007 年 3 月通过山西省农作物品种审定委员会审定并正式命名。

特征特性：属鲜食品种，生育期 110 天左右，中晚熟品种，株型半直立，分枝多，株高 70cm 左右，生长势强，出苗期较长。茎绿色，叶深绿，复叶小，侧小叶 3 对，常齿连顶叶，花冠白色，天然结实少。薯块扁圆形，黄皮黄肉，芽眼深浅中等，匍匐茎短，结薯早而集中，单株结薯 4~6 个，平均单薯重 144.6g，商品薯率 80% 以上。经农业部蔬菜品质监督检验中心（北京）分析，干物质含量 21.4%，淀粉含量 15.7%，维生素 C 含量 12.7mg/100g 鲜薯，鲜薯储藏 50 天后还原糖含量 0.43%，粗蛋白含量 1.7%。该品种抗旱，耐盐碱。抗 PVY、PLRV、轻感花叶；对黑胫病、晚疫病有较好的田间水平抗性，较抗疮痂病，块茎休眠期中等，耐储藏。种植密度为 45000~52500 株/hm²。

30. 青薯 6 号

品种来源：甘肃省天水市农科所马铃薯研究开发中心从青海省农林科学院作物所引进。2007 年 11 月 16 日通过天水市科技局组织的技术鉴定。

特征特性：中晚熟品种，生育日数平均 126 天，植株为扩散型，生长势强，株高 65cm，分枝数中等，叶深绿色，花冠淡紫色，天然结实性弱，薯型扁圆，薯皮白色，薯肉白色，芽眼少而浅，结薯集中，平均结薯数 3.68 个，单株产量 0.51kg，平均薯重 154.4g，平均大中薯数率 76.11%，大中薯重率 84.3%。2007 年经甘肃省农科院测试中心分析，青薯 6 号块茎淀粉 18.00%，干物质 23.4%，维生素 C 含量 23.3mg/100g 鲜薯，粗蛋白 1.62%，还原糖 0.11%；淀粉含量和维生素含量远高于对照，而还原糖含量远低于对照，具有较好的加工品质。

栽培要点：种植密度为 49500~52500 株/hm²。

31. 抗青 9-1

品种来源：母本 BR63.5（含二倍体近缘栽培种富利亚的抗青枯病基因）×父本 104.12LB（含抗晚疫病基因的资源材料），由中国农科院植保所从 CIP 引进的第Ⅷ批第 9 份马铃薯资源材料 BP88096 中选出的第 1 号单株系。2005 年 12 月由云南省品种审定委员会通过品种审定，并正式定名。

特征特性：中熟品种，生育期 104 天左右。株型半直立，株高 68.5cm 左右，茎粗 1~4cm，茎秆浅紫色，花冠紫色，有天然结实性。结薯集中，薯形近圆形，表皮光滑，芽眼较浅，紫红芽眼，白皮白肉，商品薯率 81.4%，蒸食品质中上，水比重法测定鲜薯比重 1.081。2004 年，经农业部农产品质量监督检验测试中心（昆明）测定，干物质含量 23.0%，淀粉含量 14.3%，蛋白含量 3.14%，还原糖 0.07%；1996 年湖北恩施南方马铃薯中心检测结果，维生素 C 含量 21.59mg/100g 鲜薯。高抗到中抗青枯病，中抗到中感晚疫病，田间无卷叶病，轻感轻化叶病，块茎轻感粉痂病，无疮痂病和环腐病发生。

栽培要点：种植密度为 60000~67500 株/hm²。

◎本章小结：

本章首先介绍了确定马铃薯优良品种的标准及其分类，以及栽培过程中选种和引种时应注意的原则，并重点介绍了目前在我国范围内种植的一些马铃薯优良品种和新品种的品种名称、来源、特征特性、栽培要点和适用范围等。因此，在种植过程中应本着因地制宜、联系本地实际的原则，科学合理地引种和种植。

第6章 马铃薯病虫害防治技术

☞ 提要:
 知识目标:
  1. 掌握马铃薯各种病害的病原、症状、传播途径和防治措施;
  2. 掌握马铃薯病虫害的综合防治措施。
 能力目标:
  结合本地实际,调查常见马铃薯病害及防治措施。

马铃薯是多病害作物,非常容易受到各种病菌的侵染,发生多种病害。病害的发生与流行,不仅损坏植株茎叶,降低田间产量,在块茎储藏过程中还会直接侵染块茎,轻者降低品质,重者使块茎腐烂,造成巨大损失。

为害马铃薯的病虫害有 300 多种。马铃薯病害主要分为真菌病害、细菌病害和病毒病害。其中真菌病害是世界上主要的病害,几乎在马铃薯种植区都有发生。从我国各个种植区域的情况来看,发生普遍,分布广泛、为害严重的是真菌性病害的晚疫病和细菌性病害的环腐病,南方的青枯病也有日益扩大的趋势,同时,由于病毒病引起的马铃薯退化问题也成为限制马铃薯产业的主要障碍。因此,病虫害的防治是马铃薯生产中保证种植效益非常重要的环节。

6.1 马铃薯病虫害综合防治措施

马铃薯的生理状态和繁殖方式,使得马铃薯成为多病害作物。病虫害的发生、为害程度与马铃薯的品种和其环境条件等有密切关系。对各种病虫害的防治应遵循综合防治的原则,采取多方面的措施,结合化学防治,做到既防病,又增产。

6.1.1 选用抗病品种

选用抗病品种是防治马铃薯病虫害最经济、最有效的措施。抗性育种一直以来都受到育种家的重视,目前抗性育种的技术手段不断地发展,马铃薯的抗性种质资源也得以不断地创新,已育成了多个抗性品种。目前在马铃薯生产上推广应用的抗性品种有抗晚疫病品种、抗疮痂病品种、抗青枯病品种、抗环腐病品种、抗癌肿病品种、抗病毒品种、抗线虫品种、耐旱品种、耐盐碱品种、耐低温品种等。

在选用抗性品种时,首先要根据当地马铃薯病虫害发生情况和生产上的主要问题确定品种。我国南方温暖湿润地区,马铃薯青枯病发生严重,首先要选用抗、耐青枯病的品种,同时兼抗晚疫病或病毒病,以及所需要的经济性状等;北方少雨干旱地区,首先要选用耐旱品种，同时兼抗病毒病或其他病虫害，并具有所需要的经济性状等。

6.1.2　选用健康种薯

马铃薯的许多病虫害可通过种薯广泛传播。种薯带病是马铃薯晚疫病、青枯病、环腐病、黑胫病和癌肿病的主要传染来源。通过带病种薯还可将病虫害扩大到无病地区。因此，品种确定后，种薯的质量将是决定马铃薯产量高低的重要因素。健康的种薯应不带影响产量的病毒；不带通过种薯传播的真菌性和细菌性病原菌。要发挥优良品种及其脱毒种薯的增产潜力，还应利用生理年龄处于壮龄（多芽期）的种薯。

6.1.3　选择良好的土壤环境

马铃薯的许多病虫害可以通过土壤传播，污染的土壤是多种病虫害的发病来源，如马铃薯青枯病、癌肿病、黑胫病、疮痂病、线虫、地老虎、金针虫等。选择土质疏松、排水良好、未种过马铃薯或经过合理轮作的良好的土壤环境种植马铃薯，可以有效地避免和减少病虫害的发生。与非寄主植物轮作是改善土壤结构、消灭土传病害的有效措施，通过4年以上的轮作可消灭土壤中青枯病的病原，5年以上轮作可消除癌肿病病原。

6.1.4　采用合理的耕作栽培措施

晚秋耕翻土壤，经过冬季晒垡，可冻死部分害虫与虫卵，减少来年害虫对马铃薯生产的为害，并使土壤疏松，有利于块茎膨大，是增产的重要措施。

在栽培方面，调整播种期，调整株行距，调控营养与水分都可以有效地避免和减轻病虫害的发生。如根据各地的蚜虫迁飞规律，调整播种期与收获期，避开蚜虫迁飞高峰，可免除蚜虫的为害，也可生产高质量的种薯；采用宽垄密植，可改善田间通风状况，减轻晚疫病发病程度；分次加厚培土，防止植株上的晚疫病孢子被冲刷落入土壤，减少块茎感病；种薯田适量施用氮肥，可促进植株的成龄抗性早形成，减少蚜虫传播病毒，以及病毒在植株体内的增殖和积累；合理控制水分和养分对防治马铃薯空心及其生理病害有重要作用。

6.1.5　建立化学防治规程

化学防治是马铃薯病虫害防治中不可缺少的措施，在利用抗病品种和合理的耕作栽培措施不能达到有效防治病虫害的目的时，适时适量施用药剂是必要的。在生产实践中，总结当地多年的防治经验，因地制宜地建立相应的以"防"为主的化学防治规程，及时、准确、有效地使用化学药剂，可以达到控制病虫害发生和蔓延的目的。"及时"是指要在病害还没有发生或刚刚发生时进行防治；"准确"指正确选择化学药剂和正确使用化学药剂；"有效"指建立有效的化学防治周期。同时应当强调的是，在化学防治中要遵循无公害和生物防治的原则，尽量选用无公害农药，减少对环境的污染，同时有选择地保护天敌，保证生产安全和产品安全。

6.1.6　适时收获、安全储藏

块茎成熟，应及时收获。为减少收获时的机械损伤，应于收获前7~10天灭秧，使块茎表皮木栓化。特别当植株感染晚疫病时，更应提早灭秧，并将病秧运出田间，使土壤得以暴晒，杀死土表病原菌，减少收获时块茎感染晚疫病。收获的块茎呼吸强度大，散发热量多，应放于通风、避光处预储 10~20 天，再进行储藏，减少块茎腐烂。

储藏前，对收获的块茎要进行清选，彻底清除病烂和破损块茎，以减少储藏期间病害的传染，同时要经常检查窖温和病害情况。

6.2　马铃薯病害防治技术

6.2.1　真菌性病害防治技术

6.2.1.1　晚疫病

晚疫病在我国马铃薯主产区都有发生，是为害最大的一种暴发性真菌病害，一旦发生和蔓延，速度非常快，很难控制，会造成非常严重的损失。田间产量损失可达 20%~50%，窖藏损失轻者 5%~10%，重者在 30% 以上。晚疫病不但为害马铃薯，还对番茄、青椒、茄子等造成损害。

1. 症状

马铃薯的茎、叶、花、浆果和块茎均可受害。植株地上部分受害后，最先表现的症状是在叶片的顶端或边缘发生淡褐色的病斑，病斑外围有黄绿色症状，病斑扩大后叶片开始卷缩。湿度大的早晨和雨天病斑很快扩大，使叶面呈水浸状青枯，并在枯斑外出现白霉，叶背面白霉更清楚。白霉就是分生孢子，孢子囊呈桃形，孢子入土可侵入块茎，块茎发病时表皮变褐色斑点，组织下陷。软腐病未介入前，褐色斑点组织变硬，切开后内部薯肉呈锈褐色。病菌一旦侵入块茎，块茎即腐烂。

2. 传播

晚疫病病原为寄生性真菌，菌丝无色无隔，分生孢子和游动孢子繁殖。病菌孢子很小，能趁水湿从叶背气孔或块茎表皮皮孔侵入组织，而后发展成病斑。阴雨、晨露使叶片水湿，是病菌孢子入侵的有利条件。病菌发育的适宜温度为 24℃，最高温度为 30℃，最低温度为 10℃。游动孢子萌发的最适温度为 12~13℃，最高为 25℃，最低为 2℃。菌丝可在块茎中越冬，为活物寄生，土壤一般不会传病。主要是播种带病的块茎，在条件适宜时首先从带病块茎植株发病，由中心病株再扩大传播，降雨时又把病菌孢子带到块茎上，使块茎感病，或在收获时块茎表皮被擦伤，土壤和茎叶上的病菌孢子趁机侵入块茎。

3. 防治措施

以选用抗病品种及无病种薯为基础，结合预报，消灭中心株，加强药剂防治和农艺栽培措施进行综合防治。

① 选用抗病品种

种植抗病品种是最好的防病办法。主要抗病品种，南方各地多用米拉、疫不加、万芋 9 号、阿奎拉等品种；北方用春薯 1 号、克新 2 号、陇薯 3 号、渭会 2 号、晋薯 5 号等。

② 淘汰病薯

只要种薯不带病，田间就不会首先出现病株。一是在种薯出窖进行催芽前严格剔除；二是催芽期间，凡不发芽或发芽慢，出现病症的全部剔除；三是切块播种或整薯播种时严格检查，剔除病薯。

③药剂防治

目前采用的药剂在防治晚疫病上最好的是瑞毒霉。田间发病时最好发现中心病株及时喷施25%瑞毒霉可湿性粉剂800倍溶液，每10天左右喷1次，2~3次即可控制病害发展。其次是用等量波尔多液喷施防治，即500g硫酸铜，500g生石灰，50L水兑成波尔多液，在发病时喷施也可收到较好效果。

④厚培土

田间晚疫病孢子侵入块茎，主要是通过雨水或灌水把植株上落下的病菌孢子随水带到块茎上造成的。在种植不抗晚疫病的品种时，尤其是块茎不抗病的，要注意加厚培土，使病菌不易进入土壤深处，以减少块茎发病率。

⑤割秧防病

在晚疫病开始流行时，对种植密度大，行距小，不能厚培土的地块，要在植株还未严重发病前把薯秧割掉，运出田间。作为留种的地块更应及早割秧，尽量防止病菌孢子侵入块茎，以免后患。

6.2.1.2 早疫病

早疫病是马铃薯最普遍、最常见的病害之一，也称夏疫病、轮纹病。在马铃薯各个栽培区都有发生，华中、华南和华北地区较严重。早疫病对马铃薯最大的为害是茎叶受害干枯，严重者整株死亡，从而降低产量。早疫病还会使马铃薯块茎发生枯斑，降低商品薯的食用价值，有时还会导致块茎腐烂。除马铃薯外，番茄、茄子等蔬菜作物也可发生。

1. 症状

主要为害叶片。发病初期叶片上出现褐色水浸状小斑点，然后病斑逐渐扩大，病斑多为圆形或卵圆形，直径3~4mm，褐或黑褐色，有同心轮纹，边缘明显，色泽较深，周缘有或无黄晕。由于叶脉的限制，有时呈多角形。严重时病斑相连，整个叶片干枯，通常不落叶，在叶片上产生黑色绒霉。块茎感病呈褐黑色，凹陷的圆形或不规则的病斑，周围有一圈凸起的边界。病斑下面的薯肉呈褐色木栓化干腐，进一步腐烂的组织呈水浸状，黄至黄绿色。储藏期间随病斑的扩大，块茎发生皱缩。

2. 传播

病菌只为害茄科蔬菜植物。病原菌主要在病株残体、土壤、病薯或其他茄科寄主植物上越冬。在马铃薯生长季节，病菌孢子可通过气流、雨水或昆虫传播，病菌孢子可通过表面侵入叶片。在生长早期，初次侵染发生在较老的叶片上，多数情况下，在成株期，特别是开花以后发病较重。可通过表皮或伤口侵染块茎。品种退化，未成熟的块茎以及高温多湿、肥力不足的情况下较易感病。

3. 防治措施

①选用早熟耐病品种，如晋薯7号、紫罗兰、青薯5号等，适当提早收获。

②进行合理轮作。

③喷洒杀真菌剂。发病初期用25%瑞毒霉或75%百菌清或64%杀毒矾等高效低毒农药进行防治，也可用70%代森锰锌可湿性粉剂600~1000倍液进行叶面喷施，用药量2625~3825g/hm²。

④施足基肥，增施磷、钾肥，提高植株抗病力。

6.2.1.3　癌肿病

癌肿病是西南山区 20 世纪 70 年代末发现的一种真菌性病害，广泛分布在高海拔冷凉多雨地区，如我国云、贵、川三省的某些地区。不抗病的品种感染癌肿病，可造成毁灭性的损失，发病轻的减产 30% 左右，发病重的减产 90%，甚至绝收。感病块茎品质变劣，无法食用，完全失去利用价值。而且块茎感病后易于腐烂。这种病还侵染番茄、龙葵等，病菌可在土壤中潜存多年，很难防治。

1. 症状

癌肿病主要为害块茎和匍匐茎，病重时，也可发展到地上茎，但茎叶发病较少。患病的块茎和匍匐茎组织发生畸变，形成大小不同、形似花椰菜的瘤状物，初期为白色，后期变黑。发展到地上茎的肿瘤，在光照下初期为绿色，后期呈暗棕色。多数瘤状物在芽眼附近先发生，逐渐扩大到整个块茎，最后类似肉质的瘤状物分散成烂泥状，黏液有恶臭，可严重污染土壤。偶尔也能感染茎的上部叶片和花，块茎可被癌瘤覆盖或全部取代。

2. 传播

病原菌的休眠孢子主要在土壤中或感病的块茎中越冬。休眠孢子在马铃薯的生长期间形成孢子囊梗，释放出许多游动孢子侵染块茎表皮，刺激表皮韧皮部细胞变大并进行不正常分裂，形成癌肿组织。低温高湿有利于病害发生。在干燥条件下，游动孢子囊处于休眠状态，在土壤中存活期很长。越冬孢子抗逆性很强，在土壤中能存活 20~30 年之久。在80℃ 高温下能忍耐 20 小时，在 100℃ 的水中能存活 10min 左右。病原传播主要通过被土壤中病菌污染的块茎、农具、容器等附着的休眠孢子囊产生的游动孢子。适于游动孢子入侵块茎的温度是 3.5~24℃，最适温度为 15℃，土壤湿度持水量 70%~90% 时发病最重，干旱发病轻。据报道，癌肿病菌还是马铃薯 X 病毒的传播媒介。

3. 防治措施

①选用抗病品种。种植抗病品种是防治癌肿病的最好办法。抗癌肿病的品种有米拉、疫不加、阿奎拉、卡它丁、七百万和费乌瑞它等，其中米拉抗性最好。

②对疫区进行严格封锁，严禁病区马铃薯外运，以防病害蔓延。

③利用脱毒茎尖苗，快繁高度抗病品种，尽快更替不抗病的品种。

④发病重的地块必要时进行药物防治，用 20% 粉锈灵可湿性粉剂或乳油叶面喷施；或每 hm^2 用药 6~7.5kg，拌细土 600~750kg 于播种时盖种；或于出苗 70% 及初现蕾时配成药液 60kg 各进行一次喷雾，防止马铃薯癌肿病的发生。

6.2.1.4　粉痂病

粉痂病是真菌性病害，在南方一些地区常造成不同程度的产量损失。患粉痂病的植株生长势差，产量急剧下降。受害的块茎后期和疮痂病相似，块茎外形受到严重影响，降低商品价值，而且患病块茎不易储藏。

1. 症状

病症主要发生于块茎、匍匐茎和根上。患病块茎初期在表皮上出现很小的褐色病斑，而后形成浅褐色水泡状突起，用手指下压时，发硬而不易破裂。突起内充满病菌孢子团，呈褐色粉状物，突起后期破裂时变成黑色，使水泡的边缘稍高，中部凹陷，形成疮疤。病菌还在匍匐茎和根上形成大小不同的瘿状瘤，初期为白色或浅黄色，后期变黑，崩溃后散出孢子团。在土壤潮湿的条件下，可以发生深入薯内的不规则溃疡。在储藏期间，粉痂病可以形成干腐、更多的瘤或溃疡。根和匍匐茎受到侵染后，出现小的坏死斑，后发展为乳白色癌瘤，并使幼株萎蔫、枯死。

2. 传播

病菌以休眠孢子组成的休眠孢子堆在病薯或土壤中越冬。次年休眠孢子萌发后产生游动孢子，侵染根、匍匐茎或根毛的表皮细胞，也可从皮孔或表皮侵入幼小块茎。休眠孢子在土壤中可存活 6 年左右，通过动物消化道依然存活。粉痂病菌是马铃薯帚顶病毒的传播媒介。感病的块茎和带菌的土壤、农具、厩肥等均可传病。病菌在土壤中能保持生活力 5 年左右。在马铃薯结薯期间阴雨连绵，土壤湿度大，最易发病。一般温度低于 14℃，土壤湿度达 90%左右才发病。

3. 防治措施

①选用无病种薯，实行留种地生产种薯。

②根据土壤和气候条件，实行轮作，发生粉痂病的地块 5 年后才能种植马铃薯。不用饲喂染病块茎的动物粪便作肥料。

③履行检疫制度，严禁从疫区调种。

④药剂防治，见疮痂病。

6.2.1.5　炭疽病（又称黑点病）

1. 症状

在块茎、匍匐茎、根和茎上均可出现大量点状黑色菌核，早期发病叶片变黄，茎基部枯萎。后期茎部泡涨、腐烂，皮层组织脱落，植株死亡。块茎在储藏期间的症状有黑腐、干腐及环状坏死。

2. 病原及传播

病菌以菌核在块茎表面或植株残体里越冬，菌核能在土壤中保持较长时间，菌丝体和菌核常从地面上下几厘米内茎基部的皮层侵入。在某些情况下，菌丝可迅速长到茎的维管束柱，进入叶片。

3. 防治措施

①精选无病种薯。

②施行轮作。

③注意田间排水。

6.2.1.6　红腐病

1. 症状

叶片褪绿、卷曲、枯死或脱落。这些症状与茎基部维管束系统感染和阻塞有关，感病植株在接近地面处可以形成气生块茎，块茎上的症状最先在脐部出现，以后使块茎腐烂。腐烂组织呈海绵状，切开后暴露在空气中的薯肉较健康组织容易变色，起初为橙色，最后为黑色。切开的块茎挤压时可渗出汁液。

2. 传播

对块茎的侵染通常是由菌丝侵入匍匐茎，也能通过芽眼或皮孔侵入。块茎中菌丝能在胞间传播，大量产生卵孢子。当腐烂块茎或茎秆破裂时，就释放到土壤中，存活期可达数年。在植株整个生育期都可感病，但接近成熟的植株最易感病。土壤含水量多、天气温暖潮湿，均有利于红腐病的侵染危害。

3. 防治措施

①实行长期轮作，有利于减轻病害发生。

②保持土壤排水良好，避免生育后期过量灌溉。

6.2.1.7　白霉病

1. 症状

其主要为害茎的基部和块茎。在接近土壤的主茎或侧枝上，初期出现小面积灰色水浸状病斑，随后长出一层棉絮状的菌丝，并形成黑色菌核。严重受害的植株，茎的表面剥离，最后整株死亡。切开病茎，在髓部长有菌丝和菌核。感病块茎，开始在芽眼附近的凹陷处呈现小的病斑，病斑扩大时，块茎内部组织皱缩、腐烂、表皮变黑，可挤出无味汁液，最后受害块茎内部成为长满菌丝和菌核的空洞。

2. 传播

病菌菌核在土壤中和病株残体上越冬，次年在一定条件下，菌核萌发，形成菌丝式子囊盘。菌丝和从子囊盘产生散出的子囊孢子均可进行传播侵害，冷凉潮湿条件下，有利于病菌的侵染。

3. 防治措施

①实行与禾本科作物 4 年以上时间的轮作。

②施用内吸杀菌剂。

6.2.1.8　灰霉病

1. 症状

病斑通常在下部叶片的边缘或尖端发生，近圆形，有较宽的同心轮纹，病斑易破裂，呈黏性腐烂，严重时还可通过叶柄扩展到茎的皮层。病部组织上产生大量细毛状子实体，病菌孢子团和气生菌丝密集，挖薯后到储藏期间，被侵染的块茎组织表面皱缩，后变成褐色湿腐或凹陷干腐。2. 传播

病菌孢子主要通过气流和雨水传播。

3. 防治措施

①发病前喷施杀菌剂保护叶面。

②储藏前使块茎的伤口愈合，可减轻受害。

6.2.1.9　湿腐病

1. 症状

此病只侵染块茎，在伤口周围出现水渍状区域，当病害发展时，块茎肿大，内部腐烂组织为黑色，多水孔洞。块茎受害后几天内可全部腐烂，稍加压力，即可使皮层开裂并有大量液体溢出。

2. 传播

病菌存活在土壤中，只有通过伤口才能侵入块茎。种植后，土壤温度升高，切开的薯块较易感染。在收获时未成熟而又碰伤的块茎也容易引起湿腐。

3. 防治措施

①块茎充分成熟后收获，尽可能避免对块茎造成机械损伤。

②储藏期间保持通风、冷凉、干燥。

6.2.1.10 皮斑病

1. 症状

根、匍匐茎和块茎发生分散的淡褐色的病斑，病斑扩大，变黑和横向裂开，皮层组织分离。在储藏期间，块茎上形成紫黑色、稍有隆起的斑点，有时形成较大面积的坏死。在茎的芽上，可发生褐色病斑，种薯被害可延迟出苗或缺苗。

2. 传播

病原菌主要来自带病种薯和存活在土壤中的菌核，病菌分生孢子萌发，可通过皮孔、芽眼和表皮伤口侵染块茎和匍匐茎，收获和储藏期间可进一步侵染。在冷凉潮湿季节，容易感病，黏重土壤比砂质土壤发病重。

3. 防治措施

①施行轮作，避免重茬。

②收获后用杀菌剂进行块茎消毒，可预防储藏期传染。

③选用无病种薯或用块茎繁殖的小种薯作种。

6.2.1.11 茎腐病

1. 症状

茎的基部受害，表面长有白色菌丝，植株萎蔫，下部叶片褪绿。后期皮层组织死亡，木质部呈纤维状，在茎基部的土壤表面形成大量圆形棕褐色菌核。病株的匍匐茎可感染块茎，块茎表面生长白色菌丝，在收获前和运输、储藏期间使块茎腐烂。

2. 传播

病菌以菌核在土壤中越冬传播或以病株残体上的菌丝体传播。

3. 防治措施

①清除病株残体。

②施行块茎、土壤消毒。

6.2.1.12 丝核菌溃疡病

1. 症状

苗期受害常引起茎的环剥，植株矮小，顶部丛生，叶片上卷褪绿；匍匐茎上有红褐色病斑；块茎表面产生黑褐色不规则菌核，不易洗掉；块茎出现破裂、畸形、锈斑和鳞片状变色组织，茎末端组织坏死。

2. 传播

病原物以菌核在块茎或土壤中越冬，或以菌丝体在病株残体上越冬，在适宜条件下，菌核萌发并侵染幼苗、匍匐茎和块茎，伤口容易造成侵染，低温、多湿、排水不良有利于发病。

3. 防治措施

①选用无病种薯。

②及时消除病株残体。

③施用内吸杀菌剂有一定效果。

6.2.1.13 银腐病

1. 症状

主要为害块茎，初期病斑小，淡褐色、圆形、边缘不明显，以后逐渐扩展，覆盖大部分块茎，被侵染部分有银白色光泽，储藏期间因失水过多而使块茎皱缩。

2. 传播

初次侵染多来自带病种薯芽块，少数由土壤传播，主要通过皮孔和皮层侵入；储藏期间高温多湿有利于病害发生。

3. 防治措施

①选用无病种薯。

②在储藏前要使块茎表皮变干，伤口愈合。

③储藏期间保持低温、通风、干燥条件。

6.2.1.14 紫纹羽根腐病

1. 症状

块茎表皮上覆盖着粉红至紫红色菌丝网，在菌丝层下，块茎有暗灰色凹陷病斑，后期呈湿腐状。地上部分症状不明显，叶色褪绿，植株萎蔫。

2. 传播

病菌以菌核在土壤中越冬，次年萌发侵染。

3. 防治措施

施行轮作。

6.2.1.15 炭腐病

1. 症状

该病主要为害块茎，初期呈水渍状淡灰色斑块，而后形成空洞，里面充满黑色菌丝和菌核，块茎组织松软，呈褐色至黑色湿腐，可侵害茎部，常引起植株萎蔫和黄化。

2. 传播

主要通过芽眼、皮孔和伤口侵入，此病仅发生在气温较高的温暖地区。

3. 防治措施

①避免收获时和产后运输过程损伤。

②选用无病种薯。

③在土壤高温之前及时收获，在低温条件下储藏。

6.2.1.16 镰刀菌干腐病

1. 症状

在块茎上形成浅褐色病斑，侵染扩展后形成较大的暗褐色凹陷或穴状斑，病部逐渐疏软、干缩，表面生长灰白色或玫瑰色菌丝和分生孢子座，有时整个块茎被侵染。储藏在干燥条件下，病薯呈干腐，表面皱缩。在高温条件下，感病组织变得更加疏松，内部形成空洞并充满菌丝体，同时易造成其他细菌、真菌和昆虫伴随侵入，加快块茎腐烂。

2. 传播

多在储藏期出现病害。病原菌主要通过机械损伤或龟裂伤口侵入。

3. 防治措施

①在收获储藏期间，防止机械损伤。

②在储藏早期和种植前移到 20~25℃ 条件下处理一周，促进伤口愈合或用杀菌剂处理芽块。

6.2.1.17 镰刀菌枯萎病

1. 症状

病株叶片萎蔫、褪绿、黄化或呈青铜色。地上部分丛生，腋芽处生气生块茎，植株矮化。根系皮层及茎基部腐烂，维管束变色，植株在成熟前死亡。块茎表面有斑点和腐烂，茎末端变褐并在匍匐茎着生处腐烂，内部维管束变色。

2. 传播

此病多发生在高温种植区，为典型土传病害。病害在土壤中存活时间较长，在高温、干燥条件下病害较重。

3. 防治措施

①清除田间病株残体。

②采用无病块茎作种。

③实行轮作。

6.2.1.18 黄萎病

1. 症状

此病引起植株早期感染。叶片褪绿、黄化、枯萎。茎的维管束变成淡褐色，有时在茎的基部呈现坏死条纹。块茎维管束环呈淡褐色，表面有不规则斑块，芽眼周围呈粉红色或棕褐色，严重时块茎内可形成空洞。

2. 传播

带菌土壤、黏附在块茎上的带菌土壤、感病的块茎以及感病的杂草均可进行传播。分生孢子也可通过气流传播。病菌主要通过根毛、伤口、枝条和叶面侵入。

3. 防治措施

①选用抗病品种。

②与禾本科或豆科作物轮作，避免与茄科作物轮作。

③防除感病杂草如藜、蒲公英、荠菜等。

6.2.1.19 坏疽病

1. 症状

通常在块茎的伤口、芽眼或皮孔表面产生小的凹陷、不规则的暗褐或紫色病斑，引起皮层坏死。

2. 传播

带菌种薯在土壤中产生孢子器，在土壤湿度较高时，可侵染健株的芽眼和皮孔，也可在收获运输过程中从伤口侵入。

3. 防治措施

①选用抗病品种。

②收获时清除、烧毁病株残体。

③块茎消毒。

6.2.1.20 根霉软腐病

1. 症状

块茎表皮最初出现小的水浸状病斑，以后逐渐向内部扩展成为多水、褐色至深褐色软腐，腐烂组织有环状特征。

2. 传播

主要通过伤口侵入。

3. 防治措施

避免块茎造成伤口，用消毒剂处理块茎。

6. 2. 1. 21　其他真菌病害

1. 链格孢疫病

病原为弱寄生真菌，常与其他病害伴随侵染，外界条件不良，植株生长衰弱，也容易受到侵害。

2. 腔菌叶斑病

叶部产生圆形，后为长形的褪绿病斑，病菌子囊孢子和分生孢子靠气流传播，通过气孔侵入叶片。

3. 单格孢叶枯病

病原为弱寄生真菌，在高海拔地区可引起叶片枯萎，严重时引起叶片变成灰黑色坏死。

4. 壳针孢叶斑病

受害叶片上呈现圆形或椭圆形病斑。病斑有凸起的同心环，病害发展时，叶片坏死脱落。此病发生在冷凉、潮湿季节，病菌通过雨水反溅和土壤中病株残体上的病菌传播。

5. 匐柄霉疫病

叶片病斑淡褐色与早疫病相似，但无同心轮纹，病害严重时可引起落叶。

6. 尾孢菌叶枯病

以马铃薯叶部喷药保持防治效果较好。

7. 茎点霉叶斑病

叶片病斑与早疫病相似，有同心环，不凹陷，先在下部叶片形成少数病斑，随着病情发展逐渐扩大到整个植物株，病斑之间连接，使叶片变黑枯死。茎部及叶柄上病斑长形，在病害发生之前喷药保护，防效较好。

8. 爪笋霉叶枯病

多在炎热潮湿的地区发生，叶部为害初期呈水浸状，后期为坏死斑。

9. 白粉病

最初在茎、叶、叶柄上形成淡褐色小点，这些小点经常联合形成较大的水浸状的黑斑。当病斑形成孢子时，表面有灰白色至褐色粉末状物，使叶片凋萎和脱落，危害严重时可使整株枯死。

10. 黑粉病

主要侵染块茎，感病块茎呈多瘤状膨大，把块茎切开，内部充满具有囊腔的暗褐色孢子堆。此病仅在中、南美洲北部一些国家发生，因此无病区引种时应严格进行种薯检疫，以免将此病传入。

11. 普通锈病

发病初期叶背面出现小的褪绿斑点，以后逐渐变成深褐色，病斑周围有一个褪绿晕圈。当叶片病斑密集并形成孢子堆时，常引起叶片脱落。据报道，用氨基甲酸酯类杀菌剂进行叶片喷施，可以控制危害。

12. 畸形锈病

常在生长季节中、后期出现，叶片、叶脉、叶柄和茎秆均可侵染，锈孢子器初期为橘红色，后期为锈褐色，此病能引起叶片密茂变曲，叶脉、叶柄和茎秆肿大和畸形。

6.2.2 细菌性病害防治技术

6.2.2.1 黑胫病

黑胫病在北方和西北地区较为普遍。植株发病率，轻者占2%~5%，重的可达50%左右。病重的块茎播种后未出苗即烂掉，有的幼苗出土后病害发展到茎部，也很快死亡，所以常造成缺苗断垄。

1. 症状

受害植株通常由腐烂种薯开始逐渐向茎的上部扩展，茎内髓部黑色腐烂，维管束组织变色。病株矮化僵直，早期受害的叶片褪绿，顶部叶片边缘向上卷曲，以后全株逐渐枯萎死亡。后期发病的植株有感病程度不同的薯块，病薯横切面可看到维管束变黑。轻的只会脐部变色，感病重的薯块在田间就已变黑、腐烂，有臭味。病株从幼苗到成株期陆续发病为其特点。

2. 传播

黑胫病初次侵染主要来自种薯表面或内部带菌，种植后种薯腐烂并释放大量的细菌到土壤里。细菌在土壤里存活不长，可通过土壤和水作短距离移动并侵染附近寄主茎部和正在发育的子薯。在生长季节里，细菌可在寄主或某些杂草的根际增殖、宿存。收获后细菌在土壤中的残株或储藏期带病块茎上越冬。切割种薯和机械操作及昆虫为害造成的伤口是主要传染媒介。土壤湿度大、温度高时，植株大量发病。在土壤湿度小时，发芽生长的植株不会马上发病，而在土壤湿度大时即出现病症。病菌在15~25℃都能致病，病菌发育的适温为23~27℃。

3. 防治措施

①选用抗病品种，严格执行检疫，防止病薯传入。

②最好选用小整薯播种，切块种薯播种前要经过严格挑选，捡除病薯及破伤薯块，等切面愈合后才下种。

③选择排水较好的土壤种植，防止土壤积水或湿度大，导致病害发展。生长期间，发现病株要及时挖除，在空窝施用石灰消毒。收获时清除田间废弃的马铃薯薯块和植株残体。

④收获、运输、装卸过程中防止薯皮擦伤。储藏前使块茎表皮干燥，储藏期注意通风，防止薯块表面出现水湿。

⑤药剂防治：用0.01%~0.05%的溴硝丙二醇溶液浸种15~20min，或用0.05%~0.1%春雷霉素溶液浸种30min，或用0.2%高锰酸钾溶液浸种20~30min。而后取出晾干播种。

6.2.2.2 环腐病

环腐病在全国各地均有发现，北方比较普遍，发病严重的地块可减产30%~60%。收获后储藏期间如有病薯存在，常造成块茎大量腐烂，甚至"烂窖"，应予以足够重视。

1. 症状

病苗主要在植株和块茎的维管束中发展，使组织腐烂。病株一般生长缓慢，开花期前后病症明显，常出现部分枝叶萎蔫，下部叶从叶缘变黄并向内卷曲，枝叶枯死慢，这是与青枯病的不同之处。块茎发病是病苗沿维管束通过匍匐茎进入维管束环，严重时薯肉一圈腐烂，呈棕红色，用手指挤压，则薯肉和皮层分离，常排出乳白色无味的菌浓。但芽眼并不首先受害，这也是与青枯病的不同之处。

2. 传播

种薯带病是主要的病源。病原菌主要在带病块茎上越冬。病菌主要通过种薯切面以及在生育期向茎、根、匍匐茎或其他部分的切口侵染，某些刺吸口器昆虫也可把病菌由病株传播到健株上。但土壤并不传病。环腐病菌生长最适温度是 20~23℃，而田间发病的适宜温度是 18~20℃，土壤温度超过 31℃，病害受抑制。

3. 防治措施

①建立种薯田。利用脱毒苗生产无病种薯和小型种薯。实行整薯播种，不用切块播种。

②播种前淘汰病薯。出窖、催芽、切块过程中发现病薯及时清除。切块的切刀用酒精或火焰消毒，杜绝种薯带病是最有效的防治方法。

③选用抗病品种，如克新 1 号、克疫、乌盟 601、高原 4 号等，对环腐病都有较好抗性。

④严禁从病区调种，防止病害扩大蔓延。

6.2.2.3　青枯病

在长城以南大部分地区都可发生青枯病，黄河以南、长江流域诸省（区）青枯病最重。发病重的地块产量损失达 80%左右，已成为毁灭性病害。青枯病最难控制，既无免疫抗原，又可经土壤传病，需要采取综合防治措施才能收效。

1. 症状

植株发病时出现一个主茎或一个分枝突然萎蔫青枯，其他茎叶暂时照常生长，但不久也会枯死。病菌沿维管束侵入各个茎内，先侵入的先凋萎，后侵入的后凋萎。最后全株枯死。病菌从匍匐茎侵入块茎，所以脐部组织最先出现黄褐色症状。切开的块茎还可看到从脐部到维管束环的病害发展与组织变色症状。发病后期块茎患处用手指挤压，可出现乳状病液，但薯肉和皮层并不分离，这是和患环腐病块茎的主要区别。病重的块茎，芽眼先发病，不能发芽，而后全块腐烂。

2. 传播

青枯病主要通过带病块茎、寄生植物和土壤传病。播种时有病块茎可通过切块的切刀传给健康块茎。种植的病薯在植株生长过程中根系互相接触，也可通过根部传病；中耕除草、浇水过程中土壤中的病菌可通过流水、污染的农具以及人的鞋上黏附的带病菌土传病；杂草带病也可传染马铃薯等。但种薯传病是最主要的，特别是潜伏状态的病薯，在低温条件下不表现任何症状，在温度适宜时才出现症状。病菌繁殖最适宜的温度为 30℃，田间土温 14℃以上，日平均气温 20℃以上时植株即可发病。而且高温、高湿对青枯病发展有利。病菌在土壤中可存活 14 个月以上，甚至许多年。适合病菌生活的 pH 值为 6~8，pH6.6 最为适宜。

3. 防治措施

①目前尚无免疫品种，需要综合防治，应选用抗病品种。对青枯病无免疫抗原材料，选育的抗病品种只是相对的病害较轻，比易感病品种损失较小，所以仍有利用价值。主要抗病品种有阿奎拉、怀薯6号和鄂芋783—1等。

②利用无病种薯。在南方疫区所有的品种都或多或少感病，若不用无病种薯更替，病害会逐年加重，后患无穷。所以应在山区无病害地区建立种薯基地，利用脱毒的试管苗生产种薯，供应各地生产上用种，当地不留种，过几年即可达防治目的。这是一项最有效的措施。

③采取整薯播种，实行轮作，消灭田间杂草，浅松土，锄草尽量不伤及根部，减少根系传病机会等。在没有建立种薯生产基地之前，这是防治青枯病的重要措施。

④禁止从病区调种，防止病害扩大蔓延。

4. 环腐病与青枯病的区别

青枯病使马铃薯植株全株萎蔫，而环腐病通常是某些茎的枯萎。从块茎腐烂症状来看，环腐病必须用手挤压方可从维管束中溢出乳白色菌脓，而青枯病无须挤压即可自动溢出菌脓，并且青枯病薯块会从芽眼溢出菌脓，而环腐病不会。

6.2.2.4 软腐病

又称腐烂病，在各个栽培区均有发生。软腐病主要发生在储藏期或收获后的运输过程中。在收获期间遇到阴雨潮湿天气或粗放操作，存放时不注意通风透气、散湿散热，可引起大量腐烂，造成严重损失。

1. 症状

生育后期和储藏期薯块腐烂。马铃薯的茎叶及块茎都能通过皮孔、伤口侵染。植株上有暗褐色条斑，严重时茎髓部腐烂，形成中空而倒伏，感病块茎表皮呈淡褐色，随之软腐，有恶臭。

2. 传播

软腐病侵染与黑胫病近似。植株在高温潮湿条件下最适宜发病。细菌在土壤中存活期可达3年之久。细菌通过水洗块茎伤口侵染而传播。块茎未成熟、受伤、太阳照射及其他真菌侵害，温暖，高湿和缺氧、施用氮肥过多均易造成软腐病的侵染。最适宜的发生温度是25~30℃。

3. 防治措施

①收获前加强中耕培土，注意田间排水，以降低皮孔的侵染。

②在收获和装运过程中，避免手工和机械损伤，防止阳光直射，储藏在低温、干燥、通风良好的场所，储藏前不宜用水冲洗块茎。

6.2.2.5 疮痂病

马铃薯疮痂病分布很广，尤其在碱性土壤里，发病更多。除为害马铃薯外，还为害甜菜、萝卜等作物。疮痂病一般仅为害马铃薯块茎表皮部，而不深入薯肉，但会严重损害外观，块茎品质变劣，使商品价值降低，不耐储藏，影响马铃薯的种植效益。

1. 症状

疮痂病主要为害块茎。开始在块茎表皮发生褐色斑点，以后逐渐扩大，破坏表皮组织，形成不规则硬质木栓层疮病斑，表面粗糙，病斑中部下凹，周缘向上凸起，呈褐色疮痂状，常有几个疮痂彼此相连，造成很深裂口。病菌主要从皮孔侵入，表皮组织被破坏后，易被软腐病菌入侵，造成块茎腐烂。

2. 传播

疮痂病主要由土壤中的放线菌入侵造成。病原菌能在土壤中越冬，也可在病株残体或其他茄科寄主植物上越冬，土壤中种薯带菌是主要侵染源。在块茎形成和发育期间，病菌孢子可通过气流、雨水或昆虫传播，病原菌可通过皮孔、气孔和伤口侵入。碱性土壤有利于病原菌增殖为害，酸性土壤发病较轻。品种退化，未成熟的块茎以及高温多湿、肥力不足的情况下较易感病。病菌发育最适温度为 25~30℃，25℃时病害最为猖獗。低温、高湿和酸性土壤对病菌有抑制作用。在高温干旱条件下于这类土壤中种植不抗疮痂病的品种，往往发病严重。发病初期叶片上出现褐色水浸状小斑点，然后病斑逐渐扩大，形成同心轮纹并干枯。病斑多为圆形或卵圆形，由于叶脉的限制，有时呈多角形。严重时病斑相连，整个叶片干枯，通常不落叶，在叶片上产生黑色绒霉。块茎感病呈褐黑色，凹陷的圆形或不规则病斑，病斑下面的薯肉呈褐色干腐。

3. 防治措施

①在块茎生长期间，保持土壤湿度，防止干旱。

②实行轮作，避免重茬，不在易感疮痂病的甜菜等块根作物地块上种植马铃薯。

③施用绿肥和酸性肥料，提高土壤酸度。

④选用高抗品种，如中薯 3 号、黄麻子、豫薯 1 号、榆薯 1 号、鲁引 1 号、早大白等。

⑤药剂防治。可用 0.2%的福尔马林（甲醛）溶液（即含 40%甲醛的药液 500ml 加水 100L），在播种前浸 2 小时，或用对苯二酚（化学醇）100g，加水 100L 配成 0.1%的溶液，于播种前浸种 30min，而后取出晾干播种。为保证药效，在浸种前需将块茎上泥土去掉。避免用草木灰拌种。

6.2.2.6　粉红色芽眼病

1. 症状

在块茎顶部的芽眼周围出现粉红色病区，以后变成褐色，通常只为害块茎表面，但也可以扩展到块茎内部。内部变色因品种而异，在薯块形成到收获期间，如土壤湿度过大，症状最明显。储藏在高温、高湿条件下，病薯容易发生腐烂。

2. 传播

目前对该病传播途径研究的报道不多。

3. 防治措施

储藏在冷凉干燥条件下，使病变组织变干，防止薯块腐烂。

6.2.3　病毒病识别与检测

经过多年研究，世界上已报道为害马铃薯的病毒有 20 多种，我国已发现的专门寄生马铃薯的病毒有 7 种：马铃薯卷叶病毒（PLRV）、马铃薯重花叶病毒（PVY）、马铃薯普通花叶病毒（PVX）、马铃薯轻花叶病毒（PVA）、马铃薯潜隐花叶病毒（PVS）、马铃薯副皱缩花叶病毒（PVM）、马铃薯纺锤块茎病毒（PSTV）。另外，以其他作物为主要寄主侵染马铃薯的 9 种病毒中，国内发现的有 3 种，即烟草脆裂病毒（TRV）、烟草坏死病毒

（TNV）、苜蓿花叶病毒（AMV），它们分别引起马铃薯茎斑驳病、马铃薯皮斑驳病、马铃薯杂斑病。

6.2.3.1 马铃薯普通花叶病毒（PVX）

1. 症状

大部分马铃薯栽培品种易感此病毒，均能引起植株叶脉间花叶，叶片颜色深浅不一，严重感病植株表现为叶片皱缩或蜷缩，比正常株块茎少而小，减产达到 10% ~ 30%。如果复合感染 PVY、PVA，则减产更为严重。普通花叶病毒分为 X_1、X_2、X_3 和 X_4 4 个株系，是一种具有潜在危险的病毒。

2. 传播

主要是接触传毒。普通花叶病毒在自然界分布很广，通常经病株与健株接触传毒，或通过农具、衣服、动物皮毛、蝗虫及其他咀嚼昆虫带毒传播，田间植株根部和马铃薯癌肿病真菌亦可传播普通花叶病毒。

3. 检测指示植物（以下简称指示植物）

千日红（*Gomphrena globosa*）是鉴定 PVX 最常用的批示植物。摩擦接种后 1 周，在接种叶片上产生紫红色环状枯斑。白花刺果曼陀罗（*Datura stramonium*），接种后 18 ~ 22 天出现系统花叶。白花刺果曼陀罗对 PVY 免疫，从而可以从 PVX 和 PVY 复合感染中分离 PVX。

6.2.3.2 马铃薯重花叶病毒（PVY）

1. 症状

马铃薯重花叶病为主要病毒病之一，在大田常有 PVX、PVA 或 PVS 复合感染植株，减产幅度可达 50%。发病初期顶部叶片的叶脉产生斑驳。有些品种表现为病株矮小，茎叶变脆，节间短，叶片呈普通花叶症状，并集生成丛。也有的品种表现为花叶或皱缩及小坏死斑。总之，不同的病毒株系在不同的品种上表现的症状有差异。

2. 传播

马铃薯重花叶病毒，又称条斑花叶、落叶条斑、点条斑花叶，分为三个株系：PVY^o、PVY^c、PVY^N。可以通过汁液、嫁接或摩擦传播，在自然情况下主要由蚜虫传播，如桃蚜、大戟长管蚜、鼠李蚜、蚕豆蚜、萝卜蚜、菊小管蚜等。

3. 指示植物

用于鉴定 PVY 的寄主有洋酸浆（*Physalis floridana*）和普通烟（*Nicotinan tabacum*），洋酸浆接种后在 18 ~ 12℃ 下，9 ~ 10 天出现褐色环状小枯斑，并转为系统枯斑至落叶。但 PVY^N 株系在洋酸浆上不产生枯斑，只引起花叶。普通烟接种 PVY^o 和 PVY^c，11 ~ 14 天后出现清晰明脉，系统花叶至脉带症状。接 PVY^N 时在叶脉上呈褐色条斑坏死。用于鉴定 PVY 的指示植物还有：地霉松、光曼陀罗、心叶烟、苋色藜等。

6.2.3.3 马铃薯轻花叶病毒（PVA）

1. 症状

马铃薯轻花叶病毒在大多数品种上可引起轻微的病状，减产不明显。但当同 PVX 或 PVY 复合侵染时，可发生严重的皱缩花叶，造成严重减产，达到 60%。在某些品种上可引起花叶、斑驳，叶脉上或脉间呈现不规则的浅色斑，暗色部分比健叶深，常呈现粗缩、叶缘波状，脉间叶组织突起，出现皱褶状，病株株型外观呈开散状。

2. 传播

PVA 主要由蚜虫传播，也可以通过汁液摩擦传播。

3. 指示植物

A6、直房丛生番茄（*Lycopersicum pimpinellifolium*）、大千生（*Nicandra physaloides*）。接种于 A6 离体叶片上，在 18℃下光照为 1000Lx，3~5 天，接种叶片出现黑色星状坏死斑点。在直房丛生番茄上接种后 7 天，产生局部和系统枯斑，分布在整个植株上，2 周后死亡。大千生的反应为产生不同程度的系统斑驳、坏死和矮化。普通烟、地霉松和心叶烟也可作为增殖寄主或鉴别寄主。

6.2.3.4　马铃薯潜隐花叶病毒（PVS）

1. 症状

马铃薯潜隐花叶病毒引起的症状较轻微或潜隐，感病植株常产生小块茎。减产可达 10%~20%，与 x 病毒复合侵染时可减产 11%~38%。在大多数品种上引起叶脉变深，叶片粗缩，叶尖下卷，叶色变浅，轻度垂叶，植株呈开散状。有的植株感病后，产生轻度斑驳，脉带。有的品种感病后期转为青铜色，严重皱缩，并在叶表面产生小坏死斑点，甚至落叶。感病植株在遮阴条件下，较老龄叶片不能变为均匀的黄色，常有绿色或青铜色斑点。这种斑点有时可作为可靠的鉴别特征。这类病毒常常与其他花叶病毒（PVX、PVY）复合侵染植株。

2. 传播

PVS 主要通过汁液接触传播，桃蚜和鼠李蚜的有翅蚜均可传播 S 病毒，为非持久性。

3. 指示植物

德伯尼烟（*N. debneyi*）和智利番茄（*lycopersicum chilence*）。在德伯尼烟子叶期接种，20 天后叶片呈现明脉、褪绿、花叶、脉带，以至脉间坏死。当智利番茄 4~6 叶时接种，15~34 天后，接种叶柄向下弯曲，几天后叶片变黄，脱落。其他鉴别寄主有：昆诺阿藜、灰条藜、苋色藜、喙状茄等。

6.2.3.5　马铃薯副皱缩花叶病毒（PVM）

1. 症状

马铃薯副皱缩花叶病毒亦名马铃薯卷花叶病，或脉间花叶病。表现症状因病毒株系、品种和环境而异。一般减产 10%~20%。在高温（24℃以上）条件下，症状隐蔽。弱株系只引起小叶尖端脉间花叶或叶片变形，即小叶尖端扭曲，叶缘呈波状，顶部叶片有些卷叶，幼龄植株感病表现症状，而在较老龄植株上进行接种时不呈现任何症状，这可能是病毒在老植株内转移缓慢所致。因此，马铃薯初侵病株的后代经常是部分感病的。

2. 传播

PVM 为接触传毒，可以通过汁液和嫁接传播，自然情况下通过蚜虫传播，为非持久性。

3. 指示植物

光曼陀罗（*Datura metel*）和昆诺阿藜（*Chenopodium quinoa*）。光曼陀罗子叶期接种，30 天后叶片产生直径 1~3mm 的黄色局部斑，后为系统枯斑和花叶，顶部叶片扭曲，卷缩，叶脉出现条斑坏死，下部叶片脱落，植株变矮。在昆诺阿藜接种后 18~23 天，叶片上产生直径 1~4mm 淡黄色局部斑，并带有绿色环状边缘。其他鉴别寄主有：智利番茄、豇豆、菜豆、灰条藜、瓜豆和德伯尼烟等。

6.2.3.6 马铃薯卷叶病毒（PLRV）

1. 症状

马铃薯卷叶病毒被认为是严重为害马铃薯的病毒之一，也是种薯生产中的主要防治对象，病田块减产40%~70%，为害程度取决于栽培条件、品种和株系。当年感病的症状是顶部叶片直立、变黄，沿中脉上卷，叶基部常有紫红色边缘。继发性感染的植株，出苗后1个月，底部叶片卷叶，逐渐革质化，边缘坏死，同时叶背部变为紫色，上部叶片呈现卷叶，重病株矮小、黄化。感病植株块茎维管束有网状坏死。萌发后能生出纤细芽。

2. 传播

PLRV主要由10余种蚜虫传播，但田间最有效的传播媒介是桃蚜。PLRV为持久性病毒，蚜虫须较长时间饲毒才能成为带毒蚜。病毒经过蚜虫喙针，进入肠道，再由淋巴运送到唾液，病毒在蚜虫体内繁殖。从得毒到有传毒能力，有一个潜伏期，故又名循回性病毒。桃蚜在感病的马铃薯植株上取食0.5小时后，须再经1小时才有传毒能力。一旦带毒后，持续时间很长，可跨龄期持毒或终生持毒，但不传给后代。此外，PLRV也可通过嫁接传播。

3. 指示植物

洋酸浆和紫花球果曼陀罗（*Datura tatura*）。用带毒蚜虫接种于洋酸浆幼株上，15~30天（在24℃条件下，6~8天）出现褪绿、卷叶，生长受抑制，韧皮部坏死。紫花球果曼陀罗接种后，呈现褪绿和轻度卷叶。

6.2.3.7 马铃薯纺锤块病毒（PSTV）

1. 症状

马铃薯纺锤块茎病是由一种没有蛋白质外壳的裸露的核酸类病毒引起的病害，感病植株表现为矮化、帚顶，块茎细长，呈纺锤形，有的薯皮龟裂，芽眼较多，有时呈突起状，表皮为红色和紫色的块茎，感病后常褪色。感病块茎生出的幼芽生长发育缓慢，田间病株直立，较少分枝，叶色灰绿，叶片和叶柄与茎之间角度变小成锐角，顶部叶片竖立，叶缘呈波状或向上卷，叶片背面褪色或呈紫红色，同时叶片小而脆，小叶中脉内弯，叶片卷曲。此病害严重影响马铃薯产量和质量，可减产30%~60%，常造成较大的经济损失。

2. 传播

PSTV主要通过汁液传播，如农具、衣服和切刀等接触传播。也可以通过花粉和子房传到种子中。某些昆虫也传播类病毒，如绿盲蝽象、蚱蜢、马铃薯甲虫等。

3. 指示植物

鲁特格番茄（*Lycopersicum esculentumcv. Rutgers*）和新莨菪（*Scopolia sinensis*）。在鲁特格番茄2片真叶幼苗期接种，在27~30℃，10000Lx光照下，接种后4周或更长时间，植株矮化，顶部新生叶片变小，扭曲、粗缩、下卷、叶片淡绿色，逐渐发生中脉和支脉坏死，但植株并不死亡。在新莨菪苗期接种，在21~22℃，400Lx光照下，弱株系经10~15天，强株系经7~10天，产生局部黑褐色坏死斑点，叶脉上出现褐色条斑。12~15天后系统坏死，新生叶片产生坏死斑并落叶。

6.2.3.8 马铃薯病毒病检测方法

马铃薯病毒病均可用乳胶凝聚、酶联免疫吸附法、免疫吸附电镜法、核酸斑点杂交和聚合酶链式反应（PCR 技术）进行诊断。目前，取常用的血清学方法为双抗体夹心酶联免疫吸附法（DAS-ELISA），基本原理是将酶分子与抗体分子连接成酶标记分子，当酶标记分子与固相（酶联板）免疫吸附剂中相应抗原（Ag），或抗体（Ab），或抗原抗体复合物（Ag-Ab）相遇时，形成酶-抗原-抗体结合物。加入酶底物，结合物中的酶水解底物使无色的底物溶液生成有反应产物。根据颜色的深度，即可测出溶液中抗原（植株内病毒）的量。酶水解底物量与样品中病毒的含量有关，可用酶联仪读出检测样品内病毒的浓度。

　　PSTV 可用双向聚丙酰胺凝胶电泳（R-PAGE）方法检测，也可用核酸斑点杂交（NASH）鉴定不同生长期的马铃薯类病毒。

表 6-1　　　　　　　　　马铃薯主要病毒病、细菌病和真菌病症状目测鉴别表

病害名称	植株症状	块茎症状
马铃薯纺锤块茎类病毒	病株叶片与主茎间角度小，呈锐角，叶片上竖，上部叶片变小，有时植株矮化	感病块茎变长，呈纺锤形，芽眼增多，芽眉凸起，有时块茎产生龟裂
马铃薯卷叶病	叶片卷曲，呈匙状或筒状，质地脆，小叶常有脉间失绿症状。有的品种顶部叶片边缘呈紫或黄色，有时植株矮化	块茎变小，有的品种块茎切面上产生褐色网状坏死
马铃薯花叶病	叶片有黄绿相间的斑驳或褪绿，有时叶肉凸起产生皱缩，有时叶背叶脉产生黑褐色条斑坏死，生育后期叶片干枯下垂，不脱落	块茎变小
马铃薯环腐病	一丛植株的一或一个以上主茎的叶片失水萎蔫，叶色灰绿并产生脉间失绿症状，不久叶缘干枯变为褐色，最后黄化枯死，枯叶不脱落	感病块茎维管束软化，呈淡黄色，挤压时组织崩溃呈颗粒状，并有乳黄色菌脓排出，表皮维管束部分与薯肉分离，薯皮有红褐色网纹
马铃薯黑胫病	病株矮小，叶片褪绿，叶缘上卷，质地硬，复叶与主茎角度开张，茎基部黑褐色，易从土中拔出	感病块茎脐部黄色，凹陷，扩展到髓部形成黑色孔洞，严重时块茎内部腐烂
马铃薯青枯病	病株叶片灰绿色，急剧萎蔫，维管束褐色，以后病部外皮褐色，茎断面乳白色，黏稠菌液外溢	感病块茎维管束褐色，切开后乳白色菌液外溢，严重时，维管束邻近组织腐烂，常由块茎芽眼流出菌脓
马铃薯癌肿病	一般植株生长正常，有时在与土壤接触的茎基部处长出绿色肉质瘤状物，以后变为褐色，最后脱落	本病发生于植株的地下部位，但根部不受侵害。在地下茎、茎上幼芽、匍匐枝和块茎上均可形成癌肿，典型的癌肿是粗糙柔嫩肉质的球状体，并可长成一大团细胞增生组织。其色泽与块茎和匍匐枝相似，如露出地面则带有绿色，老化时为黑色，块茎上的症状很像花椰菜

马铃薯病毒病防治技术参见第 3 章有关内容。

6.3 马铃薯虫害防治技术

为害马铃薯地上部叶片的害虫主要有 28 星瓢虫、蚜虫、粉虱和螨等；为害地下部的根和块茎的害虫主要有块茎蛾、地老虎、蛴螬、蝼蛄、金针虫等。这些害虫都会给产量造成不同程度的损失，或传播病毒。应采取必要的防治措施，确保丰产丰收。

6.3.1 地上害虫防治技术

6.3.1.1 28 星瓢虫

1. 生活习性和为害症状

28 星瓢虫成虫为红褐色带 28 个黑点的甲虫。每年可繁殖 2~3 代。以成虫在草丛、石缝、土块下越冬。每年 3~4 月天气转暖时即飞出活动。6~7 月份马铃薯生长旺季在植株上产卵，幼虫孵化后即严重为害马铃薯。

图 6-1 28 星瓢虫

幼虫为黄褐色，身有黑色刺毛，躯体扁椭圆形，行动迅速，专食叶肉。被食后的小叶只留有网状叶脉，叶子很快枯黄。

成虫一般在马铃薯或枸杞的叶背面产卵，每次产卵 10~20 粒。产卵期可延续 1~2 个月，1 个雌虫可产卵 300~400 粒。孵化的幼虫 4 龄后食量增大，为害最重。后期幼虫在茎叶上化蛹，1 周后变为成虫。

2. 防治措施

①药剂防治。用 50%的敌敌畏乳油 500 倍液喷杀，对成虫、幼虫杀伤力都很强，防治效果 100%。用 60%的敌百虫 500~800 倍液喷杀，或用 1000 倍乐果溶液喷杀，效果都较好。发现成虫即开始喷药，每 10 天喷药 1 次，在植株生长期连续喷药 3 次，即可完全控制其为害。注意喷药时喷嘴向上喷雾，从下部叶背到上部都要喷药，以便把孵化的幼虫全部杀死。

②查寻田边、地头，消灭成虫越冬地点。

6.3.1.2 蚜虫

1. 生活习性和为害症状

在马铃薯生长期蚜虫常群集在嫩叶的背面吸取液汁，造成叶片变形、皱缩，使顶部幼芽和分枝生长受到严重影响。蚜虫能行孤雌生殖，繁殖速度快，从转移到第二寄主马铃薯等植株后，每年可发生 10~20 代。幼嫩的叶片和花蕾都是蚜虫密集为害的部位。

有翅蚜一般在 4~5 月向马铃薯飞迁，温度 25℃左右时发育最快，温度高于 30℃或低于 6℃时，蚜虫数量都会减少。桃蚜一般在秋末时，有翅蚜又飞回第一寄主桃树上产卵，并以卵越冬。春季卵孵化后再以有翅蚜飞迁至第二寄主为害。

蚜虫是传播马铃薯病毒的主要媒介昆虫,蚜虫传播病毒的为害远远超过蚜虫本身的为害。传播马铃薯病毒的蚜虫有多种,主要有桃蚜、棉蚜、鼠李蚜、茄无网长管蚜、大戟长管蚜等,其中以桃蚜为最主要害虫。

2. 防治措施

①药剂防治。用乙酰甲胺磷 2000 倍液、40%乐果乳剂 1000~2000 倍液、20%速灭杀丁乳油 2000 倍液、50%抗蚜威可湿粉 2000~3000 倍液、蚜虱净 2500 倍液、4.5%高效氯氰菊酯乳油 1000 倍液、10%吡虫啉可湿性粉剂 1000 倍液等高效低毒农药喷雾,均可收到良好效果。

②生产种薯采取高海拔冷凉地区作基地,或风大蚜虫不易降落的地点种植马铃薯,以防蚜虫传毒。或根据有翅蚜飞迁规律,采取种薯早收,躲过蚜虫高峰期,以保种薯质量。

6.3.1.3　茶黄螨

1. 生活习性和为害症状

茶黄螨食性极杂,寄主植物相当广泛,蔬菜作物中如茄子、辣椒、番茄、菜豆、豇豆、黄瓜、丝瓜、萝卜、芹菜等,对马铃薯嫩叶为害较重,特别是二季作地区的秋季马铃薯生产,常使植株中上部叶片大部受害,顶部嫩叶最重,严重影响植株生长。

茶黄螨很小,肉眼看不见。被害的叶背面有一层黄褐色发亮的物质,并使叶片向叶背卷曲,叶片变成扭曲、狭窄的畸形状态,这是螨侵害的结果,症状严重的叶片干枯。

2. 防治措施

①用 20%的三氯杀螨醇 1000 倍液喷杀,用 40%乐果乳油 1000 倍液、25%灭螨猛可湿性粉剂 1000 倍液、73%克螨特乳油 2000~3000 倍液、5%尼索朗乳油 1500~2500 倍液等喷雾,防治效果都很好。5~10 天喷药 1 次,连喷 3 次才能控制为害。喷药重点在植株幼嫩的叶背和茎的顶尖,并应喷嘴向上,直喷叶子背面效果才好。

②许多杂草是茶黄螨的寄主,应及时清除田间及田边地头的杂草。消除寄主植物,杜绝虫源。

6.3.1.4　块茎蛾

1. 生活习性和为害症状

马铃薯块茎蛾又称马铃薯麦蛾、烟草叶蛾等,属鳞翅目麦蛾科。为害马铃薯的是块茎蛾的幼虫。在长江以南的省份早有发现,尤以云南、贵州、四川等省种植马铃薯和烟草的地区,块茎蛾为害严重。后来在湖南、湖北、安徽、甘肃、陕西等省也出现了块茎蛾。幼虫为潜叶虫,为害叶子,大多从叶脉附近蛀入,因虫体很小,进入叶中专食叶肉,仅留下叶片的上下表皮,食损的叶片呈半透明状,所以也称绣花虫、串皮虫。幼虫为害块茎时,从块茎芽眼附近钻入肉内,粪便排在洞外。在块茎储藏期间为害最重,不注意检查看不到块茎受害症状。幼虫在进入块茎后咬食成隧道,严重影响食用品质,甚至造成烂薯和产量损失。受害轻的产量损失 10%~20%,重的可达 70%左右。而且对多种茄科作物都能为害。

成虫白天喙蔽在草丛或植株下面,晚上出来活动,并在植株茎上、叶背和块茎上产卵,每个雌蛾可产卵 80 粒。刚孵化出的幼虫为白色或浅黄色,幼虫共 4 龄,老熟时虫体为粉红色，头部为棕褐色，末龄幼虫体长 6~13mm。为害植株时，幼虫可吐丝下坠，借风转移到邻近植株上。幼虫吐丝作茧化蛹，7~8天后变成蛾子，块茎蛾翅长 13mm 左右。夏季约 30 天、冬季约 50 天，每年可繁殖 5~6 代。

2. 防治措施

①块茎在收获后马上运回，不使块茎在田间过夜，防止成虫在块茎上产卵。

②集中焚烧田间植株和地边杂草，以及种植的烟草茎秆。

③禁止从病区调运种薯，控制虫源的蔓延为害。

图 6-2 块茎蛾

④清理储藏窖、库，并用磷化铝等熏蒸灭虫。保证窖、库不带虫。

⑤药剂处理种薯。对有虫的种薯，用溴甲烷、二硫化碳或磷化铝熏蒸，也可用 25%喹硫磷乳油 1000 倍液喷种薯，晾干后再储存。

⑥药剂防治。在成虫盛发期可喷洒 10%赛波凯乳油 2000 倍液或克蛾宝乳油 1500 倍液喷雾防治；在幼虫初孵期选用 20%康福多 2000 倍液或 1.8%阿维虫清 3500~4000 倍液喷雾防治；潜蛀叶肉内的幼虫用 25%喹硫磷乳油 1000 倍液或 24%万灵水剂 1000 倍液喷雾可杀死。

6.3.1.5 温室白粉虱

1. 生活习性和为害症状

在中国北方，温室白粉虱一年可发生 10 余代，冬季在室外不能存活，因此是以各虫态在温室越冬并继续为害。成虫羽化后 1~3 天可交配产卵，平均每雌产 142.5 粒。也可进行孤雌生殖，其后代为雄性。成虫有趋嫩性，在寄主植物打顶以前，成虫总是随着植株的生长不断追逐顶部嫩叶产卵，因此白粉虱在作物上自上而下的分布为：新产的绿卵、变黑的卵、初龄若虫、老龄若虫、伪蛹、新羽化成虫。白粉虱卵以卵柄从气孔插入叶片组织中，与寄主植物保持水分平衡，极不易脱落。若虫孵化后 3 天内在叶背可做短距离游走，当口器插入叶组织后就失去了爬行的机能，开始营固着生活。粉虱发育历期：18℃下，31.5 天，24℃下，24.7 天，27℃下 22.8 天。各虫态发育历期，在 24℃时，卵期 7 天，1 龄 5 天，2 龄 2 天，3 龄 3 天，伪蛹 8 天。粉虱繁殖的适温为 18~21℃，在生产温室条件下，约 1 个月完成一代。冬季温室作物上的白粉虱，是露地

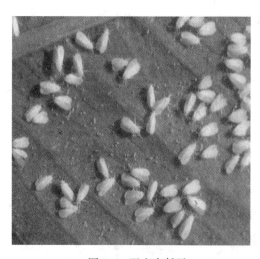

图 6-3 温室白粉虱

春季蔬菜上的虫源，通过温室开窗通风或菜苗向露地移植而使粉虱迁入露地。因此，白粉虱的蔓延，人为因素起着重要作用。白粉虱的种群数量，由春至秋持续发展，夏季的高温多雨抑制作用不明显，到秋季数量达高峰，集中为害瓜类、豆类和茄果类蔬菜。在北方由于温室和露地蔬菜生产紧密衔接和相互交替，可使白粉虱周年发生。此外，白粉虱还可随花卉、苗木运输远距离传播。

2. 防治措施

①可喷药防治，用药有 600~800 倍蓟虱净、啶虫脒、0.30%（苦参碱）、噻虫嗪、烯啶虫胺、菊马乳油、氯氰锌乳油、灭扫利、功夫菊酯或天王星等。

②在温室内可引入蚜小蜂。

③成虫对黄色有较强的趋性，可用黄色板诱捕成虫并涂以黏虫胶杀死成虫，但不能杀卵，易复发。

6.3.2　地下害虫防治技术

6.3.2.1　地老虎

1. 生活习性和为害症状

图 6-4　小地老虎幼虫

图 6-5　小地老虎成虫

地老虎为夜盗蛾，以幼虫为害作物，又称切根虫。地老虎有许多种，为害马铃薯的主要是小地老虎、黄地老虎和大地老虎。地老虎是杂食性害虫，1~2 龄幼虫为害幼苗嫩叶，3 龄后转入地下为害根、茎，5~6 龄为害最重，可将幼苗茎从地面咬断，造成缺株断垄，影响产量。特别对于用种子繁殖的实生苗威胁最大。地老虎分布很广，各地都有发现。

地老虎可一年发生数代。小地老虎每头雌蛾可产卵 800~1000 粒，黄地老虎可产卵 300~400 粒。产卵后 7~13 天孵化为幼虫，幼虫 6 个龄期共 30~40 天。

2. 防治措施

①清除田间及地边杂草，使成虫产卵远离本田，减少幼虫为害。

②用毒饵诱杀。以 80% 的敌百虫可湿性粉剂 500g 加水溶化后和炒熟的棉籽饼或菜籽饼 20kg 拌匀，或用灰灰菜、刺儿菜等鲜草约 80kg，切碎和药拌匀作毒饵，于傍晚撒在幼苗根的附近地面上诱杀。

③用灯光或黑光灯诱杀成虫效果良好。

6.3.2.2 蛴螬

1. 生活习性和为害症状

蛴螬为金龟子的幼虫。金龟子种类较多，各地均有发生。幼虫在地下为害马铃薯的根和块茎。其幼虫可把马铃薯的根部咬食成乱麻状，把幼嫩块茎吃掉大半，在老块茎上咬食成孔洞，严重时造成田间死苗。

金龟子种类不同，虫体也大小不等，但幼虫均为圆筒形，体白、头红褐或黄褐色、尾灰色。虫体常弯曲成马蹄形。成虫产卵土中，每次产卵 20~30 粒，多的 100 粒左右，9~30 天孵化成幼虫。幼虫冬季潜入深层土中越冬，在 10cm 深的土壤温度 5℃ 左右时，上升活动，土温在 13~18℃ 时为蛴螬活动高峰期。土温高达 23℃ 时即向土层深处活动，低于 5℃ 时转入土下越冬。金龟子完成 1 代需要 1~2 年，幼虫期有的长达 400 天。

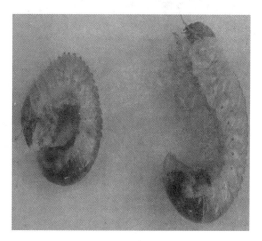

图 6-6 蛴螬幼虫

2. 防治措施

①毒土防治。用 80% 的敌百虫可湿性粉剂 500g 加水稀释，而后拌入 35kg 细土中，能供 667m²（亩）地应用。在播种时施入穴内或沟中。

②施用农家肥料时要经高温发酵，使肥料充分腐熟，以便杀死幼虫和虫卵。

6.3.2.3 蝼蛄

1. 生活习性和为害症状

蝼蛄是各地普遍存在的地下害虫。河北、山东、河南、苏北、皖北、陕西和辽宁等省的盐碱地和砂壤地为害最重。常在 3~4 月份开始活动，昼伏夜出，于表土下潜行咬食马铃薯的根，或把嫩茎咬断，造成幼苗枯死或缺苗断垄。

图 6-7 蛴螬成虫（金龟子）

蝼蛄在华北地区 3 年完成一代，在黄淮海地区 2 年完成一代。成虫在土中 10~15cm 处产卵，每次产卵 120~160 粒，最多达 528 粒。卵期 25 天左右，初孵化出的若虫为白色，而后呈黑棕色。成虫和若虫均于土中越冬，洞穴最深可达 1.6m。

2. 防治措施

①毒饵诱杀。可用菜籽饼、棉籽饼或麦麸、秕谷等炒熟后，以 25kg 食料拌入 90% 晶

图 6-8 蝼蛄

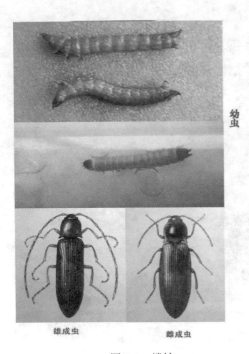

幼虫

雄成虫　　　　雌成虫

图 6-9　蝼蛄

体敌百虫 1.5kg，在害虫活动的地点于傍晚撒在地面上毒杀。

②黑光灯诱杀。于晚间 7~10 时在没有作物的平地上以黑光灯诱杀。尤其在天气闷热的雨前夜晚诱杀效果最好。

6.3.2.4　金针虫

1. 生活习性和为害症状

金针虫是叩头虫的幼虫，各地均有分布。在土中活动常咬食马铃薯的根和幼苗，并钻进块茎中取食，使块茎丧失商品价值。咬食块茎过程还可传病或造成块茎腐烂。

叩头虫为褐色或灰褐色甲虫，体形较长，头部可上、下活动并使之弹跳。幼虫体细长，20~30mm，外皮金黄色、坚硬、有光泽。叩头虫完成一代要经过 3 年左右，幼虫期最长。成虫于土壤 3~5cm 深处产卵，每只可产卵 100 粒左右。35~40 天孵化为幼虫，刚孵化的幼虫为白色，而后变黄。幼虫于冬季进入土壤深处，3~4 月份 10cm 深处土温 6℃左右时，开始上升活动，土温 10~16℃为其为害盛期。温度达 21~26℃时又入土较深。

2. 防治措施

用毒土防治效果好。同蝼蛄防治法。

6.3.3　线虫病害防治技术

6.3.3.1　孢囊线虫病

1. 症状

由于造成根部损伤，使地上部分发育不良，植株矮化，叶片卷曲、枯凋、结薯少而小，严重时植株枯死甚至绝收。此外，由孢囊线虫为害还可以引起其他真菌或细菌的伴随侵染。

图 6-10　电镜下的孢囊线虫

2. 传播

孢囊线虫又称金线虫。孢囊线虫属定居性内寄生，幼虫侵入根后，便使群集在柱鞘、皮层及内皮层细胞取食，并形成大的合胞体。定居取食，经发育交配后形成孢囊。每个孢囊内可含有 500 粒左右的卵。作物收获时，孢囊保留在土壤中，一般可存活 20 年以上，一旦孢囊线虫在马铃薯种植区定居下来，便很难进行根除。幼虫在 10℃条件下开始活动，根部最严重的侵染发生在 16℃。土壤温度超过 25℃时，其繁殖受到限制，发育延缓。移动土壤、污染的工具、储藏器具和块茎是最主要的局部或长距离传播方式。

3. 防治措施

①严格实行检疫，禁止从疫区装运种薯或其他寄主产物。

②选用抗病品种，并与非寄生作物施行 5 年以上轮作，可以降低线虫为害。

③严格控制和防止病区的农机具、容器和表土污染移动。

④除用高剂量的土壤熏蒸剂外，一般化学处理很难达到防除作用。

6.3.3.2　根结线虫病

1. 症状

根部受害后形成大小不一的根结式虫瘿。块茎受害，出现表面具有瘤状突起的虫瘿，形状有球形、近似球形或不规则形，有的根结线虫除成虫瘿外，还引起大量侧根突起的症状。地上部分常表现为生育迟缓、植株矮化，在缺水的情况下，易出现萎蔫。根结线虫为害常易引起细菌性褐腐病伴随发生为害。

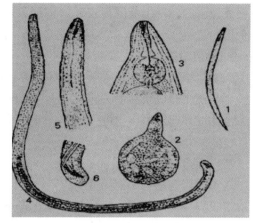

图 6-11　根结线虫
1. 二龄幼虫　2. 雌虫　3. 雌虫前端
4. 雄虫　5. 雄虫前端　6. 雄虫尾端

2. 传播

根结线虫种类很多，但分布最广的是南方根结线虫和北方根结线虫，此外还有高弓根结线虫、瓜哇根结线虫、花生根结线虫等侵染马铃薯的报道。

根结线虫属定居性内寄生，在根部组织内取食。经发育交配后，在根组织外部形成胶质卵囊，每个卵囊有卵 1000 个左右，卵孵化后的幼虫为害同一根部的新根。南方根结线虫多分布在温热地区，而北方根结线虫则多分布在比较冷凉的地区。主要通过幼苗、块茎、土壤传播。根结线虫寄生范围很广，除马铃薯、烟草外，还包括豆科、禾本科、葫芦科和其他科属植物，达数百种之多。

3. 防治措施

①由于根结线虫卵囊在根外部，使用土壤熏蒸剂或有机磷氨基甲酸酯类杀线虫剂对孢囊线虫防治效果较好。

②由于寄生范围太广，施行轮作时选择作物比较困难，但非寄生作物轮作时间可短些。

6.3.3.3　拟根结线虫病

1. 症状

根部受害后膨大，缺乏正常须根，所形成的虫瘿与根结线虫为害所产生的虫瘿相似，呈念珠状，通常不在侧根上产生虫瘿。地上部分症状与根结线虫为害的症状无特殊差异。拟根结线虫为害常易诱发粉痂病菌的侵染。

2. 传播

病原为异常珍珠线虫，属定居性内寄生，在根组织取食。首次蜕化发生在卵内，二龄幼虫出现后，侵染幼根，在有利部位定殖，取食部位（导管）的细胞体积增大，皮层细胞坏死。异常珍珠线虫对温度适应性广泛，但在 20~26℃条件下发育和繁殖最快。不受土壤类型限制，寄生范围很广，为害茄科、十字花科、葫芦科、豆科等多种科属的作物和杂草。

3. 防治措施

①严格实行检疫和限制病区马铃薯外运到无病区。

②使用有机磷和甲酸酯类杀虫剂处理土壤。

③选择非寄主作物进行轮作，可使线虫密度下降。

6.3.3.4　腐烂线虫病

1. 症状

主要侵害马铃薯匍匐茎、块茎。使块茎表皮下面呈白色粉状斑点。被侵染组织干缩，块茎表皮变得像薄纸一般裂开。地上部分没有特殊症状。在田间或储藏期间条件适合的情况下，常易造成细菌或真菌第二次侵染，引起整个块茎腐烂。

2. 传播

病原为腐烂茎线虫，属移居性内寄生，通过存活在土壤、杂草、真菌寄主上或种植带病种薯被传入。主要由皮孔或芽眼附近表皮进入小的马铃薯块茎里，在块茎表皮下组织取食，使病斑组织软化并呈粉状。马铃薯收获后，线虫可继续在块茎里生长、发育，并可以卵的阶段越冬。其寄主范围很广，包括许多高等植物和土壤中习居的真菌。腐烂茎线虫在土壤中-25℃的低温条件下仍能存活。在温度 15~25℃和相对湿度 90%~100%条件下最易发生。5~43℃的范围内可以发育，在干燥或相对湿度低于 40%的情况下，线虫不易存活。线虫主要通过感染种薯从甲地传至乙地。

3. 防治措施

①严格实行检疫，限制使用被感染的块茎作种或将其外运。

②在经济条件许可的地区，使用土壤熏蒸剂是有效的防治方法。

③选择非寄主作物进行轮作可减轻为害。

6.3.3.5　根腐线虫病

1. 症状

根腐线虫病通常仅为害根部皮层组织，出现褐色伤痕，外层破裂、腐烂。其中某些可严重为害块茎，引起块茎细胞死亡，出现紫褐色病斑。病斑形状不规则，周围有一圈稍凹陷，使块茎产量和品质大大下降。高密度根腐线虫为害使马铃薯植株矮化，叶片变黄、凋萎。同时还可以引起一些真菌、细菌相伴侵入，加重为害。

2. 传播

根腐线虫中有数种为害马铃薯，如穿刺根腐线虫、刻痕根腐线虫、棘刺根腐线虫、斯克里布纳根腐线虫、短根腐线虫、安第斯根腐线虫、伤残根腐线虫、咖啡根腐线虫等。其中斯克里布纳根腐线虫和短根腐线虫可为害马铃薯块茎。

根腐线虫属移居性内寄生，多取食于根部皮层，有时也侵入某些寄主的导管组织或基部取食。第一次蜕皮在卵内，二龄以上幼虫均很活跃，从根冠进入根部，还可从根状茎、块茎和其他未木栓化表皮侵入。发育、繁殖最适温度穿刺根腐线虫为 $16\sim20℃$，短根腐线虫、咖啡根腐线虫为 $25\sim28℃$。砂性土壤有利于线虫活动。寄生范围很广，仅穿刺线虫就多达 160 种植物以上，一般多生活在寄主根内或根际土壤中。

3. 防治措施

使用土壤薰蒸剂或杀虫剂可有效控制线虫，由于根腐线虫寄主范围广，选择非寄主作物施行轮作比较困难。

6.3.3.6 切根线虫病

1. 症状

被害马铃薯根系减少、发育受阻、根尖变尖或坏死，形成许多粗短根桩（切根）。地上部分除植株矮化外，没有其他特殊症状。

2. 传播

侵染马铃薯的主要有厚皮拟毛刺线虫，克里斯蒂拟毛刺线虫和原始毛刺线虫，属移居性外寄生，在根、土壤中存活。产卵在土壤中，孵化后通过土壤迁移并在根的表面组织取食，通常不侵入植物组织。以砂质土壤发生较重。切根线虫是传播烟草脆裂病毒的重要媒介。

3. 防治措施

土壤薰蒸不仅可控制线虫病，还可减少烟草脆裂病毒的传播。切根线虫寄主范围很广，实行轮作选择适当的非寄主作物比较困难。

6.4 马铃薯生理性病害防治技术

马铃薯的生长条件是由大自然和种植者提供的。大自然中存在着许多生物，免不了要相互作用，相互影响；自然气候也经常骤然变化，种植者的管理也有不及时或达不到要求的时候。由于环境条件的作用，就会使马铃薯在种植过程中出现生理性病害，使产量和质量受到不良的影响。掌握生理性病害防治技术，及早采取一定措施，就能减少、减轻或避免生理性病害的为害，达到丰产优质的目的。

6.4.1 营养元素缺乏症的识别与防治

6.4.1.1 氮素缺乏症的识别与防治

1. 缺素症状

氮素对马铃薯生长是生死攸关的。缺氮时植株矮小，生长弱，分枝少，花期早，植株下部叶片均匀淡绿色继而发黄，并逐渐向上部叶扩展，每张叶片先沿着叶缘褪绿变黄，并逐渐向中心叶发展，茎叶变小，严重时基部小叶的叶缘完全失去叶绿素并且皱缩，叶片上卷呈杯状或火烧状，叶片脱落，产量低。施氮肥过多，特别是生长后期过多施用氮肥，易引起植株茎叶徒长，组织柔嫩，易感染病害，成熟延迟，块茎产量低。

2. 防治措施

①缺氮田块早施氮肥，可用作种肥或苗期追肥。注意宁可基肥、种肥少施，苗期追氮，切忌基肥、种肥氮素过多。

②植株缺氮时，叶面喷施 0.2%~0.5% 尿素液或含氮复合肥。

③施用酵素菌沤制的堆肥或腐熟有机肥，采用配方施肥技术。生产上发现缺氮时马上埋施发酵好的人粪，也可将尿素或碳酸氢铵等混入 10~15 倍腐熟有机肥中，施于马铃薯两侧后覆土、浇水。

6.4.1.2　磷缺乏症的识别及防治

1. 缺素症状

磷肥虽然在马铃薯生长过程中需求量少，但却是植株生长发育不可缺少的肥料。磷肥不足时，马铃薯植株生长缓慢，茎秆矮小纤细，植株僵立，叶柄、小叶及叶缘朝上，不向水平展开，小叶面积缩小，光合作用减弱，色暗绿，严重时基部小叶叶尖先褪绿变褐，并逐渐向全叶扩展，最后整个叶片枯萎脱落。薯块易发生空心、褐色锈斑、硬化，且不易煮烂，发脆，商品性低，严重影响马铃薯产量和质量。

2. 防治措施

①缺磷田块增施有机肥并沟施过磷酸钙或磷酸二铵作基种肥，基肥以过磷酸钙 225~375kg/hm² 混入有机肥中施于 10cm 以下耕作层中。开花期补施过磷酸钙 225~300kg/hm²。

②植株缺磷时，在叶面喷施 0.3%~0.5% 的磷酸二氢钾溶液或 0.5%~1% 过磷酸钙水溶液。每隔 6~7 天喷 1 次。

6.4.1.3　钾素缺乏症的识别与防治

1. 缺素症状

钾元素是马铃薯生长发育的重要元素，尤其苗期，钾肥充足植株健壮，茎秆坚实，叶片增厚，抗病力强。植株缺钾的症状出现较迟，一般到块茎形成期才呈现出来。植株缺钾表现为生长缓慢，切间短，叶面粗糙皱缩，叶片变小，叶脉下陷，且向下卷曲，小叶排列紧密，与叶柄形成夹角小，叶尖及叶缘开始呈暗绿色，随后变为黄棕色，并渐向全叶扩展，后期出现古铜色病斑，有时叶面出现紫纹，并有褐色枯死的叶缘，最后干枯脱落。植株易受寄主病菌的侵害。块茎变小，薯块多数呈长形或纺锤形，品质变劣，块茎内部常有灰蓝色晕圈。

2. 防治措施

①缺钾土壤增施钾肥作基种肥。基肥施用时可混入 3000kg 草木灰。栽后 40 天施长薯肥时用草木灰 2250~3000kg 或硫酸钾 150kg 对水浇施。也可在收获前 40~50 天，喷施 1% 硫酸钾，隔 10~15 天喷 1 次，连用 2~3 次。

②植株缺钾时，叶面喷施 0.3%~0.5% 的磷酸二氢钾溶液或 1% 草木灰浸出液。每隔 6~7 天喷 1 次。

6.4.1.4　钙素缺乏症的识别与防治

1. 缺素症状：
植株缺钙时，顶芽幼叶变小，小叶皱缩或扭曲，叶缘卷起，严重时顶芽或腋芽死亡，茎节间缩短，植株顶部呈丛生状。块茎短缩、变形、有成串畸形块茎，块茎内呈现褐色分散斑点即坏死斑，失去经济价值。

2. 防治措施

①在酸性较强的土壤中易出现缺钙现象，可撒施一部分石灰补充土壤中钙素的不足或调整土壤 pH。

②植株缺钙时，叶面喷施 0.5% 的过磷酸钙水溶液，每隔 5~7 天 1 次。

③施用惠满丰液肥，用量为 6750mL/hm²，稀释 400 倍，喷叶 3 次即可，也可喷施绿风 95 植物生长调节剂 600 倍液，促丰宝 R 型多元复合液肥 700 倍液，"垦易"微生物活性有机肥 300 倍液。

6.4.1.5 镁素缺乏症的识别与防治

1. 缺素症状

马铃薯是对缺镁较为敏感的作物。缺镁时，病症以基部叶片最重，基部老叶的叶尖及叶缘首先发生失绿现象，逐渐沿叶脉间扩展，而叶脉呈绿色，最后叶脉间的组织填满褐色坏死斑向上卷起，叶脉间部分突出且增厚而变脆，病叶最后死亡脱落。严重时植株矮小，失绿叶片变棕色而坏死、脱落，块茎生长受抑制。

2. 防治措施

①土壤缺镁田应沟施硫酸镁或白云石等含镁肥料。

②发现植株缺镁时及时向叶面喷施 0.5%～1% 硫酸镁溶液，隔 2 天用 1 次，每周喷 3~4 次。

③缺镁时，首先注意施足充分腐熟的有机肥或含镁的完全肥料，改良土壤理化性质，使土壤保持中性，必要时亦可施用石灰进行调节，避免土壤偏酸或偏碱。

6.4.1.6 硫素缺乏症的识别与防治

1. 缺素症状

马铃薯一般不易发生硫素缺乏症。缺硫时，症状来得较为缓慢，叶片、叶脉普遍黄化，与缺氮类似，但叶片不提早干枯脱落，植株生长受抑制，缺硫严重时，叶片上出现褐色斑点。

2. 防治措施

缺硫土壤应增施硫酸铵等含硫的肥料作基肥和种肥，基肥用量 300~600kg/hm²，作基肥时应注意深施覆土。种肥 37.5~60kg/hm²。

6.4.1.7 硼素缺乏症的识别与防治

1. 缺素症状

马铃薯缺硼时生长点或顶芽枯死，侧芽迅速生长，节间缩短，从而使植株呈矮丛状，叶片粗糙、皱缩、边缘向上卷曲、增厚变脆、皱缩歪扭、褪绿萎蔫，叶柄及枝条增粗变短、开裂、木栓化，或出现水渍状斑点或环节突起。如果长期缺硼，则根短且粗，褐色，根尖易死亡，块茎变小，块茎上有褐色坏死，表面常出现龟裂状裂痕。

2. 防治措施

①缺硼土壤基施硼砂 7.5kg/hm²。

②植株发生缺硼现象时，花茎叶面喷施 0.1%～2% 硼砂溶液或在苗期至始花期穴施硼砂 3.75~11.25kg/hm²。

6.4.1.8 铁素缺乏症的识别与防治

1. 缺素症状

马铃薯首先出现在幼叶上。缺铁叶片失绿黄白化，心叶常白化，称失绿症。初期脉间褪色而叶脉仍绿，叶脉颜色深于叶肉，色界清晰，严重时叶片变黄，甚至变白。

2. 防治措施

于始花期喷洒 0.5%～1% 硫酸亚铁溶液 1~2 次。

6.4.1.9　锰素缺乏症的识别与防治

1. 缺素症状

马铃薯缺锰上部叶脉间失绿后呈浅绿色或黄色，严重时脉间几乎全为白色，有时顶部叶片向上卷曲，并沿叶片的中脉和中脉附近出现许多圆形的深褐色坏死小斑。最后小斑枯死、脱落，使叶面残缺不全。

2. 防治措施

①因土壤 pH 值过高而引起的缺锰，应多施硫酸铵等酸性肥料来降低 pH 值，如土壤本身缺锰，可基施易溶的硫酸锰 $15\sim30kg/hm^2$。

②植株出现缺锰现象可及时向叶面喷施 0.5%~1%硫酸锰溶液，每 7~10 天喷 1 次，连喷 1~2 次。喷施时可以加入 1/2 或等量石灰，以免发生肥害，也可结合喷施 1：(0.5~1.0)：200 的波尔多液。

6.4.1.10　锌素缺乏症的识别与防治

1. 缺素症状

马铃薯缺锌植株生长受抑制，节间短，株型矮缩，顶端叶片直立，叶小丛生，叶面上出现灰褐色至青铜色的不规则斑点，后成坏死斑，叶缘上卷。严重时柄及茎上均出现褐点或斑块。新叶出现黄斑，并逐渐扩展到全株，但顶芽不枯死。在生长的不同阶段会因缺锌出现"蕨叶病"（"小叶病"）的症状。

2. 防治措施

①缺锌土壤基施硫酸锌 $7.5\sim15kg/hm^2$。

②植株出现缺锌症时，可叶面喷施 0.5%硫酸锌溶液，每 10 天左右喷 1 次，连喷 2~3 次。在肥液中加入 0.2%的熟石灰水，效果更好。

6.4.1.11　铜素缺乏症的识别与防治

1. 缺素症状：马铃薯缺铜严重症状，幼嫩叶片向上卷呈杯状，并向内翻回。

2. 防治措施

①增施有机肥料。对于贫瘠的酸性土壤上发生的铜营养缺乏症，应增施有机肥料，提高土壤的供铜能力。

②控制氮肥用量。在供铜能力较弱的土壤上，要严格控制氮肥用量，防止因氮肥过量而促发或加重缺铜症。

③施用铜肥。硫酸铜基施时，每亩用量一般为 0.4 公斤，多者不宜超过 3.0 公斤，采用撒施或条施。

④可将硫酸铜配制成 0.02%~0.2%溶液，均匀喷洒于叶片表面。

6.4.2　马铃薯生长异常现象的识别与预防

6.4.2.1　块茎黑心病的识别与预防

1. 症状表现

在块茎中心部出现由黑色至蓝色的不规则花纹，由点到块发展成黑心。随着发展严重，可使整个薯块变色。通常病组织与健康组织边界较明显。后期黑心组织渐渐硬化。在室温情况下，黑心部位可以变软和变成墨黑色。

2. 预防措施

①调节储藏温度。注意近年贮窖温度相对温凉条件，避免0℃左右的低温和36℃以上的高温，减缓病害发展。

②控制通风条件。封闭性储藏或地下窖贮，均应设法设立通风透气条件，减少缺氧情况。有条件时，安装供氧换气装置，供以充足氧气。

6.4.2.2　块茎空心病的识别与预防

1. 症状表现

马铃薯块茎空心病多发生于块茎的髓部，空心多呈星形放射状或口形，也有的空心形状呈球形或不规则形，有时几个空洞可连接起来，空洞内壁呈白色，淡棕褐色至稻草黄色，形成不完全的木栓化层，外部无任何症状。一般大块茎易出现空心现象。在出现空心之前，其组织呈水浸状或透明状，有的中心出现褐色坏死斑。空腔附近淀粉含量少，煮熟吃时会感到发硬发脆。空心块茎表面和它所生长的植株上都没有任何症状，但空心块茎却对质量有很大影响，特别是用以炸条、炸片的块茎，如果出现空心，会使薯条的长度变短，薯片不整齐，颜色不正常。

2. 产生原因

块茎的空心，主要是其生长条件突然过于优越所造成的。在马铃薯生长期，突然遇到极其优越的生长条件，使块茎极度快速地膨大，内部营养转化再利用，逐步使中间干物质越来越少，组织被吸收，从而在中间形成了空洞。一般来说，在马铃薯生长速度比较平稳的地块里，空心现象比马铃薯生长速度上下波动的地块比例要小。在种植密度结构不合理的地块，比如种得太稀，或缺苗太多，造成生长空间太大，都易使空心率增高。钾肥供应不足，也是导致空心率增高的一个因素。另外，空心率高低也与品种的特性有一定关系。

3. 预防措施

①合理密度，避免缺苗，调节株间距离，增加植株间的竞争，使植株营养面积均匀，保证群体结构的良好状态，从而阻止块茎过速生长和膨大，降低空心的发病率。

②加强栽培管理，保证植株生长的水分供应，避免出现旱涝不均的情况，促进块茎均衡一致的发育速度。

③增施钾肥，注意培土，减少空心发病率。

6.4.2.3　块茎裂口原因及预防

1. 裂口原因

收获马铃薯时常常可看见有的块茎表面有一条或数条纵向裂痕，表面被愈合的周皮组织覆盖，这就是块茎裂口。裂口原因主要是土壤忽干忽湿，根茎在干旱时形成周皮，膨大速度慢，潮湿时植株吸水多，块茎膨大快而使此周皮破裂而造成的。此外，膨大期土壤肥水偏大也易引起薯块外皮产生裂痕。

2. 预防措施

在生产管理上，要特别注意增施有机肥，保证土壤始终肥力均匀，同时要适时浇水，在块茎膨大期保证土壤有适宜的含水量，避免土壤干旱，还要保持土壤透气性好。

6.4.2.4　畸形薯产生原因及预防

1. 产生原因

马铃薯畸形薯主要是块茎的生长条件发生变化所造成的。薯块在生长时条件发生了变化，生长受到抑制，暂时停止了生长。畸形块茎比如遇到高温和干旱，地温过高或严重缺

图 6-12 马铃薯畸形薯

水，后来，生长条件得到恢复，块茎也恢复了生长，这时进入块茎的有机营养，又重新开辟贮存场所，就形成了明显的二次生长，出现了畸形块茎。总之，不均衡的营养或水分，极端的温度，以及冰雹、霜冻等灾害，都可导致块茎的二次生长。

但在同一条件下，也有的品种不出现畸形，这就是品种本身特性的缘故。

当出现二次生长时，有时原形成的块茎里贮存的有机营养如淀粉等，会转化成糖被输送到新生长的小块茎中，从而使原块茎中的淀粉含量下降，品质变劣。由于形状特别，品质降低，就失去了食用价值和种用价值。因此，畸形薯会降低上市商品率，使产值降低。

2. 预防措施

在生产管理上，要特别注意尽量保持生产条件的稳定，适时浇灌，保持适量的土壤水分和较低的地温，同时注意不选用二次生长严重的品种。

6.4.2.5 块茎青头现象

1. 产生原因

在收获的马铃薯块茎中，经常发现有一端变成绿色的块茎，俗称青头。这部分除表皮呈绿色外，薯肉内 2cm 以上的地方也呈绿色，薯肉内含有大量茄碱（也叫马铃薯素、龙葵素），味麻辣，人食用后会发生中毒，症状为头晕，口吐白沫。青头现象使块茎完全丧失了食用价值，从而降低了商品率和经济效益。

出现青头的原因是播种深度不够，垄小，培土薄，或是有的品种结薯接近地面，块茎又长得很大，露出了土层，或将土层顶出了缝隙，阳光直接照射或散射到块茎上，使块茎的白色体变成了叶绿体，组织变成绿色。

2. 预防措施

为了减少这种现象，种植时应当加大行距、播种深度和培土厚度。必要时对生长着的块茎，进行有效的覆盖，比如用稻草等盖在植株的基部。另外，在储藏过程中，块茎较长时间见到阳光或灯光，也会使表面变绿，与上述青头有同样的毒害作用，所以食用薯一定要避光储藏。

◎本章小结：

马铃薯是多病害植物，非常容易受到各种病菌的侵染，直接影响着马铃薯的品质和产量。马铃薯病害主要分为真菌性病害、细菌性病害和病毒性病害；马铃薯虫害主要有地上虫害、地下虫害和线虫病害等，本章主要根据马铃薯各种病害的病原、症状和传播途径，重点总结介绍防治各种病害的有效措施。

第7章 马铃薯收获、运输和储藏技术

☞ 提要：

了解内容：

1. 收获马铃薯的方法和机械设备；
2. 马铃薯运输过程中的注意事项。

掌握内容：

1. 马铃薯收获时机的选择依据；
2. 根据收获后成熟马铃薯不同生理时期的特点对其进行运输和储藏要点。

收获、运输及储藏是马铃薯生产中的重要环节，适时收获是安全储藏的基础，安全运输、安全储藏是获得丰收的重要保证。

7.1 收　　获

7.1.1 收获期的选择

马铃薯收获，是栽培过程中田间作业的最后一个环节。收获的迟早与产量的高低和利用价值的好坏密切相关。

马铃薯块茎的成熟度与植株的生长发育密切相关。一般来讲，当茎叶枯黄，植株停止生长时，块茎中的淀粉、蛋白质、灰分等干物质含量达到最高限度，水分含量下降，薯皮粗糙老化，薯块容易脱落，这时就是马铃薯的成熟和适宜收获期。收获过早，块茎成熟度不够，干物质积累少，影响产量，薯皮幼嫩容易损伤，对储藏和加工都不利；收获过晚，增加病虫的侵染机会，易受冻害，影响储藏和食用品质。因此，马铃薯的收获时期应以栽培目的、气候条件和品种特性而定。但是无论任何情况下，收获工作必须在霜冻前收获完毕。

1. 依栽培目的而定

栽培的目的不同，收获期也不同。食用和加工薯以达到成熟期收获为宜，这样有利于干物质的积累和增加产量，也有利于储藏和运输。作为种薯则应适当提早收获，以利提高种用价值，减少病毒侵染。

病毒侵染马铃薯植株后，首先在被感染的细胞中增殖，再侵染附近的细胞。病毒在细胞间的转运速度是很慢的，每小时只有几微米，等病毒到达维管束的韧皮部后，就能以快得多的速度（每小时十几毫米）向块茎转运。可见，病毒从侵染上部到侵染块茎要相当长的时间。如能根据蚜虫预报所估计的病毒侵染时间，来确定种薯的适宜收获期，可在有病毒侵染的条件下获得无毒的种薯。

2. 依气候条件而定

一季作地区，应在早霜来临前收获。二季作地区，春马铃薯应在 6 月底~7 月上中旬收获，秋马铃薯在 9 月底~10 月上中旬收获。

3. 依品种及后作而定

中、早熟品种，可在植株枯黄成熟时收获，而晚熟品种和秋播马铃薯，常常不等茎叶枯黄成熟即遇早霜，所以在不影响后作和块茎不会受冻的情况下，可适当延迟收获期。

收获马铃薯应选择晴朗的天气，机械或手工收获均可，但要避免损伤薯块。收获的薯块不宜在烈日下曝晒，以免薯皮晒绿，影响食用品质。刚收获的薯块，最好先放在阴凉通风处风干，把病、烂、破、伤薯挑出来，然后再入窖储藏。同时，为了避免病菌传播，秋耕前必须把田间残留的茎叶清除干净。

7.1.2 收获方法

马铃薯的收获质量直接关系到保产和安全储藏。收获前的准备，收获过程的安排和收获后的处理，每个环节都应做好，才能使辛勤劳动的果实不致因收获不当受到损失。

1. 收获前的准备

检修收获农具，不论机械或木犁都应修好备用。盛块茎的筐篓要有足够的数量，有条件的要用条筐或塑料筐装运，最好不用麻袋或草袋，以免新收的块茎表皮擦伤。还要准备好入窖前种薯和商品薯的临时预贮场所等。

2. 收获过程的安排

收获方式可用机械收获，也可用木犁翻、人力挖掘等。但不论用什么方式收获，第一要注意不能因使用工具不当，大量损伤块茎，如发现损伤过多时应及时纠正；第二收获要彻底，不能将块茎大量遗漏在土中。用机械收或畜力犁收后应再复查或把地捡净。

收获时要先收种薯后收商品薯，如果品种不同，也应注意分别收获，不要因收获混杂功亏一篑。特别是种薯，应绝对保持纯度。

3. 收后处理

收获的块茎要及时装筐运回，不能放在露地，更不宜用发病的薯秧遮盖，要防止雨淋和日光曝晒，以免堆内发热腐烂和外部薯皮变绿。同时要注意先装运种薯后装运商品薯。要轻装轻卸，不要使薯皮大量擦伤和碰伤，并应把种薯和商品薯存放的地方分开，防止混杂。

7.1.3 马铃薯收获机械简介

7.1.3.1 4U-1500 型马铃薯收获机

4U-1500 型马铃薯收获机是内蒙古农牧业机械化研究所研发的与 47.8 千瓦以上拖拉机配套的新型马铃薯收获机具，可 1 次完成马铃薯挖掘、土壤和薯块分离、条状铺放等项作业。该机具有收净率高、损伤率低、明薯率高、作用效率高、易于安装操作等特点。在平作、垄作或不同土壤都可适用。主要技术参数：

型号：4U-1500 型马铃薯收获机

配套动力：47.8 千瓦以上拖拉机

外形尺寸（长×宽×高）：2.60m×1.78m×1.26m

整机重量：850kg

作业幅宽：150cm

挖掘深度：20~25cm

作业速度：2.5~3km/h

生产率：0.37~0.43hm²/h

7.1.3.2　EUEO-V1400L，EURO-V5005型马铃薯收获机

EUEO-V1400L，EURO-V5005型马铃薯收获机是德国嘉博曼公司生产，主要技术参数：

挖掘宽度：145cm，50cm

圆盘犁片直径：50cm，50cm

分离链长度：185cm，175cm

栅条间净宽：2.5cm，2.5cm

生产效率：0.33~0.4hm²/h，0.2~0.33hm²/h

配套动力：60马力，60马力

整机重量：370kg，380kg

7.1.3.3　马铃薯联合收获机

马铃薯联合收获机也是德国嘉博曼公司生产，装有装卸输送带、敬业拔除辊、万向轴、照明设备，挖掘器装有转向轴和压缩空气装置。主要技术参数：

外形尺寸：7.80m×2.95m×3.01m

捡拾宽度：180cm

分离链宽度：160cm

装卸输送带高度：380cm

配套动力：80马力

重量：4100kg

7.2　运　　输

运输是马铃薯产、供、销过程中必不可少的重要环节。这里所讲的运输，主要是指从马铃薯的原产地到加工、消费地区的较长距离的运输，也可以说是从农村到工厂、城市的运输。马铃薯本身含有大量水分，对外界条件反应敏感，冷了容易受冻，热了容易发芽，干燥容易软缩，潮湿容易腐烂，破伤容易感染病毒等。且薯块组织幼嫩，容易压伤和破碎，这就给运输带来很大困难。因此，安排适宜的运输时间，采用合理的运输工具和装卸方法，选择合适的包装材料，是做好运输工作的先决条件。

7.2.1　运输时间的选择

马铃薯在储藏期间要经过三个生理阶段，即后熟期、休眠期和萌芽期。不同的生理阶段对外界环境条件的要求不同。例如，处于后熟和休眠期的薯块，即使给予适宜的温度也不会发芽，这是由于内部缺乏供发芽的可溶性物质；通过休眠期的薯块，在5℃以上幼芽

即开始萌动；长期处在 0℃ 以下，薯块就会遭受冻害。因而确定适宜的运输时间，必须根据其本身的特性、用途及其对温度的适应范围而定。

我国地域辽阔，气候各异，栽培区域和收获季节各不相同，所以很难确定统一的适宜运输时间。根据马铃薯的生理阶段及其对温度的适应范围，一般可划分为三个运输期，即安全运输期、次安全运输期和非安全运输期。

1. 安全运输期

是自马铃薯收获之时起，至气温下降到 0℃ 时止。这段时间马铃薯正处于休眠状态，运输最为安全。在此期间，应抓紧时机，突击运输。

2. 次安全运输期

是自气温从 0℃ 回升到 10℃ 左右的一段时间。这时随着气温的上升，块茎已渡过休眠期，温度达 5℃ 以上，幼芽即开始萌动，长距离的运输，块茎就会长出幼芽，消耗养分，影响食用品质和种用价值。故应采用快速运输工具，尽量缩短运输时间。

3. 非安全运输期

是自气温下降到 0℃ 以下的整个时期。为了防止薯块受冻，在此期间最好不要运输，如因特殊情况需运输时，必须包装好，加盖防寒设备，严禁早晚及长途运输。

7.2.2　运输工具的选择

当前，我国可采用的运输工具主要是火车、汽车和马车，在交通不便的地区，还有用畜力和人力搬运的，它们各具特点，应视具体情况择用。

7.2.3　包装工具的选择

包装的选择，总的原则是既便于保护薯块不受损伤，装卸方便，又要符合经济耐用的要求。适合马铃薯运输包装的有草袋、麻袋、尼龙网袋、篓筐和木箱等。

7.3　储　　藏

马铃薯储藏的目的主要是保证食用、加工和种用的品质。马铃薯储藏的一般要求是：食用商品薯的储藏，应尽量减少水分损失和营养物质的消耗，避免见光使薯皮变绿，食味变劣，使块茎始终保持新鲜状态。加工用薯的储藏，应防止淀粉糖化。种用马铃薯可见散射光，但不能见直射光，保持良好的出芽繁殖能力是储藏的主要目标。采用科学的方法进行管理，才能避免块茎腐烂、发芽和病害蔓延，保持其商品、加工和种用品质，降低储藏期间的自然损耗。

7.3.1　储藏期间的特点

块茎在储藏期间对周围环境条件非常敏感，特别是对温、湿度要求非常严格，既怕低温，又怕高温，冷了容易受冻，热了容易发芽；湿度小，薯块容易失水发皱，湿度大，薯块容易腐烂变质。因此安全储藏是马铃薯全部生产过程中的一个重要环节。

所谓安全储藏，主要有两项指标：一是储藏时间长；二是商品质量好，达到不烂薯、不发芽、不失水、不变软。因此，要储藏好马铃薯，必须了解它的储藏特点、生理变化、储藏条件，才能有针对性地采取措施，达到安全储藏的目的。

7.3.1.1　后熟期特点

新收获的块茎在生理上尚处在后熟阶段。其特点是表皮尚未木栓化，含水量高，块茎呼吸旺盛，放出大量水分、热量和二氧化碳，重量也随之减轻。如在温度15~20℃、氧气充足、散射光或黑暗条件下，经过5~7天，块茎损伤部分就会形成木栓质保护层，这样不仅能防止水分损耗，而且能阻碍氧气和各种病原菌侵入。

7.3.1.2　休眠期特点

休眠即块茎芽眼中幼芽处于相对稳定不萌发的状态，休眠期长短因品种和成熟度而异。有关块茎休眠期生理特点前文已作讨论，生产中应注意两点：

1. 不同品种休眠期长短不同

马铃薯之所以较其他蔬菜耐储藏，是因为其块茎有一个新陈代谢过程显著减缓的休眠期。但是不同的品种其休眠期长短不同，一般来说，早熟品种休眠期短，容易打破；晚熟品种的休眠期长，难以打破。因此，作短期储藏时，应选择休眠期短的早熟品种；作长期储藏时，应选用休眠期长的晚熟品种。

2. 同一品种成熟度不同休眠期长短不同

同一品种，春播秋收的块茎休眠期较短，而夏播秋收的块茎休眠期长，且块茎的休眠期将随着夏播时间的推迟而延长。这是因为夏播秋收的马铃薯由于受生长期所限，在早霜来临之前，尚未成熟即行收获的缘故，即幼嫩块茎比成熟块茎休眠期长。因此，作长期储藏的马铃薯，应适期晚播或早收，选用幼嫩块茎储藏。

7.3.1.3　萌发期特点

马铃薯通过休眠后，在适宜的温湿度条件下芽眼内的幼芽开始萌动生长，这是马铃薯发育的持续和生长过程的开始。在这一时期，马铃薯块茎重量的减少与萌芽程度成正比。

马铃薯块茎内含有丰富的营养和水分。已通过休眠的块茎，只要有适宜的发芽条件，块茎内的酶即开始活动，淀粉、蛋白质等大分子储藏物质分解成糖、氨基酸等，并通过输导系统源源不断运送至芽眼，幼芽开始萌发。在理论上，已通过休眠的块茎即可用于播种，具体播期则由气候条件及耕作栽培制度决定。

7.3.2　储藏期间的生理变化

1. 伤口愈合

收获的块茎除了从匍匐茎脱离处有伤口外，还由于收获过程的机械损伤及分级选种等措施都会造成一定的擦伤和裂口，但伤口并不持续敞开，只要环境条件适宜，伤口就会愈合，从而可以减少水分的蒸发和病菌的入侵。

2. 水分蒸发

马铃薯收获时块茎一般含水量75%左右，干物质含量25%左右，薯块中的水分大部分是自由水，只有5%的水分是束缚水。由于薯块表皮薄，细胞体积较大，细胞间隙多，原生质的持水力较弱，水分容易蒸发。水分蒸发时细胞膨胀降低，引起薯块组织萎蔫。因此，使块茎周皮充分木栓化，防止块茎破损，促进伤口尽快愈合，以及低温、高湿的储藏条件是减少块茎失水的重要条件，以3~5℃，湿度80%~93%为最好。

3. 呼吸作用

马铃薯块茎收获后，同化作用基本停止，呼吸作用便成为储藏生理的主要过程。块茎在储藏期间由于不断地进行呼吸和蒸发，它所含的淀粉就逐渐转化成熟，再分解为二氧化碳和水，并放出大量热量，使空气过分潮湿，温度升高。因此，在马铃薯储藏期间，必须经常注意储藏窖的通风换气，及时排出二氧化碳、水分和蒸发出来的热气，使其保持合适的温、湿度。如果薯堆中氧气少，二氧化碳多，就会妨碍块茎内部的正常生理过程，同时由于高温高湿，易引起病菌活动，使薯心变黑或发生腐烂现象。

4. 淀粉与糖的转化

马铃薯块茎富含淀粉和糖，储藏期间淀粉与糖相互转化。块茎中淀粉转化成糖的过程，将随着温度条件的改变而不同。当窖温在 10℃ 以上时，块茎内淀粉含量可保持稳定，但在这种温度条件下不能时间过长。窖温 0～10℃ 之间，块茎内淀粉含量迅速下降，糖则迅速增加，主要是由于块茎中含有较多的磷酸化酶，酶在低温条件才有利于活动，促使淀粉迅速分解，转化为糖。同时低温下呼吸作用转慢，糖作为基质在呼吸时的氧化速率比组织内淀粉水解速度慢，形成的糖未被消耗而积累在组织中。淀粉转化为糖结果是块茎食味变甜。根据生产实践，块茎在储藏期间由于呼吸作用能减少重量 6.5%～11%，如果块茎成熟度不足，或因生育期施氮肥过多，其重量的损失更大，这种生理变化，在储藏初期的低温条件下，表现特别明显。总之，块茎经过长期储藏后，淀粉的含量就会减少。根据试验资料，储藏 200 天的块茎，淀粉平均损失 7.9%，如果块茎发芽或腐烂，淀粉的损失会增加到 12.5%。

5. 龙葵素含量增加

块茎在储藏期间，龙葵素的含量会逐渐增加，其中幼芽中含量较多。光照能使马铃薯块茎表皮变绿，龙葵素含量增加，降低品质。因此，食用马铃薯和加工马铃薯应避光储藏，同时储藏期间要尽量防止发芽。相反种薯不怕光照，块茎变绿具有抑制病菌侵染的作用，也能抑制幼芽的徒长而形成壮芽，有利于提高产量。

7.3.3　储藏前的准备

无论是夏收或秋收入窖储藏的薯块，都应该有一个预贮期。预贮期的目的，是为了促进薯块伤口愈合，加速木栓层的形成，提高薯块的耐贮性和抗病菌能力，减少其原有热和呼吸热，以利于安全储藏。

7.3.3.1　预贮方法

把新收获的薯块置于阴凉而通风良好的场所摊开，但薯堆不易太厚，上面应用苇草或草帘遮光。如果薯堆太厚（超过 66cm），堆中应设有通气管，或在薯堆上部每隔数尺竖立一捆秆（高粱或玉米秆），以利于通气排热。预贮的适宜温度为 10～15℃，空气相对湿度为 80%～90% 之间，预贮时间一般为 10～15 天。不过夏收马铃薯正遇 7、8 月份高温，除非有空调设备，一般是无法达到上述预贮温度的。夏收后，可先摊放在阴凉通风的地方，晾放 3～5 天，然后再入窖堆放或装筐储藏。入窖储藏前要把病、烂、虫咬和损伤的块茎全部挑出。

7.3.3.2　植物生长调节剂的使用

为了减少块茎在储藏期间腐烂和萌芽，有条件的可用植物生长调节剂进行处理。一般常用于处理马铃薯的药剂有以下几种。

1. 青鲜素（MH）

青鲜素有抑制块茎萌芽生长的作用，又称"抑芽素"。在马铃薯收获前2~3周，用浓度0.25%~0.3%的药液喷洒植株，对防止块茎在储藏期萌芽和延长储藏期有良好效果。

2. 萘乙酸甲酯（MENA）

萘乙酸甲酯的作用与青鲜素相同，一般采用3%的浓度，在收获前2周喷洒植株，或在储藏时用萘乙酸甲酯150g，混拌细土10~15kg制成药土，再与5000kg块茎混拌，也有良好的抑芽作用。

3. 苯诺米乐（Benonly）和噻苯咪唑（TBZ）。这两种药剂可采用0.05%的浓度，浸泡刚收获的块茎，有消毒防腐作用。

4. 氨基丁烷（2-AB）。在储藏中采用氨基丁烷熏蒸块茎，可起到灭菌和减少腐烂作用。

应用植物生长调节剂应注意以下几点：

第一，要掌握好药液的配制浓度，若使用浓度太低，则效果不显著，浓度过高，往往会造成药害。

第二，要掌握好喷药时间和方法。

第三，留作种用的块茎不能喷用抑芽素之类的药剂。

7.3.4 储藏要点

1. 老窖消毒

在马铃薯产区修建一个马铃薯窖，可用许多年。烂薯、病菌常会残存在窖内，新的薯块入窖初期往往温度较高，湿度又大，堆放新薯过程中一旦把病菌带到薯块上就会发病、腐烂，甚至造成"烂窖"。所以新薯入窖前应把老窖打扫干净，并用来苏儿喷洒消毒灭菌，而后储藏新薯。

2. 严格选薯

入窖时严格剔除病、伤和虫咬的块茎，防止入窖后发病。

3. 控制堆高与贮量

窖内堆放薯块的高度，因品种和窖的条件而不同。地下或半地下窖堆放时，不耐藏的、易发芽的品种堆高为0.5~1m；耐储藏、休眠期中等的品种堆高1.5~2m；耐储藏、休眠期长的品种堆高2~3m，但最高不宜超过3m。沟藏时薯堆高度以1m左右为宜。

同时还要考虑储藏窖的容积，储藏量不能超过全窖容积的2/3，最好为1/2左右，以便管理。

4. 控制窖温

窖温过低，会造成块茎受冻；窖温过高，会使薯堆伤热，导致烂薯。一般情况下，当窖温-3~-1℃时，9个小时块茎就冻硬；-5℃时2个小时块茎受冻。长期在0℃左右环境中储藏块茎，芽的生长和萌发受到抑制，生命力减弱。高温下储藏，块茎打破休眠的时间较短，容易引起烂薯。最适宜的储藏温度是：商品薯4~5℃，种薯1~3℃，加工用的薯块7~8℃为宜。根据储藏期间生理变化和气候变化，应两头防热，中间防寒，控制窖藏温度。

5. 控制窖湿

窖内过于干燥，容易导致薯块失水皱缩，降低块茎的商品性和种用性；窖内过于潮湿，块茎上容易凝结水滴，形成"出汗"，导致烂薯。窖内湿度一般维持在 85%~90% 为宜，可使块茎不致抽缩，保持新鲜状态。

6. 通风换气

窖内必须有流通的新鲜空气，及时排出二氧化碳，以保持块茎的正常生理活动。通风换气能防止块茎黑心，还可降低窖温。

7.3.5　储藏方法

7.3.5.1　冬储法

一季作地区的马铃薯，从 9 月下旬收获入窖，一直要储藏到第二年 5 月才播种；食用薯储藏时间更长，常常要储藏到新薯收获才能清窖，需要度过漫长的冬春。所以冬储法除了注意严冬防寒保温外，还要控制 5、6 月份窖温上升，不使薯块发芽。根据各地储藏实践，常采用的储藏方法主要有以下几种。

1. 井窖

这是我国较普遍采用的一种储藏方法，适宜在地下水位低、土质坚实的地方采用。可选择地势高、排水良好、管理方便的地方挖窖。先挖一直径 0.7~1m，深约 3~4m 的窖筒，然后在筒壁下部两侧横向挖窖洞，高 1.5~2m，宽 1m，长 3~4m，窖洞顶部呈半圆形。窖筒的深浅和大小，应根据所需条件和储存量的多少而定。

2. 窑洞窖

选择山坡或土丘的地方挖窖，先挖成高 2~2.5m，宽 1~1.5m，长 6m 左右的窑洞，然后在窑洞的两侧挖窖洞储藏薯块，窖洞和窑洞的顶部均为半圆形，窖洞的大小和多少根据储藏量而定。

3. 非字形窑窖

选择地势高燥的地方建窖，窖沟的深浅视当地的气候条件而定，一般有地下式和地上式两种。具体做法是，先根据储藏量的需要挖成"非"字形的沟，然后用砖、石砌成窑洞，窑洞的大小和数量按储藏量的多少而定。为了保持适宜的储藏温度，窑洞的顶部要进行盖土，厚度 1m 左右。

4. 储藏库

这是一种比较现代化的储藏方式，它是借助机械制冷系统将库内的热吸收传送到库外，可以人工控制和调节库温，不受气候条件和生产季节所限，一年四季均可储存。

7.3.5.2　夏储法

二季作地区夏季高温，春播收获后恰逢炎夏和多雨季节，薯块在储藏中很容易软缩和腐烂。因此，夏储的关键是降低温、湿度，保持通气良好，清洁卫生等环境条件。

1. 堆藏法

选择背阴冷凉、地势高、通风良好的地方，在地面上先铺一层砂子或石子，上面再铺上 10~15cm 厚的秸秆，然后放一层 15cm 厚的薯块，再盖一层湿砂或细土，厚度以不露出薯块为宜，这样一层层的堆积起来，薯堆不宜太大，以堆宽 1m，堆高不超过 1m 为宜，一个薯堆约放 500kg 左右，最后再用湿砂将薯堆全部封严。

2. 沟藏法

选择地势高，排水良好，有遮阴条件的地方，挖成 50~60cm 深，1m 宽的地窖，薯块入窖后，上面盖土 50~70cm 厚，覆土要成屋脊形，拍紧踩实，在覆土上面再盖一层麦秆，以防日晒雨淋。

3. 室内晾藏

春薯收获后，选择背阳有窗户的阴凉间，先在地上铺一层高粱秆或草帘，然后堆放种薯。堆放厚度一般以 3~5 层为宜。储藏期间要上下倒翻种薯，倒翻次数，根据堆放厚度而定。一般每隔一周左右倒翻一次即可。

4. 红薯窖储藏

春马铃薯收获后，正是红薯窖空出来的时间，可用来储藏马铃薯。

7.3.5.3　储藏方法的选择应用

马铃薯的储藏方法很多，究竟采用哪种储藏方法为好，应根据储藏量、储藏时间、储藏季节以及当地气候条件和用途而定。在储藏前必须周密考虑具体情况，因地制宜地选择适宜的储藏方法。

1. 城市家庭储藏法的选择

城市家庭由于无条件挖储藏窖，一般缸藏法最为理想，其优点是成本低、占地小、方法简便、效果好。

2. 农村家庭储藏法的选择

井窖储藏是广大农村普遍推行的一种方法，它具有造价低，用料少，冬暖夏凉的特点。

3. 菜用薯储藏法的选择

宜选择具有现代化控调设备的冷藏库。一般薯块不发芽、不失水、并保持原有的硬度而不干缩。

4. 加工薯储藏法的选择

加工的产品不同，对储藏的要求也就不同。例如，用于加工淀粉、干制品、膨化制品的薯块，对储藏条件的要求就不严格，少量的失水，不会造成干物质的损耗。因此，采用上述何种方法储藏均可。但用于加工冻制品、油炸制品的薯块，则与菜用薯的储藏要求相同，故宜选择现代化的冷库储藏。

7.3.6　储藏管理

1. 储藏前期管理

收获后刚进入储藏前期，马铃薯正处在预备休眠状态，呼吸旺盛，放热多，窖温高，湿度大。在这一阶段的管理应以降温排湿为主，加大夜间通风量。盖窖门要留气眼，尽量通风散热。以后随着气温的降低，窖口和通风孔应改为白天开夜间闭或小开，窖内温度保持 1~3℃ 或相应的标准温度。

2. 储藏中期管理

储藏中期正值寒冬，马铃薯从呼吸旺盛转为休眠期，散热量减少。这个时期主要以保温增温为主，防止薯块受冻。要密封窖口和通气孔，储藏马铃薯的上部至窖盖要保持 100cm 的距离，以免受冻；窖内温度下降至 1℃ 时覆盖保湿物，如盖稻草或草苫。如果仍然不能保住窖温，稻草上面再盖塑料布，塑料布上再盖稻草，但塑料布不能直接盖在马铃薯上，以免使马铃薯潮湿不透气；窖盖上最好压土保温，春天除去积土。

　　3. 储藏末期管理

　　进入储藏末期，气温升高，这时马铃薯易受热，造成萌芽腐烂。要及时撤出窖内覆盖物。这一阶段的管理，主要以降温保湿为主，防止薯块提前发芽和失水，储藏期间要定期进行检查，清除病烂薯。白天气温升到 $2\sim3℃$，打开窖门通风，防止受冻，窖温过高时，可在夜间开窖降温，也可倒堆散热。

◎本章小结：

　　成熟马铃薯的收获、运输和储藏是马铃薯种植过程中的最后一个环节，也是整个马铃薯生产体系中由产品变为商品的重要环节，直接影响着马铃薯的经济效益。本章第一模块就起收马铃薯时机的选择、方法、注意事项及机械等方面作了介绍；第二和第三模块根据收获后成熟马铃薯不同生理时期的特点对其进行运输和储藏时的要点、注意事项、方法、管理等各方面做了系统的介绍，力求在生产、运输和储藏环节中做到最好。

ICS 65. 020. 20

B 00

马铃薯种薯

Seed potatoes

GB 18133—2012

代替 GB 18133—2000，部分代替 GB 4406—1984

2012-12-31 发布

2013-12-19 实施

中华人民共和国国家质量监督检验检疫总局

中国国家标准化管理委员会

发布

前　言

本标准的 5.2 为强制性的，其余条款为推荐性的。

本标准根据 GB/T1.1—2009 的规则编写。

本标准代替了 GB18133—2000《马铃薯脱毒种薯》，部分代替 GB 4406—1984《种薯》。

本标准与 GB18133—2000 相比差异如下：

——修订了标准名称；

——增加了规范性引用文件；

——修订了术语和定义；

——修改了种薯分级；

——修订了田间质量要求和检验方法；

——修订了块茎质量要求和检验方法；

——增加了实验室检测；

——修订了定级规则；

——减少了运输内容；

——修订了标签内容。

本标准代替了 GB 4406—1984 中的种薯分级和种薯分级指标。

本标准由中华人民共和国农业部提出。

本标准由全国农作物种子标准化技术委员会（SAC/TC 37）归口。

本标准起草单位：黑龙江省农科院植物脱毒苗木研究所（农业部脱毒马铃薯种薯质量监督检验测试中心—哈尔滨）、中国农业科学院蔬菜花卉研究所、黑龙江省农科院克山分院、东北农业大学农学系、农业部薯类品质监督检验测试中心（张家口）、湖南农业大学园艺学院、华中农业大学、云南师范大学薯类作物所、中国检验检疫研究院、北大荒马铃薯种薯研发中心。

本标准主要起草人：白艳菊、卞春松、李学湛、金黎平、谢开云、盛万民、陈伊里、王凤义、尹江、熊兴耀、谢从华、李灿辉、李明福、乔勇军、于滨。

本标准所代替标准的历次版本发布情况为：

——GB 4406—1984；

——GB 18133—2000。

马铃薯种薯

1　范围

本标准规定了马铃薯种薯分级的质量指标、检验方法和标签的最低要求。

本标准适用于中华人民共和国境内马铃薯种薯的生产、检验、销售以及产品认证和质量监督。

2　规范性引用文件

下列文件对于本文件的应用是必不可少的。凡是注日期的引用文件，仅注日期的版本适用于本文件。凡是不注日期的引用文件，其最新版本（包括所有的修改单）适用于本文件。

GB 20464 农作物种子标签通则

3　术语和定义

下列术语和定义适用于本文件。

3.1　马铃薯种薯 seed potatoes

符合本标准规定的相应质量要求的原原种、原种、一级种和二级种。

3.2　原原种（G1）pre-elite

用育种家种子、脱毒组培苗或试管薯在防虫网、温室等隔离条件下生产，经质量检测达到5.2要求的，用于原种生产的种薯。

3.3　原种（G2）elite

用原原种作种薯，在良好隔离环境中生产的，经质量检测达到5.2要求的，用于生产一级种的种薯。

3.4　一级种（G3）qualified I

在相对隔离环境中，用原种作种薯生产的，经质量检测后达到5.2要求的，用于生产二级种的种薯。

3.5　二级种（G4）qualified Ⅱ

在相对隔离环境中，由一级种作种薯生产，经质量检测后达到5.2要求的，用于生产商品薯的种薯。

3.6　种薯批 seed potato lot

来源相同、同一地块、同一品种、同一级别以及同一时期收获、质量基本一致的马铃薯植株或块茎作为一批。

4　有害生物

4.1　非检疫性限定有害生物

4.1.1　病毒

马铃薯 X 病毒（Potato virus X，PVX）。

马铃薯 Y 病毒（Potato virus Y，PVY）。

马铃薯 S 病毒（Potato virus S，PVS）。

马铃薯 M 病毒（Potato virus M，PVM）。

马铃薯卷叶病毒（Potato leafroll virus，PLRV）。

4.1.2　细菌

马铃薯青枯病菌（*Ralstonia solanacearum*）。

马铃薯黑胫病和软腐病菌（*Erwinia carotovora subspecies atroseptica*，*Erwinia carotovora* subspecies *carotovora*，*Erwinia chrysanthemi*）。

马铃薯普通疮痂病菌（*Streptomyces scabies*）。

4.1.3　真菌

马铃薯晚疫病菌（*Phytophthora*；*infestans*）。

马铃薯干腐病菌（*Fusarium*）。

马铃薯湿腐病菌（*Pythium ultimum*）。

马铃薯黑痣病菌（*Rhizoctonia solani*）。

4.1.4 昆虫

马铃薯块茎蛾（*Phthorimaea operculella*）。

4.2 检疫性有害生物

4.2.1 病毒和类病毒

马铃薯 A 病毒（Potato virus A，PVA）。

马铃薯纺锤块茎类病毒（Potato spindle tuber viroid，PSTVd）。

4.2.2 真菌

马铃薯癌肿病菌（*Synchytrium endobioticum*）。

4.2.3 细菌

马铃薯环腐病菌（*Clavibacter michiganensis* subspecies *sepedonicus*）。

4.2.4 植原体

马铃薯丛枝植原体（Potato witches' broom phytoplasma）。

4.2.5 昆虫

马铃薯甲虫（*Leptinotarsa decemlineata*）。

5 质量要求

5.1 种薯分级

种薯级别分为原原种、原种、一级种和二级种。

5.2 各级种薯的质量要求

5.2.1 检疫性病虫害允许率

所有 4.2 列出的检疫性有害生物在种薯生产中的允许率为"0"，一旦发现此类病虫害，应立即报给检疫部门，由检疫部门根据病虫害种类采取相应措施，同时该地块所有马铃薯不能用作种薯。

5.2.2 非检疫性有害生物和其他项目允许率

各级别种薯非检疫性限定有害生物和其他检测项目应符合最低要求（见表 1、表 2 和表 3）。

表 1　　　　　　　　各级别种薯田间检查植株质量要求

项　目		允许率[a]/%			
		原原种	原种	一级种	二级种
混杂		0	1.0	5.0	5.0
病毒	重花叶	0	0.5	2.0	5.0
	卷叶	0	0.2	2.0	5.0
	总病毒病[b]	0	1.0	5.0	10.0

续表

项 目	允许率[a]/%			
	原原种	原种	一级种	二级种
青枯病	0	0	0.5	1.0
黑胫病	0	0.1	0.5	1.0

[a] 表示所检测项目阳性样品占检测样品总数的百分比。
[b] 表示所有有病毒症状的植株。

表2　　　　　　　　　各级别种薯收获后检测质量要求

项 目	允许率[a]/%			
	原原种	原种	一级种	二级种
总病毒病（PVY和PLRV）	0	1.0	5.0	10.0
青枯病	0	0	0.5	1.0

表3　　　　　　　　　各级别种薯库房检查块茎质量要求

项 目	允许率/（个/100个）	允许率/（个/50kg）		
	原原种	原种	一级种	二级种
混染	0	3	10	10
湿腐病	0	2	4	4
软腐病	0	1	2	2
晚疫病	0	2	3	3
干腐病	0	3	5	5
普通疮痂病[a]	2	10	20	25
黑痣病[a]	0	10	20	25
马铃薯块茎蛾	0	0	0	0
外部缺陷	1	5	10	15
冻伤	0	1	2	2
土壤和杂质[b]	0	1%	2%	2%

[a] 病斑面积不超过块茎表面积的1/5。
[b] 允许率按重量百分比计算。

6　检验方法

6.1　田间检查

6.1.1 原原种生产过程检查

温室或网棚中，组培苗扦插结束或试管薯出苗后 30 天~40 天，同一生产环境条件下，全部植株目测检查一次，目测不能确诊的非正常植株或器官组织应马上采集样本进行实验室检验。

6.1.2 原种、一级种和二级种田间检查

采用目测检查，种薯每批次至少随机抽检 5 点~10 点，每点 100 株（见表 4），目测不能确诊的非正常植株或器官组织应马上采集样本进行实验室检验。

表 4 　　　　　　　　　　　**每种薯批抽检点数**

检测面积/hm²	险测点数/个	检查总数/株
≤1	5	500
>1，≤40	6~10（每增加 10hm² 增加 1 个检测点）	600~1000
>40	10（每增加 40hm² 增加 2 个检测点）	>1000

整个田间检验过程要求于 40 天内完成。第一次检查在现蕾期至盛花期。第二次检查在收获前 30 天左右进行。

当第一次检查指标中任何一项超过允许率的 5 倍，则停止检查，该地块马铃薯不能作种薯销售。

第一次检查任何一项指标超过允许率在 5 倍以内，可通过种植者拔除病株和混杂株降低比率，第二次检查为最终田间检查结果。

6.2 块茎检验

6.2.1 收获后检测

种薯收获和入库期，根据种薯检验面积在收获田间随机取样，或者在库房随机抽取一定数量的块茎用于实验室检测。原原种每个品种每 100 万粒检测 200 粒（每增加 100 万粒增加 40 粒，不足 100 万粒的按 100 万粒计算）。大田每批种薯根据生产面积确定检测样品数量（见表 5）。

块茎处理：块茎打破休眠栽植，苗高 15cm 左右开始检测，病毒检测采用酶联免疫（ELISA）或逆转录聚合酶链式反应（RT-PCR）方法，类病毒采用往返电泳（R-PAGE）、RT-PCR 或核酸斑点杂交（NASH）方法，细菌采用 ELISA 或聚合酶链式反应（PCR）方法。以上各病害检测也可以采用灵敏度高于推荐方法的检测技术。

表 5 　　　　　　　　　　**收获后实验室检测样品数量**

种薯级别	≤40hm²ª取样量（个）
原种	200（每增加 10 hm²~40 hm² 增加 40 个块茎）
一级种	100（每增加 10hm²~40hm² 增加 20 个块茎）
二级种	100（每增加 10hm²~40hm² 增加 10 个块茎）
ª　为种薯面积单位（hm²）。	

6.2.2 库房检查

种薯出库前应进行库房检查。

原原种根据每批次数量确定扦样点数（见表6），随机扦样，每点取块茎500粒。

大田各级种薯根据每批次总产量确定扦样点数（见表6），每点扦样25 kg，随机扦取样品应具有代表性，样品的检验结果代表被抽检批次。同批次大田种薯存放不同库房，按不同批次处理，并注明质量溯源的衔接。

表6　　　　　　　　　　　**原原种块茎扦样量**

每批次总产量/万粒	块茎取样点数/个	检验样品量/粒
≤50	5	2500
>50，≤500	5~20（每增加30万粒增加1个检测点）	2500~10000
>500	20（每增加100万粒增加2个检测点）	>10000

表7　　　　　　　　　　　**大田各级种薯块茎扦样量**

每批次总产量/t	块茎取样点数/个	检验样品量/kg
≤40	4	100
>40，≤1000	5~10（每增加200t增加1个检测点）	125~250
>1000	10（每增加1000t增加2个检测点）	>250

采用目测检验，目测不能确诊的病害也可采用实验室检测技术，目测检验包括同时进行块茎表皮和必要情况下一定数量内部症状检验。

7　判定规则

7.1　定级

种薯级别以种薯繁殖的代数，并同时满足田间检查和收获后检测达到的最低质量要求为定级标准。

7.2　降级

检验参数任何一项达不到拟生产级别种薯质量要求的，降到与检测结果相对应的质量指标的种薯级别，达不到最低一级别种薯质量指标的不能用作种薯。

第二次田间检查超过最低级别种薯允许率的，该地块马铃薯不能用作种薯。

7.3　出库标准

任何级别的种薯出库前应达到库房检查块茎质量要求，重新挑选或降到与库房检查结果相对应的质量指标的种薯级别，达不到最低一级别种薯质量指标的，应重新挑选至合格后方可发货。

8　标签

应符合GB 20464的相关规定。

ICS 65.020.40

B 21

马铃薯种薯产地检疫规程

Plant quarantine rules for
potato seed tubers producing areas

GB 7331—2003

代替 GB 7331—1987

2003-06-02 发布   2003-11-01 实施

中华人民共和国
国家质量监督检验检疫总局   发布

前　言

本标准代替 GB 7331—1987《马铃薯种薯产地检疫规程》。

鉴于我国马铃薯种薯生产的组织形式、马铃薯的检疫性、限定非检疫性有害生物的种类、检测检验技术等都发生了变化，为了适应新形势，对 GB 7331—1987 进行修订。修订后的规程在适用范围中增加了私营农场、农户；检疫性有害生物中增加了 1995 年农业部新公布的检疫对象——马铃薯甲虫；限定非检疫性有害生物增加了国际马铃薯检验标准中列入的马铃薯青枯病。在检疫性有害生物的防疫措施、药剂防治、田间鉴别等方面，增加了马铃薯甲虫和马铃薯青枯病的内容。为了和国际接轨，规程引进了国际检疫措施标准中关于非疫产地及非疫生产点理念。名词术语和概念与有关国际标准保持一致。

本标准的附录 A、附录 C、附录 D 为规范性附录，附录 B 为资料性附录。

本标准由中华人民共和国农业部提出。

本标准由农业部种植业管理司归口。

本标准负责起草单位：全国农业技术推广中心、农业部马铃薯检测中心、四川省植物检疫站、甘肃省植保植检站、陕西省植保工作总站、四川省凉山州植保植检站。

本标准主要起草人：李先誉、李学湛、宁红、贾迎春、杨桦、王成华。

本标准委托全国农业技术推广服务中心负责解释。

本标准 1987 年首次发布，本次为第一次修订。

马铃薯种薯产地检疫规程

1　范围

本标准规定了马铃薯种薯产地的检疫性有害生物和限定非检疫性有害生物种类、健康种薯生产、检验、检疫、签证等。

本标准适用于实施马铃薯种薯产地检疫的检疫机构和所有繁育、生产马铃薯种薯的各种单位（农户）。

2　术语和定义

下列术语和定义适用于本标准。

2.1　产地
因植物检疫的目的而单独管理的生产点。

2.2　产地检疫
植物检疫机构对植物及其产品（含种苗及其他繁殖材料，下同）在原产地生产过程中的全部工作，包括田间调查、室内检验、签发证书及监督生产单位做好选地、选种和疫情处理工作。

2.3 有害生物

任何对植物或植物产品有害的植物、动物或病原物的种、株（品）系或生物型。

2.4 限定有害生物

一种检疫性有害生物或限定非检疫性有害生物。

2.5 检疫性有害生物

对受其威胁的地区具有潜在经济重要性、但尚未在该地区发生，或虽已发生但分布不广并进行官方防治的有害生物。

2.6 限定非检疫性有害生物

一种非检疫性有害生物，但它在供种植的植物中存在，危及这些植物的预期用途而产生无法接受的经济影响，因而在输入方境内受到限制。

2.7 马铃薯健康种薯

按照本规程所列方法进行检查和检验，未发现检疫性有害生物，限定非检疫性有害生物发生率符合本规程所定标准的种薯及种苗。

2.8 脱毒种薯

应用茎尖组织培养技术繁育马铃薯脱毒苗，经逐代繁育增加种薯数量的种薯生产体系生产出来用于商品薯的合格种薯。

3 检疫性有害生物及限定非检疫性有害生物

3.1 检疫性有害生物：

马铃薯癌肿病 *Synchytrium endobioticum*（Schilb）Per.

马铃薯甲虫 *Leptinotarsa decemlineata*（Say）

3.2 限定非检疫性有害生物：

马铃薯青枯病菌 *Pseudomonas solanacearum*

马铃薯黑胫病菌 *Erwinia carotovors*

马铃薯环腐病菌 *Clavibacter michiganensis*

3.3 各省补充的其他检疫性有害生物。

4 健康种薯生产

4.1 种薯种植地的选择

4.1.1 种薯地应选在无检疫性有害生物发生的地区，或非疫生产点。

4.1.2 繁育者于播种前一月内向所在地植物检疫机构申报并填写"产地检疫申报表"（见表1）。

4.2 种薯的生产

4.2.1 以脱毒种薯或以三圃提纯复壮后的优良种薯生产合格的种薯，均需附有产地检疫合格证（见表2）。

4.2.2 播种前将种薯在室温下催芽3周左右，以汰除暴露出来的病薯。

4.2.3 若切块播种，必须进行切刀消毒，方法见附录A。

表 1　　　　　　　　　　　　**产地检疫申报表**

申报号：

作物名称：

申报单位（农户）：　　　联系人：　　　联系电话：　　　　　　　　地址：

种植地点	种植地块编号	种植面积/667m²（亩）	品　种	种　苗来　源	预　计播　期	预计总产量/kg	隔离条件
合计							

植物检疫机构审核意见：

审核人：　　　　　　　　　　　　　　　　植物检疫专用章

　　　　　　　　　　　　　　　　　　　　　年　　月　　日

注1：本表一式二联，第一联由审核机关留存，第二联交申报单位。

注2：本表仅供当季使用。

4.3　防疫措施

4.3.1　马铃薯癌肿病发生区

应在与其他作物轮作的地块，采用脱毒薯作种薯或以抗病品种为主，高畦种植，并彻底拔除隔生薯。

4.3.2　马铃薯害虫发生区

4.3.2.1　种薯繁育地必须实行轮作；播种时用有效药剂对土壤进行消毒。

4.3.2.2　除提前10天左右种植马铃薯或天仙子为诱集带外，种薯地周围2 km不得种植马铃薯和茄科植物。

4.3.2.3　诱集带要专人管理，发现马铃薯害虫及时捕灭。

4.3.3　疫情处理

4.3.3.1　发现本规程所列检疫性有害生物，必须立即采取防除措施，全部拔除已感染植株并销毁。

表2 产地检疫合格证

有效期至　　　年　　月　　日
检疫日期　　　年　　月　　日　　　　　　　　　　　　（　）检（　）字第　　号

作物名称		品种名称	
种植面积		田块数目	
种苗产量	kg（株）	种苗来源	
种植单位		负责人	
检疫结果	经田间调查和实验室检验，未发现规程规定的限定有害生物，符合马铃薯健康种薯标准，准予作种用。 　　　　签发机关（盖章）　　　　　　　　　检疫员		

注1：本证第一联交生产单位凭证换取植物检疫证书，第二联留存检疫机关备查。
注2：本证不作《植物检疫证书》使用。

4.3.3.2　如发现马铃薯癌肿病病株，必须挖出母薯及已成型的种薯，深埋或销毁。

4.3.3.3　如发现马铃薯害虫类，必须喷药处理土壤，种薯不得带土壤，不得用马铃薯及其他茄科植物的蔓条包装铺垫。

4.3.4　药剂保护

4.3.4.1　防治马铃薯癌肿病：用25%粉锈灵可湿性粉（或乳油）叶面喷雾；25%粉锈灵可湿性粉每667 m² 400 g~500 g拌细土40 kg~50 kg，于播种时盖种，或于出苗70%及初现蕾时配成药液60 kg，各进行一次喷雾，防止马铃薯癌肿病的发生。

4.3.4.2　防治马铃薯害虫类：2.5%敌杀死、20%杀灭菌酯5 000倍左右喷雾杀虫。

4.3.4.3　出苗后3天~4天开始用药剂常规喷雾，预防晚疫病，保证田间检查和疫情处理准确进行。

4.3.5　窖藏管理

4.3.5.1　入窖前15天~30天严格汰除病、虫、烂、伤、杂、劣种薯，并经常翻晾。

4.3.5.2　储藏窖容器要消毒，不同级别不同品种分别贮藏。

4.3.5.3　通风窖贮存，贮量不超过窖内空间的三分之一。窖内温度保持在1℃~3℃为宜，相对湿度75%左右。

4.3.5.4　"死窖贮藏"，冬季封好窖，严防受冻或受热烂薯。

5　检验和签证

5.1　马铃薯种薯的检验

以田间调查为主，必要时进行室内检验。

5.1.1　田间调查

5.1.1.1　调查时期：分别于苗高20 cm~25 cm、盛花期、收获前两周各检查一次。

5.1.1.2　调查方法：在进行全面调查的基础上，根据不同面积随机选点，667 m² 以下地块检查200株，667m² 以上的地块检查总株数不得少于500株。

5.1.1.3　危害及症状鉴别：田间病株和薯块症状，以肉眼观察为主，参见附录B。

5.1.1.4　调查结果记入田间调查记录表（见表3）。

表3　　　　　　　　　　　马铃薯病虫害田间调查记录表

检 查 项 目			检查次数			薯块（收获及入窖前）	检查人员意见
日期			一	二	三		
检查方法							
检查数量							
病虫害发生情况	马铃薯癌肿病	株/块					
		%					
	马铃薯青枯病	株/块					
		%					
	马铃薯甲虫	株/块					
		%					
	马铃薯黑胫病	株/块					
		%					
	马铃薯环腐病	株/块					
		%					
调查点							

5.1.2　室内检验

5.1.2.1　田间不能确诊的植株（或薯块），需采集标本作室内检验。方法见附录C。

5.1.2.2　检验结果填入产地检疫送检样品室内检验报告单（见表4）。

5.2　签证

凡经田间调查和室内检验未发现检疫性有害生物及限定非检疫性有害生物，或最后一次田间调查（含前两次调查曾发现病株已作彻底的疫情处理）限定非检疫性有害生物病株率0.2%以下，发给产地检疫合格证。

5.3　其他要求

5.3.1　以当地植物检疫机构为主，种子管理部门和繁种单位予以配合。

5.3.2　详细填写种苗（薯）产地检疫档案卡，见附录D。

表4　　　　　　　　　产地检疫送检样品室内检验报告单

送样人：

对应申报号：	样本编号：	取样日期：
作物名称：	品种及级别：	取样部位：
检验方法：		
检验结果：		
备注：		
检验人（签名）： 审核人（签名）：		
		植物检疫专用章 　年　　月　　日

附　录　A

（规范性附录）

切刀消毒操作程序

A.1　器材

切刀：2把；

搪瓷盆（或塑料大盆）：2个；

大筐（或苇席）1个（或领）；

消毒药液：2000 mL（0.1%酸性升汞、0.1%高锰酸钾、75%乙醇、5%碳酸任选一种即可）。

A.2　操作程序

A.2.1　将兑好的药液倒入盆中，将切刀片浸入药液中。

A.2.2　先取出一把切刀，切一个种薯后，刀放回药液，取另一把切刀切完一个种薯后，再将刀放入药液，如此两把刀交替使用。

A.2.3　切薯块时，边切边观察切面，发现病薯或可疑薯块全部淘汰。

A.2.4　切好的薯块放在清洁大筐里（或苇席上）备用。

附　录　B
（资料性附录）
马铃薯有害生物田间症状鉴别

B.1　马铃薯病害田间症状鉴别

见表 B.1。

表 B.1　　　　　　　　马铃薯真、细菌类有害生物田间症状表

发病部位	马铃薯癌肿病	马铃薯青枯病	马铃薯环腐病	马铃薯黑胫病
植株	主枝与分枝，分枝与分枝或枝叶的腋芽茎尖等处，长出一团团密集的卷叶状的瘤，形似花叶状，绿色后变褐，最后变黑，腐烂脱落，茎杆花梗上和叶背花萼背面长出无叶柄的、绿色有主脉无支脉的丛生小叶。	初期植株部分萎蔫，微黄。晚期严重萎蔫，变褐，叶片干枯至死。横切茎面可见微管束变黑，有灰白色粘液渗出。	现蕾后陆续出现萎蔫型顶叶变小，叶缘向上卷曲，叶色变淡呈灰绿，茎杆一支或数支萎蔫，垂倒黄化枯死，但枯死后叶片不脱落。	苗期 20cm~25cm 始表现植株矮化，叶片退绿黄化，茎部呈黑腐，表皮组织破裂，后期形成黑脚。
薯块	匍匐茎，薯块形成形状不一的瘤，肉质易断，乳白或似薯色，渐粉—褐—黑腐。	病薯切开有灰白色粘液渗出。严重时腐烂。	尾脐部皱缩凹陷，可挤出乳黄色菌脓，多有皮层分裂。	病组织呈灰黑色，并常形成黑孔。

B.2　马铃薯甲虫的田间鉴别

B.2.1　成虫：体短卵圆形，长 9 mm~11 mm 左右，体宽 6 mm~7 mm，背部明显隆起，红黄色，有光泽。每鞘翅上有 5 条黑色纵纹。

B.2.2　卵：卵块状，每块一般 24 粒~34 粒，多的可达 90 粒，壳透明，略带黄色，有光泽，卵与卵之间为一椭圆形斑痕。卵产于马铃薯及其他寄主叶背面。

B.2.3　幼虫：背部显著隆起，体色随虫龄变化，由褐→鲜红→粉红或橘黄。背部显著隆起，两侧有两行大的暗色骨片，腹节上的骨片呈瘤状突起。

附 录 C
（规范性附录）
几种主要真、细菌病害的室内检验方法

C.1 马铃薯癌肿病的室内检验

C.1.1 显微镜检验
用接种针挑取病组织或作横断面切片，在显微镜下观察，若发现病菌原孢囊堆、夏孢子堆或休眠孢子囊者，为马铃薯癌肿病。

C.1.2 染色法
C.1.2.1 将病组织放在蒸馏水中浸泡半小时。

C.1.2.2 用吸管吸取上浮液一滴放在载玻片上。

C.1.2.3 加1%的锇酸液或0.1%升汞水一滴固定，在空气中干燥，再用1%酸性品红或1%~5%龙胆紫一滴染色1 min。

C 1.2.4 洗去染液镜检，若见到单鞭毛的游动孢子即为阳性。

C.2 马铃薯环腐病的室内检验

C.2.1 革兰氏染色（Gram Stain）
C.2.1.1 试验设备

显微镜、载玻片、酒精灯。

C.2.1.2 试剂

试剂为分析纯，用无菌水配置：

a）龙胆紫染色液：2.5 g 龙胆紫加水到 2 L；

b）碳酸氢钠：12.5 g 碳酸氢钠加水到 1 L；

c）碘媒染液：2 g 碘溶解于 10 mL 1 mol/L。氢氧化钠溶液中，加水到 100 mL；

d）脱色剂：75 mL 95%乙醇加 25 mL 丙酮，并定容至 100 mL；

e）碱性品红复染液：取 100 mL 碱性品红（95%乙醇饱和液），加水到 1 L。

C.2.1.3 取样制备涂片

所有实验用具都用 70%酒精擦拭灭菌。

C.2.1.3.1 鉴定植株：植株从地表上方 2cm 处割断，用镊子挤压直至切口流出汁液，取汁液一滴滴于载玻片上（无汁液用镊子取维管束附近碎组织于载玻片上，加一滴无菌水移去碎组织），加无菌水一滴稀释，风干后用火焰烘烤 2 次~3 次固定。

也可从切口处切下 0.5 cm 厚的茎切片，在小研钵中研磨，取一滴汁液按上法固定。

C.2.1.3.2 鉴定块茎：将待检块茎切开，按上法取汁、固定。

C.2.1.4 涂片染色

滴 1 滴龙胆紫与碳酸氢钠等量混合液（现用现配）于涂片上，染色 20s。

滴 1 滴碘媒染液染 20s，滴水洗涤。

滴 1 滴乙醇、丙酮脱色液，脱色 5s~10s，滴水洗涤。

滴 1 滴碱性品红溶液复染 2s~3s，风干。

C.2.1.5 镜检和结果判定

用 1000 倍~1500 倍显微镜镜检，呈蓝紫色的单个或 2~4 个集聚的短杆状菌体为革兰氏阳性细菌，为环腐病原菌，染成粉红的即可排除环腐病细菌，判定为革兰氏阴性反应。

C.3 马铃薯青枯病的室内检验

用酶联检测盒进行检测（参考国际马铃薯中心 CIP 提供的硝酸纤维素膜酶联免疫吸附测定法 NCM-ELISA）。

操作硝酸纤维膜，指纹会造成假阳性反应，所以始终应带手套或用镊子操作。

附 录 D
（规范性附录）
种苗（薯）产地检疫档案卡

地块：

检验日期	作物	品种	种苗来源	播种日期	田间检查发现病株率								室内检验结果
					限定有害生物编号								阳性编号
					1	2	3	4	5	6	7	8	
													检查人
													备注

注：有害生物编号为：
1——马铃薯癌肿病；
2——马铃薯甲虫；
3——马铃薯青枯病；
4——马铃薯黑胫病；
5——马铃薯环腐病。

参 考 文 献

一、著作、论文

[1] 佟屏亚，赵国磐．马铃薯史略［M］．北京：中国农业科技出版社，1991.

[2] 门福义，刘梦芸．马铃薯栽培生理［M］．北京：中国农业出版社，1995.

[3] 黑龙江省农业科学院马铃薯研究所．中国马铃薯栽培学［M］．北京：中国农业出版社，1994.

[4] 陈伊里，王凤义，吕文河，等．马铃薯高产栽培技术［M］．哈尔滨：黑龙江科学技术出版社，1997.

[5] 马和平．马铃薯高产栽培技术［M］．北京：台海出版社，2001.

[6] 庞淑敏，等．怎样提高马铃薯种植效益［M］．北京：金盾出版社，2007.

[7] 王炳君．脱毒马铃薯高效栽培技术［M］．郑州：河南科学技术出版社，2001.

[8] 程天庆．马铃薯栽培技术［M］．北京：金盾出版社，2007.

[9] 柯利堂，郭英，杨新笋．马铃薯的繁种与栽培技术［M］．武汉：湖北科学技术出版社，2009.

[10] 农业部农民科技教育培训中心，中央农业广播电视学校．脱毒马铃薯良种繁育与丰产栽培技术［M］．北京：中国农业科学技术出版社，2007.

[11] 陆健身，赖麟．生物统计学［M］．北京：高等教育出版社，2003.

[12] 张力．SPSS13.0在生物统计中的应用［M］．厦门：厦门大学出版社，2006.

[13] 李勤志，冯中朝．中国马铃薯生产的经济分析［M］．广州：暨南大学出版社，2009.

[14] 郖义钧，邱钧．产业经济学［M］．北京：中国统计出版社，1997.

[15] 谷茂，谷彦．关于栽培马铃薯起源的探讨［J］．北京：农业考古，1999（1）.

[16] 佟屏亚．中国马铃薯栽培史［J］．北京：中国科技史料，1990.11（2）.

[17] 盛万民．中国马铃薯品质现状及改良对策［J］．北京：中国农学通报，2006（22）.

[18] 安磊．马铃薯膜侧沟播栽培技术［J］．哈尔滨：中国马铃薯，2008（4）.

[19] 水建兵．干旱区马铃薯全膜双垄沟播栽培技术［J］．哈尔滨：中国马铃薯，2008（3）.

[20] 林蓉，谢春梅，谢世清．马铃薯茎尖脱毒培养关键因子分析［J］．北京：中国农学通报，2005.21（7）.

[21] 马淑珍，柳学勤，谢文斌，等．马铃薯脱毒瓶苗快繁技术［J］．哈尔滨：中国马铃薯，2008（3）.

[22] 吴列洪，沈升法，李兵．脱毒马铃薯小种薯的高效繁育方法初报［J］．哈尔滨：中

国马铃薯，2009（3）.

[23] 丁凡，唐道斌，吕长文，等．不同营养方式对雾培法生产脱毒种薯的影响［J］．哈尔滨：中国马铃薯，2008（4）.

[24] 马淑珍，柳学勤，谢文斌，等．马铃薯脱毒瓶苗快繁技术［J］．哈尔滨：中国马铃薯，2008（3）.

[25] 韩秀．宁夏中部干旱带无公害马铃薯高产栽培技术［J］．哈尔滨：中国马铃薯，2008（4）.

[26] 谢开云，屈东玉，金黎平，等．中国马铃薯生产与世界先进国家的比较［J］．北京：世界农业，2008（5）.

[27] 赵晓燕．马铃薯产业化现状及分析［EB/OL］．http：//www.zgny.com.cn/ifm/consultation/2005-7-26.

[28] 魏延安．世界马铃薯产业发展现状及特点［J］．北京：世界农业，2005，311（3）.

[29] 周文龙，李孟刚．把"小土豆"做成"大产业"［J］．中国国情国力，2007（9）.

[30] 农业部．中国马铃薯优势区域布局规划（2008-2015年）［J］．北京：农产品加工业，2009（11）.

[31] 王林萍，门福义，刘梦芸．马铃薯高产群体产量构成因素的数学模型［J］．马铃薯杂志，1988.2（1）.

[32] 齐世军，王磊，谷卫刚．农业科研在现代农业发展中的功能与定位［J］．济南：山东农业科学，2008（2）.

[33] 倪斋晖．论农业产业化的理论基础［J］．北京：中国农村经济，1999（6）.

[34] 张永森．山东农业产业化的理论与实践［J］．北京：农业经济问题，1997（10）.

[35] 刘葆金．中国农业产业化理论探析［J］．南京：南京农业大学学报，1999.22（4）.

[36] 王梅春．甘肃定西马铃薯种薯繁育体系建设［J］．北京：种子，2004（5）.

[37] 定西市农业局．定西市马铃薯产业持续发展［R］．兰州：甘肃农情，2009（21）.

二、网络资源

[1] 中国农业网　www.zgny.com.cn/

[2] 中国马铃薯信息网　www.chinapotato.org/

[3] 中国蔬菜网　www.vegnet.com.cn/

[4] 中国食品产业网　www.foodqs.cn/

[5] 新农村商网　http：//nc.mofcom.gov.cn/